ANATOMIE

DES

ANIMAUX DOMESTIQUES.

ANATOMIE

DES

ANIMAUX DOMESTIQUES;

Par J. GIRARD,

Professeur d'Anatomie à l'École Impériale Vétérinaire
d'Alfort.

TOME II.

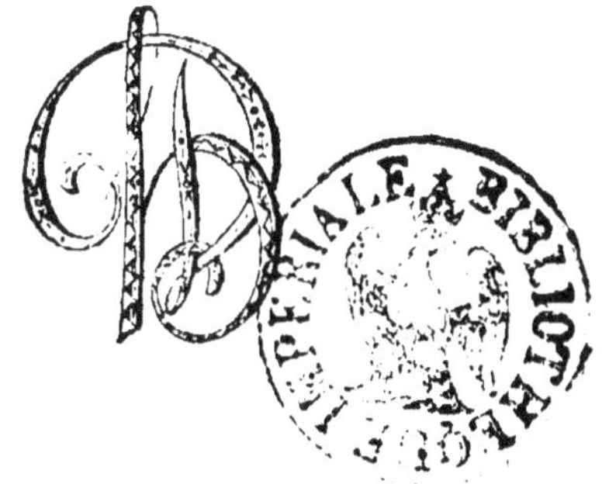

A PARIS,

DE L'IMPRIMERIE ET DANS LA LIBRAIRIE DE
MADAME HUZARD, RUE DE L'ÉPERON, N°. 7.

1807.

ANATOMIE
VÉTÉRINAIRE.

SPLANCHNOLOGIE.

Cette deuxième partie de la sarcologie comprend la considération, non seulement des viscères renfermés dans les cavités splanchniques, mais encore de toutes les parties par lesquelles quelques-uns d'entr'eux se propagent dans les diverses régions du corps, et à l'aide desquelles ils opèrent les fonctions auxquelles ils sont destinés (1). Sous ce point de vue, la

(1) Sous le titre de *Splanchnologie*, l'on ne comprend ordinairement que la connoissance des viscères ; mais comme dans l'étude, toutes les divisions doivent être fondées sur les dispositions essentielles de l'organisation, qu'elles ne doivent pas isoler des parties qui opèrent ensemble une même série de phénomènes, et concourent à une seule et même fonction, nous rapportons à la splanchnologie, non seulement l'étude des organes renfermés dans les grandes cavités du tronc, mais encore celle des parties qui tirent leur origine de quelque viscère, y sont liées d'une manière immédiate, en sont dépendantes et coopèrent à l'entretien, à l'exercice d'une même fonction.

splanchnologie embrasse l'étude d'un grand nombre d'organes : les principaux, les plus importans pour l'exercice de la vie, connus plus particulièrement sous le nom de *viscères*, sont situés dans les grandes cavités du tronc; les autres, différens entr'eux par le mode de leur distribution, naissent de ces derniers, en tirent leurs propriétés, et concourent avec eux à l'exercice d'une même fonction. Considérés sous ce dernier rapport, tous ces organes peuvent être partagés en six ordres : le premier comprend *les organes de la digestion;* le second, *les organes de la respiration;* le troisième, *les organes de la circulation;* le quatrième, *les organes de la sensibilité;* le cinquième, *les organes de la secrétion des urines;* le sixième enfin, *les organes de la génération.* Ces appareils organiques, si différens entr'eux par leur texture et leurs propriétés, offrent chacun un organe principal qui est le foyer central de la fonction qu'ils exécutent. Les uns renfermés en plus grande partie dans une des cavités splanchniques ne se prolongent au-dehors de cette cavité que dans certaine région, comme on le voit dans la disposition générale des organes de la digestion, de la respiration, de la secrétion des

urines, et de la génération. Les autres appareils se propagent généralement dans tous les
points du corps, se rapportent à un viscère qui
est un centre d'action et est essentiel à l'exercice de la vie : ce dernier mode de disposition
se remarque dans les organes de la circulation
et de la sensibilité qui souvent s'unissent et
s'associent.

ORDRE PREMIER.

Organes de la Digestion.

Ces organes, fort nombreux, fort étendus et
contenus en grande partie dans l'abdomen,
comprennent la *bouche*, le *pharynx*, l'*œsophage*, l'*estomac*, l'*intestin*, le *mésentère*,
le *foie*, le *pancréas*, la *rate*, l'*épiploon*. Les
uns forment un long canal continu, depuis
la bouche jusqu'à l'anus, destiné à contenir
les alimens ; les autres placés autour de ce
canal alimentaire, différens par leur texture,
concourent à la digestion, en fournissant,
pour la plupart, certaines liqueurs qui pénètrent les alimens et leur impriment divers
changemens.

Quant à la manière dont ils participent à la
digestion, les uns, préparatoires, font subir
auxalimens les premières altérations : ils les

atténuent, les imbibent de liqueurs et les disposent à des changemens ultérieurs. Considérés dans tous les animaux domestiques, ces organes préparatoires varient par le nombre, la position et la structure. Ainsi, dans la volaille ils sont peu nombreux ; dans les monodactyles et les tétradactyles ils sont situés hors de l'abdomen ; tandis que dans les didactyles et les volatiles ils s'étendent jusque dans cette cavité. Chez les quadrupèdes, l'atténuation des alimens est essentiellement opérée par les dents, et chez les oiseaux, par le gésier. Dans tous les animaux, la bouche, le pharynx et l'œsophage sont des organes préparatoires ; chez les didactyles, le rumen, le réseau et le feuillet peuvent être considérés comme agens qui disposent les substances alimentaires à être digérées dans la caillette ; chez les oiseaux, le gésier fait aussi partie des organes préparatoires.

D'autres organes opèrent l'acte essentiel de la digestion, c'est-à-dire la conversion des substances alimentaires en chyme. Dans les monogastriques, l'estomac est le seul agent de cette conversion ; dans les didactyles, c'est la caillette qui est préposée à cette opération.

Une troisième classe d'organes aide l'acte

de la digestion; elle comprend le foie, le pancréas, la rate et l'épiploon.

Enfin, une quatrième et dernière classe d'organes continue la digestion opérée dans l'estomac, détermine par son action la formation du chyle, son absorption et la séparation des matières excrémentitielles : tous ces changemens ont lieu dans le canal intestinal.

SECTION PREMIÈRE.

Organes digestifs situés hors de l'abdomen.

De forme et de structure différentes, ces organes s'étendent depuis l'ouverture de la bouche jusqu'à l'estomac ; chez tous les quadrupèdes, ils divisent, ramolissent les alimens, et les disposent à des changemens ultérieurs. Dans cette première série se trouvent la *bouche*, le *pharynx* et l'*œsophage*.

De la Bouche.

Cavité oblongue, formée par l'écartement des deux mâchoires, dans laquelle sont contenus les organes qui opèrent la mastication, la gustation, la déglutition, et qui est circonscrite en arrière par le septum staphylin, devant par les lèvres et les arcades dentaires, en haut par la voûte palatine, en bas par la langue, et les côtés par les arcades dentaires et sur les joues.

Cette cavité, dans laquelle les alimens éprouvent les premiers changemens qui les disposent à la digestion, et qui a plus ou moins d'étendue suivant les différentes espèces d'animaux domestiques, comprend la considération d'un grand nombre de parties qui y sont contenues ou intimément annexées. On y distingue 1°. l'ouverture, 2°. la cavité, 3°. le fond, 4°. la langue, 5°. les glandes salivaires.

§. Ier. *Ouverture de la Bouche.*

Cette ouverture, qui est transversale, située au-dessous du nez, beaucoup plus fendue dans les tétradactyles que dans les autres quadrupèdes qui hument leurs boissons, est formée par deux *lèvres.*

Ces parties, molles, très-mobiles, d'une structure très-complexe et susceptibles d'impressions diverses, servent à fermer la bouche, à pincer les alimens, concourent à la mastication et à la voix.

On distingue les lèvres en supérieure ou nasale, et en inférieure ou maxillaire. La première, plus grosse, concourt aux mouvemens des orifices du nez ; l'inférieure, plus mobile, s'appuie contre la supérieure qui lui sert de surface fixe.

Chaque lèvre présente deux faces, distinguées en externe et en interne, une base et un bord.

Faces. L'externe est recouverte par la peau qui offre des variétés remarquables dans les différentes espèces d'animaux ; dans la plupart des quadrupèdes, elle porte quelques longs poils de la grosseur des crins ; ces poils, qui augmentent de longueur à mesure que l'animal vieillit, servent à prévenir l'individu de l'approche des corps. La surface externe de la lèvre supérieure porte un sillon médian, très-sensible dans le mouton. En arrière de la lèvre inférieure, l'on remarque une éminence molle, sphéroïde, appelée *houppe du menton.*

La face interne des lèvres, tapissée d'une membrane muqueuse, folliculeuse et papillaire, offre quelques mamelons assez gros, qui sont autant de bouches d'où provient l'humeur muqueuse qui lubréfie ces parties.

La base de chaque lèvre est implantée au pourtour des dents incisives.

Le bord des lèvres, arrondi en dehors, forme du côté interne un bord tranchant qui est denticulé dans la plupart des quadrupèdes. Le bord de la lèvre inférieure est coupé en biseau qui rentre sous la lèvre supérieure : dans le chien, ce bord est très long et denticulé. La réunion des bords des lèvres, de chaque côté, est nommée commissure.

Les lèvres sont essentiellement formées d'une masse charnue qui est composée de fibres, dont le plus grand nombre s'étend circulairement; tandis que d'autres faisceaux divergens s'attachent au pourtour des dents incisives (1). Cette substance charnue, implantée dans la peau qui s'étend sur les lèvres, est parsemée d'une grande quantité de nerfs, de vaisseaux, qui vont se rendre aux follicules dont est garnie la face interne de ces parties.

Les vaisseaux et les nerfs labiaux sont généralement gros et fort nombreux. Les artères émanent des maxillaires et des palatines ; les veines accompagnent les artères ; les nerfs proviennent des branches maxillaires de la cinquième paire.

Les lèvres ferment la bouche, aident à prendre les alimens, à les pousser entre les dents molaires pendant la mastication, et servent

____

(1) Voyez la *Myologie*, tome I, page 277.

aussi à prévenir l'animal de l'approche des corps.

Chez les *herbivores* qui boivent en humant les liquides, les lèvres sont plus grosses, la bouche est moins fendue ; tandis que, dans les *tétradactyles*, elles sont plus minces, et l'ouverture de la bouche est beaucoup plus considérable.

Dans le *bœuf* et le *cochon*, presque toute la surface des lèvres est dénuée de poils, et humectée d'une humeur muqueuse abondante.

Dans le *mouton*, toute la surface externe de ces parties est garnie d'une grande quantité de poils.

§. II. *Cavité de la bouche.*

Essentiellement formée par les os maxillaires et sus-maxillaires, cette cavité est bornée latéralement et en devant par les arcades dentaires, les gencives, les joues, et en haut par le palais.

1°. *Les Dents.*

Voyez, pour ces parties, la Squelétologie, tome 1, page 181.

2°. *Les Gencives.*

On désigne sous le nom de gencives les prolongemens membraneux qui s'étendent sur les bords alvéolaires, s'y implantent fortement, et qui sont d'une texture ferme et blanche. Ainsi les gencives, qui sont une continuité de la membrane qui environne l'arcade dentaire, sont attachées sur les bords alvéolaires, s'interposent entre les dents, embrassent la base de leur partie libre et concourent à les affermir dans les alvéoles.

3º. *Les Joues.*

Elles constituent les parois latérales de la bouche, s'étendent depuis la commissure des lèvres, le long des rangées molaires, jusqu'au voile du palais. La substance des joues est musculo-membraneuse; les muscles qui la forment sont de chaque côté l'alvéolo-labial; elle est tapissée du côté de la bouche par une membrane folliculeuse blanchâtre, épaisse et intimément adhérente au muscle alvéolo-labial.

Chaque joue constitue une espèce de poche oblongue, qui s'étend le long des dents molaires jusque dans le fond de la bouche. C'est dans cette poche et au niveau de la troisième dent molaire supérieure, que s'ouvre le canal parotidien en formant un mamelon saillant.

4°. *Le Palais.*

Le palais, qui est l'espace compris entre les deux rangées de l'arcade dentaire supérieure, et qui est disposé en voûte, constitue les parois supérieures de la cavité de la bouche, et est principalement formé d'une membrane épaisse, qui revêt toute la face palatine des os sus-maxillaires.

Cette membrane, essentiellement vasculeuse, épaisse, d'une texture particulière, est blanchâtre, ferme, fournit de chaque côté les gencives et concourt au goût. Elle est implantée, par une de ses faces, à la voûte osseuse formée par les os sus-maxillaires; tandis que sa face externe, libre, muqueuse, est garnie de sillons transversaux plus ou moins élevés, courbés en arrière, et qui sont séparés par la ligne médiane du palais. Dans le bœuf, les sillons qui se trouvent vers les espaces interdentaires, sont à bords tranchans, denticulés, âpres, et sont généralement plus gros et plus nombreux, que chez les autres quadrupèdes.

La membrane palatine, qui devient rougeâtre et acquiert beaucoup d'épaisseur pendant l'éruption des dents, est recouverte d'une lame

épidermoïde, dense, épaisse, et est essentiellement formée d'un tissu vasculaire dans
lequel prédomine le systême veineux.

Les artères palatines fournissent les rameaux
qui se distribuent dans cette membrane ; après
quoi, elles se réunissent pour gagner la lèvre
supérieure, en passant par le trou incisif.
Quelques-unes de ces artères contractent des
anastomoses remarquables. Les veines, très-
rameuses, très-anastomotiques, plus grosses,
plus superficielles que les artères, forment la
plus grande partie du tissu du palais. Les
nerfs viennent avec les artères par le conduit
palatin : ils sont de deux ordres ; les uns émanent du nerf palatin, qui lui-même vient de la
cinquième paire ; les autres sont des filets qui
sont fournis par le ganglion sphéno-palatin.

Le palais sert au goût ; c'est contre lui que
la langue savoure les substances et qu'elle en
perçoit l'impression.

§. III. *Fond de la bouche.*

Cette partie, qui comprend le passage de
la bouche dans la cavité gutturale, est essentiellement formée par le voile du palais.

Du Voile du palais.

Caractère. Cloison membraneuse, portant

dans son épaisseur des follicules et des muscles, fixée à l'extrémité du palais, attachée de
chaque côté par deux piliers, prolongée en
arrière et en bas sur le larynx, séparant la
bouche de la cavité gutturale.

DIVISION. Deux faces, l'une antérieure et
l'autre postérieure ; deux extrémités, dont
une supérieure et l'autre inférieure ; deux
bords latéraux.

Faces. Elles sont ridées , garnies de follicules muqueux, très-grands, et enduites d'une
humeur muqueuse, épaisse, très-abondante.

Extrémités. La supérieure , qui est suspendue à l'extrémité du palais, constitue la base
de cette cloison.

L'extrémité inférieure est libre, plus ou
moins flottante, et prolongée sur le larynx.

Bords. Chaque bord est fixé par deux piliers, dont un se prolonge vers le larynx et
l'autre s'étend du côté de la base de la langue.
Ce dernier, qui est le plus court et qui est
fort épais, offre en arrière un gros follicule
muqueux.

STRUCTURE. Le voile du palais est essentiellement formé d'une membrane folliculeuse,
épaisse, molle, qui, de la surface antérieure
de la partie, se replie pour gagner la face

postérieure d'où elle se continue dans les narines. Cette membrane porte, dans sa plicature, un amas de follicules muqueux, plusieurs petits muscles destinés à mouvoir le voile du palais, et que nous avons exposés dans la Myologie, tome I, page 296.

Variétés. Dans les *monodactyles,* cette cloison est très-longue et plus fixe; le voile du palais se prolonge jusques derrière l'épiglotte qu'il embrasse, il fait fonction de soupape; par cette disposition, il ferme exactement tout passage de la cavité gutturale dans la bouche. Aussi le cheval et autres monodactyles ne peuvent-ils rendre les matières, même les plus fluides, que par le nez; et comme, chez ces quadrupèdes, la cavité gutturale des narines est très-basse et très-grande, le voile du palais, par sa longueur et par la manière dont il est fixé, empêche que, lors de la déglutition, les substances ne remontent dans le nez ou ne compriment les poches gutturales. En s'opposant à la sortie de l'air expiré par la bouche, il peut aussi concourir au perfectionnement de la voix.

Usages. Le voile du palais sépare la bouche de la cavité gutturale, dirige l'air inspiré dans la glotte, et empêche que, lors de la déglutition , les alimens ou les boissons ne remontent dans les narines.

§. IV. *Langue.*

Caractère. La langue , ou l'organe essentiel du goût , est un corps oblong , essentiellement musculeux , très - mobile , enveloppé d'une membrane papillaire. Elle forme la partie inférieure de la bouche , est logée dans l'espace inter-maxillaire, est fixée par sa base à l'hyoïde , et joue un très-grand rôle dans la mastication , dans la déglutition.

Division. Deux parties , dont une fixe et l'autre flottante.

La partie fixe, qui est trifaciée et la plus grosse, est attachée à l'hyoïde et à l'os maxillaire par des prolongemens musculeux qui constituent divers ordres de muscles (1); elle constitue la base de la langue , et offre trois replis membraneux , dont un antérieur et deux postérieurs. Le premier situé sous la langue , à la réunion des deux branches de l'os maxillaire , est appelé le frein de la langue et forme un lien long , mince , médian , qui retient la partie flottante. De chaque côté et un peu en avant

----

(1) Voyez la *Myologie ,* tome I , page 287.

de ce frein, s'observe un petit tubercule où s'ouvre le canal excréteur de la glande maxillaire, et qui est connu dans la vétérinaire sous le nom de *barbillon*. Les deux replis postérieurs que l'on nomme les piliers de la langue, sont situés aux extrémités de l'arcade dentaire inférieure; ceux-ci, courts, épais, portent dans leur épaisseur de gros follicules muqueux.

La *partie flottante*, qui est aplatie, divisée par un sillon médian, se termine par une partie large, arrondie d'un côté à l'autre, qui constitue la pointe de la langue.

Structure. La langue est formée d'une masse charnue, revêtue d'une membrane. Cette substance charnue est pénétrée d'une grande quantité de nerfs, de vaisseaux, et détermine tous les mouvemens variés que la langue exécute sur elle-même. La membrane de la langue est une continuité de celle des parties environnantes; elle est villeuse, papillaire, garnie d'une grande quantité de mamelons, très-différens par leur nombre, leur grosseur et leur forme. Ces corps qui sécrètent l'humeur muqueuse qui lubréfie la langue, sont susceptibles de tension, d'une érection fibrillaire qui augmente leur action secrétoire, et les rend plus propres à percevoir

voir les saveurs. La surface externe de la membrane de la langue est recouverte d'une lame épidermoïde, épaisse; sa face interne est unie, d'une manière intime, à la substance charnue.

Les vaisseaux et les nerfs de cet organe sont très-nombreux et se distinguent en deux ordres : les uns, désignés sous le nom de vaisseaux et nerfs linguaux, se portent à la membrane qui revêt la langue, se ramifient sous elle, la pénètrent et vont se rendre dans ses papilles. Ceux du second ordre, que l'on nomme sous-linguaux, sont essentiellement destinés pour les muscles; ils gagnent la langue par sa partie inférieure, et se ramifient dans son tissu musculeux. Les artères de la langue proviennent de la glosso-faciale; les veines accompagnent les artères; le nerf lingual vient de la cinquième paire, il reçoit un filet de la septième, et un autre du tri-splanchnique : le nerf sous - lingual est fourni par la douzième paire.

Variétés. Dans les *didactyles*, et sur-tout dans le *mouton*, les mamelons de la langue sont généralement plus gros, plus fermes, et rendent cette partie âpre et dure. Plusieurs de ces mamelons, très-longs et recourbés en arrière, se terminent par une pointe aiguë.

Dans les *monodactyles*, on remarque de chaque côté de la base de la langue, une cavité arrondie qui recèle un groupe de mamelons fungiformes. Ces cavités existent aussi dans les tétradactyles, mais elles sont moins profondes.

Usages. La langue est le principal instrument du goût; elle sert à la mastication et au goût. Pendant la mastication, la langue, de même que les joues, ramène continuellement les alimens entre les dents mâchelières; dans la déglutition, elle les ramasse, les pelotonne et les pousse jusque dans le pharynx. Chez quelques quadrupèdes, la langue concourt à la voix.

§. V. *Glandes salivaires.*

Ces parties qui opèrent la sécrétion de la salive, sont blanchâtres, grenues, formées de petits lobules réunis par un tissu lamineux, lâche et abondant. Disposées autour de la bouche, les glandes salivaires ne diffèrent entr'elles que par leur volume et leur situation respective. L'on en compte trois de chaque côté; savoir, la *parotide*, la *maxillaire*, la *sous-linguale*.

(19)

1º. *La Parotide.*

Cette glande oblongue, la plus grosse des trois, située dans l'angle formé par la tête et le cou, s'étend depuis la base de l'oreille, le long de la partie convexe du bord inférieur de l'os maxillaire, jusqu'au pourtour du larynx; elle fournit un long canal excréteur, qui transmet dans la bouche l'humeur qui est sécrétée dans son tissu.

On peut distinguer à la parotide deux faces, dont une externe et l'autre interne; deux extrémités, l'une supérieure et l'autre inférieure; deux bords, dont un antérieur et l'autre postérieur.

Faces. L'externe est recouverte par deux muscles très-minces, qui sont le sous-cutané de la face et le parotido-oriculaire. La face interne tuberculeuse remplit les diverses cavités qui se trouvent au pourtour des muscles stylo-maxillaire et stylo-hyoïdien, sur lesquels elle s'étend. Elle couvre de très-grosses veines, quelques artères, des nerfs et quelques tendons; plusieurs de ces parties traversent la glande, pour se rendre à différens points.

Extrémités. La supérieure embrasse la base de la conque; l'inférieure se prolonge en appendice sur les côtés du larynx.

Bords. L'antérieur recouvre la partie convexe du bord inférieur de l'os maxillaire, et y adhère par un tissu lamineux très-serré. Le bord postérieur de la parotide s'étend sur la partie antérieure du bord de l'atloïde, et y est fixé par un tissu cellulaire abondant et lâche.

La parotide reçoit beaucoup de vaisseaux ; les artères qui la pénètrent, et s'y terminent, sont des rameaux qui proviennent en grand nombre des artères qui traversent cette glande. Les veines, plus grosses et plus nombreuses que les artères, gagnent les branches de la jugulaire. De chaque lobule de cette glande, il s'élève un petit canal excréteur qui se réunit avec les canaux circonvoisins, et de l'embranchement successif de ces canaux résulte un seul canal, qui quitte la parotide pour se rendre dans la bouche. Ce canal, nommé *parotidien* ou *salivaire supérieur,* part à-peu-près du milieu du bord antérieur de la glande, gagne le côté interne du bord postérieur de l'os maxillaire, se recourbe de la cavité glossienne sur la face avec l'artère et la veine maxillo-faciales ; il monte ensuite le long du bord antérieur du muscle zygomato-maxillaire; après quoi il se dirige obliquement en avant, perce la joue au niveau de la deuxième ou troisième dent molaire, et s'ouvre obliquement dans la bouche, en formant un gros mamelon sphéroïde. Ce canal, en traversant la joue, tient une direction oblique, de manière que la contraction du muscle alvéololabial ne s'oppose pas à l'abord de la salive dans la bouche ; il est formé d'une membrane folliculeuse, mince et blanchâtre.

Dans les *didactyles* et les *tétradactyles*, le canal parotidien est moins flexueux ; il s'étend depuis la parotide, sur la surface externe du muscle zygomato-maxillaire, jusqu'à la bouche, en tenant une direction plus ou moins droite. Assez souvent il est composé de deux branches, qui ne se réunissent qu'à quelque distance des joues : cette variété est plus ordinaire dans le mouton que dans les autres quadrupèdes. Ce canal est quelquefois obstrué par la présence d'un calcul salivaire (1).

2°. *La Maxillaire.*

Cette deuxième glande salivaire, de la même texture que la précédente, mais beaucoup moins grosse, est oblongue, aplatie, située profondément sous la partie inférieure de la

---

(1) L'École d'Alfort possède plusieurs de ces calculs trouvés dans le cheval, l'âne et le bœuf.

parotide , autour de la cavité gutturale. Elle est placée au milieu d'un tissu lamineux abondant, s'étend depuis l'atloïde , en passant sur le larynx , jusqu'à la base de la langue ; elle verse dans la bouche la salive qu'elle sécrète , au moyen d'un petit canal excréteur que l'on nomme *maxillaire* ou *salivaire infé-rieur*. Ce canal qui est long , formé d'une membrane folliculeuse très - mince , s'élève à-peu-près du milieu du bord supérieur de la glande , d'où il se dirige en avant , sous les muscles de la base de la langue , sous la glande sous-linguale , et va s'ouvrir dans le mamelon qui est sur le côté du frein de la langue. Dans le bœuf, ce mamelon est beaucoup plus gros , il est formé d'un cartilage qui constitue un pavillon propre à favoriser l'abord de l'humeur de la glande maxillaire.

3°. *La Sous-linguale*.

Oblongue , bifaciée , et la plus petite des trois , cette glande est située sur le côté de la langue au-dessous de sa membrane ; elle s'ouvre dans le canal qui est au côté de la langue , par plusieurs petits orifices continus les uns à la suite des autres, qui forment une rangée de petits mamelons que l'on aperçoit en tirant la langue hors de la bouche et en la portant de côté.

Usages *des glandes salivaires*. Elles sont destinées à la sécrétion de la salive, humeur qui pénètre les alimens, les ramollit, leur imprime les premiers caractères d'animalité, et les dispose à des changemens particuliers qu'ils subissent dans l'estomac. Mais à cet appareil sécrétoire de la salive, il faut ajouter les follicules nombreux dont est parsemée la membrane de la bouche, et qui, pendant la mastication, fournissent abondamment une humeur plus ou moins muqueuse, qui se mêle avec la salive versée dans la bouche par les canaux des glandes que nous venons d'exposer.

La salive est une humeur un peu visqueuse, incolore, douce, légèrement salée, inodore, et qui est essentiellement caractérisée par la propriété qu'elle a d'absorber une grande quantité d'air et d'écumer lorsqu'on l'agite. Elle est très-putrescible, se mêle difficilement à l'eau, et lorsqu'elle se pourrit ou qu'on la chauffe à la température de trente à quarante degrés, elle donne une odeur fétide insupportable. Elle acquiert cette même odeur dans quelques affections ; certaines tumeurs autour des canaux salivaires, ou des ulcères dans quelques-uns de ces cananx, produisent cet effet sur la salive.

D'après les analyses chimiques, cette humeur est formée d'une grande quantité d'eau que l'on évalue aux trois-quarts ou aux quatre cinquièmes, d'un peu de mucilage animal, très-aéré, mousseux, presqu'indissoluble dans l'eau, d'une petite proportion d'albumine; elle contient en outre quelques sels, tels que du muriate et du phosphate dè soude, d'ammoniaque et de chaux.

La sécrétion de la salive varie dans une foule de circonstances; elle est généralement plus abondante dans les jeunes et vieux animaux que dans les adultes; plus abondante dans l'animal qui a éprouvé la faim; plus abondante aussi pendant la manducation qu'après; enfin cette sécrétion se trouve augmentée par toutes les causes qui réveillent, excitent l'action des glandes salivaires; et cette augmentation a lieu, soit que les corps agissent par leur présence, ou bien par l'appétence qu'en éprouve l'individu. Si l'on présente des alimens à un animal qui a souffert long-temps la faim, la sécrétion salivaire devient subitement si abondante, que l'humeur s'écoule hors de la bouche. Si, après avoir fait jeûner un cheval pendant deux à deux jours et demi, l'on découvre les deux canaux parotidiens que l'on a soin d'isoler ; pendant le temps que l'animal mangera environ une demi-botte ordinaire de foin, l'on peut obtenir jusqu'à dix litres d'une salive claire, blanche, mais très-peu visqueuse ; cette expérience que j'ai réitérée plusieurs fois sur des vieux chevaux m'a donné presque toujours les mêmes résultats.

Les propriétés de la salive ne sont pas moins variables que sa sécrétion. Tantôt plus fluide, d'autres fois plus visqueuse, cette liqueur est susceptible de prendre des caractères de malignité et de devenir virulente. C'est ce qui a lieu dans la rage et dans quelques affections charbonneuses qui reconnoissent pour cause la faim et l'altération de la salive (1).

La salive est une liqueur nécessaire, indispensable à la digestion ; les alimens qui n'en sont pas assez pénétrés ne peuvent pas être convenablement digérés. Le fait suivant aug-

---

(1) Ce changement de la salive dans quelques maladies épizootiques indique l'emploi des billots faits avec des substances irritantes, capables de produire une grande évacuation de salive. Ce moyen, mis en usage par quelques vétérinaires instruits, a été suivi de succès.

mentera le nombre de ceux connus, et qui constatent l'utilité et l'importance de cette humeur. Par suite de l'extirpation et de la cautérisation de boutons farcineux, un cheval ayant eu les deux canaux parotidiens obstrués, dépérit progressivement, et au bout de deux à trois mois, il mourut dans le marasme et l'atrophie la plus complette.

Les canaux salivaires sont quelquefois obstrués par la formation de calculs qui se rencontrent plus fréquemment dans les canaux parotidiens. Ces calculs sont pesans, très-durs, plus ou moins polis, sans odeur, ni saveur; ils sont essentiellement formés de phosphate calcaire et de carbonate de chaux (1).

De la Cavité gutturale ou arrière-bouche.

Cavité oblongue, ovoïde, située en bas du crâne, en arrière des mâchoires et en avant du cou, continue à la bouche dont elle n'est séparée que par le voile du palais, dans laquelle

---

(1) Dans le courant des travaux anatomiques de l'an 1806, j'ai rencontré dans le canal parotidien gauche d'un âne, trois calculs salivaires. Monsieur *Thenard* a trouvé par l'analyse qu'il a faite des deux plus petits, qu'ils étoient formés de phosphate calcaire, associé à un peu de carbonate de chaux.

l'on remarque plusieurs ouvertures, et qui est circonscrite dans son pourtour par le pharynx.

On distingue à l'arrière-bouche deux parois, dont une supérieure et l'autre inférieure. La paroi supérieure est située sous le crâne, et offre, 1°. les deux ouvertures des conduits gutturaux de la cavité tympanique; ces ouvertures, dirigées de derrière en devant et de haut en bas, se terminent chacune par un pavillon cartilagineux posé sur le côté de l'ouverture des narines; 2°. les deux ouvertures nasales qui se réunissent sous le vomer, et ne forment plus qu'une seule ouverture ovale et libre.

La paroi inférieure s'étend depuis la base de la langue jusqu'à l'ouverture de l'œsophage, constitue le détroit de l'arrière-bouche, et comprend deux ouvertures, dont une donne passage à l'air et se nomme glotte; l'autre reçoit les alimens, et communique dans l'œsophage.

Du Pharynx.

Le pharynx, ou partie qui circonscrit l'arrière-bouche, est formé de deux membranes superposées, unies par un tissu lamineux lâche; l'une est musculeuse, et l'autre folliculeuse. La première, qui comprend plusieurs prolongemens, a été décrite dans la Myologie, tome I, page 292 ; la folliculeuse épaisse, ridée, sécrète une grande quantité d'humeur muqueuse, gluante, qui lubréfie les parois internes de cette cavité.

Les vaisseaux et les nerfs gutturaux ou pharyngiens proviennent des parties environnantes.

L'arrière-bouche est destinée à soutenir les ouvertures auxquelles elle sert de vestibule, et à les mettre en rapport les unes avec les autres.

A la partie postérieure de l'arrière-bouche des *monodactyles*, on observe deux grandes poches membraneuses, adossées l'une contre l'autre, et nommées *gutturales*. Ces poches, qui appartiennent aux oreilles, et qui sont des dépendances des conduits gutturaux du tympan, s'étendent de tous côtés sous les grandes branches de l'hyoïde et sous les muscles environnans. Elles recèlent une grande quantité d'air, et jouent un grand rôle dans la perfection de la voix (1). L'arrière-bouche n'a point de passage dans la bouche; il est fermé par le voile du palais.

____

(1) Lorsque l'on fait la ponction de ces poches par l'opération appelée hyovertébrotomie, la sortie de l'air est en rapport avec celui qui s'échappe des sinus par une ouverture artificielle.

De l'OEsophage.

CARACTÈRE. L'œsophage est un canal mus-culo-membraneux qui s'étend depuis le pharynx jusqu'à l'estomac, se porte le long de la face trachélienne du cou derrière la trachée, traverse le thorax, passe par une ouverture que lui offre le diaphragme, pénètre dans l'abdomen, s'insère dans l'estomac où il conduit les alimens, et d'où il les reprend quelquefois pour les ramener dans la bouche.

DIVISION. L'on peut distinguer à l'œsophage une extrémité supérieure, qui est une continuité du pharynx et qui est attachée au larynx ; une partie moyenne ; et une extrémité gastrique qui se continue avec l'estomac.

Ce canal très-étendu est soutenu, le long du cou, contre la face postérieure de la trachée et entre les deux artères céphaliques, par un tissu lamineux très-abondant et très-lâche, de manière qu'il peut se dilater avec facilité. Dans ce trajet, c'est-à-dire depuis le pharynx jusqu'au thorax, il se dévie insensiblement à gauche, de sorte qu'en pénétrant dans cette dernière cavité, il est placé au côté gauche de la trachée. Parvenu dans le thorax, il passe sur la trachée, sur les bronches, se

continue en arrière , laissant à gauche les grosses artères qui émanent du cœur , et à droite
les veines-caves ; puis il se dirige entre les
deux lames du médiastin , en s'éloignant des
vertèbres du dos , jusqu'au diaphragme qu'il
traverse pour se rendre dans l'estomac. L'œsophage est entouré d'un tissu lamineux abondant et élastique , jusqu'en arrière du cœur ;
mais entre les lames du médiastin , il est peu
soutenu ; aussi lorsque quelque aliment s'arrête
dans cette partie de l'œsophage , il y forme une
dilatation ordinairement sacciforme , qui provient le plus souvent de la rupture de la membrane musculaire , à travers laquelle la membrane interne fait hernie. Cet accident , assez
fréquent dans les herbivores , finit toujours
par faire périr les animaux. Le mode d'insertion de l'œsophage n'est pas le même dans
tous les animaux , il offre des différences importantes que nous indiquerons à l'article des
variétés.

STRUCTURE. L'œsophage, qui, hors le temps
de sa contraction , reste dans un état de mollesse et de flaccidité , est composé de deux
membranes superposées, dont l'externe est
charnue , et l'interne *folliculeuse*. La première de ces membranes , qui est une conti-

nuité de celle du pharynx , et qui conserve
à-peu-près la même épaisseur par-tout, est
rouge , et porte à sa surface antérieure un
léger sillon longitudinal qui paroît tendineux : ces deux faces sont garnies d'un tissu
cellulaire abondant et lâche , et sa composition résulte de la disposition de fibres fortement unies , dont les unes sont longitudinales, d'autres spiroïdes, et quelques autres
obliques.

La membrane folliculeuse , blanche et ridée
suivant sa longueur, est bien, comme la première , une continuité de celle du pharynx,
mais elle en diffère essentiellement par sa
blancheur et par sa composition moins folliculeuse. Sa surface externe est unie à la membrane charnue par un tissu lamineux très-
abondant, très-lâche, qui permet le glissement
de ces deux membranes l'une sur l'autre, et
facilite par ce moyen le passage du bol alimentaire. La face interne qui est libre, muqueuse, est pourvue d'une lame épidermoïde,
épaisse ; elle offre des rides nombreuses dans
lesquelles s'ouvrent les follicules.

Le long du cou , l'œsophage reçoit des
artères que lui donnent les céphaliques; en
arrière du cœur, il a une artère qui lui est

propre et que l'on nomme *œsophagienne ;* cette artère l'accompagne jusqu'à l'estomac, en lui donnant de distance en distance des rameaux. Les veines suivent les artères, et se dégorgent dans les grosses veines circonvoisines.

Variétés. Dans les *monbdactyles,* l'extrémité gastrique de l'œsophage est épaisse, d'une texture ferme, d'une couleur blanchâtre, et elle acquiert insensiblement cet état, depuis la courbure de l'aorte jusqu'à l'estomac ; de manière que si l'on fend cette portion du canal, on voit la membrane charnue augmenter d'épaisseur jusqu'à l'estomac, tandis que la membrane interne, toujours la même, n'offre de différences que parce qu'elle forme de grands plis que quelques anatomistes ont pris pour des valvules. Après avoir franchi le diaphragme, l'œsophage fait dans l'abdomen une courbure de plusieurs centimètres ; il s'insère dans la petite courbure de l'estomac, traverse les parois de ce viscère obliquement de droite à gauche et de devant en arrière, de la même manière que les uretères pénètrent dans la vessie. Cette disposition si remarquable de l'extrémité gastrique de l'œsophage, empêche que les substances introduites dans

l'estomac

l'estomac ne puissent en ressortir par l'ouverture œsophagienne, et rend les monodactyles incapables de vomir.

Chez les *didactyles*, l'œsophage s'insère dans le rumen, sans aucun trajet dans l'abdomen ; près de l'estomac, ce canal se dilate, devient infundibuliforme, et se termine dans une gouttière à bords relevés, qui, en se recourbant pour aller dans la caillette, devient successivement plus grande.

Lorsque nous exposerons les estomacs des ruminans, nous ferons connoître avec plus de détails ce mode de terminaison de l'œsophage, d'où dérive une différence très-remarquable dans la déglutition des solides et des fluides, et qui concourt puissamment à l'ascension des alimens.

Dans les *tétradactyles*, l'œsophage s'insère à l'extrémité de la petite courbure de l'estomac, sans faire de trajet dans l'abdomen, et il se termine en formant une dilatation.

Usages. L'œsophage conduit dans l'estomac les alimens qui lui ont été transmis par le pharynx, ou bien il les reprend pour les ramener dans le pharynx.

SECTION II.

Organes digestifs contenus dans l'abdomen.

Ces organes qui sont nombreux, et différens entr'eux par leurs propriétés, occupent la plus grande partie de l'abdomen; diversement fixés, ils ont, pour la plupart, des positions variables; ils sont soutenus par une même membrane fort étendue, qui tapisse toute la cavité de l'abdomen, qui unit tous les viscères abdominaux, qui établit entr'eux des connexions, des rapports particuliers d'où dérivent divers phénomènes maladifs.

L'*abdomen*, très-grande cavité, de forme ovoïde, beaucoup plus spacieuse dans les herbivores que dans les autres quadrupèdes, ayant des parois essentiellement musculeuses, contient les viscères digestifs avec leurs annexes, ainsi que la plus grande partie des organes urinaires et génitaux.

On peut distinguer, à cette cavité, quatre faces, dont une antérieure, l'autre postérieure, une supérieure, et la quatrième inférieure.

La face antérieure concave, formée par la face postérieure du diaphragme, est nommée *région diaphragmatique*.

Postérieurement, l'abdomen est terminé par

une grande cavité profonde, formée par le bassin et appelée *pelvienne*. Cette cavité, dans laquelle l'on reconnoît l'entrée, le fond et l'extrémité ou la sortie, va en diminuant depuis l'entrée jusqu'à l'extrémité, et est disposée de manière que l'entrée est plus élevée que la sortie.

La partie supérieure de l'abdomen, essentiellement formée par les vertèbres des lombes et les muscles sous-lombaires, s'étend depuis l'ouverture œsophagienne du diaphragme, jusqu'à l'entrée de la cavité pelvienne, et est nommée *région sous-lombaire*.

La surface inférieure de l'abdomen la plus étendue, formée par les muscles abdominaux inférieurs, par les cercles cartilagineux des côtes, par le prolongement du sternum, constitue la plus grande partie des parois abdominales, soutient les viscères et se sous-divise en plusieurs régions. Ainsi, le long de la ligne médiane, se trouvent, 1°. la région *pré-pubienne*, qui comprend la partie située en avant du pubis; 2°. la région *ombilicale*, ou le pourtour de l'ombilic; 3°. la région *sous-sternale*, ou la partie située sous et en arrière du sternum. Les côtés de la région pré-pubienne constituent l'*aîne droite* et l'*aîne gau-*

che ; ceux de la région ombilicale forment les *flancs ;* ceux de la région sous-sternale sont appelés les *hypochondres.*

La connoissance de ces diverses régions est nécessaire et importante, pour indiquer d'une manière précise la position respective de chaque viscère. Ainsi, les reins, les uretères, les cornes de l'utérus, occupent la région sous-lombaire. Vers la région diaphragmatique, l'on trouve l'estomac, le foie, la rate ; tandis que la vessie, le rectum et une partie des organes génitaux sont contenus dans le bassin. La surface inférieure de l'abdomen supporte l'intestin, dont la position chez les divers quadrupèdes domestiques est aussi variable que son étendue et sa forme. La région pré-pubienne qui, dans les herbivores, est occupée par une portion du gros intestin, répond au fond de la vessie et de l'utérus. La région sous-sternale qui, dans le cheval, porte les courbures antérieures du colon, répond au foie et à l'estomac. Dans les ruminans, cette région est occupée par le réseau. Le flanc droit dans les monogastriques est occupé par la base du cœcum, et dans les ruminans par l'intestin grêle et le colon. Le flanc gauche des monogastriques répond à l'intestin grêle et à la deuxième portion du colon, et dans les ruminans il est occupé par le sac gauche du rumen. Les aînes qui contiennent une partie des intestins ou du rumen, portent les cordons spermatiques. L'hypochondre droit des monodactyles est occupé par le cœcum, et dans les ruminans, par le sac droit du rumen. L'hypochondre gauche, qui contient le sac gauche du rumen, ou une partie de la portion cœco-gastrique du colon des monodactyles, répond, chez tous les quadrupèdes, à la rate et à l'estomac.

Le *péritoine*, membrane séreuse, perspiratoire, fine, blanche, d'une texture lamelleuse et serrée, constitue un très-grand sac, impair, clos de toute part, qui, par sa surface externe, tapisse la face interne de l'abdomen, revêt presque tous les viscères abdominaux, et forme des plicatures, des prolongemens, des ligamens, etc.

On distingue au péritoine deux surfaces, dont une celluleuse *adhérente*, et l'autre libre *perspiratoire*.

La surface adhérente ou externe est garnie d'un tissu lamineux plus ou moins abondant et serré, au moyen duquel elle tient aux parties contre lesquelles elle est appliquée ou qu'elle recouvre. Par cette surface, le péri-

toine tapisse toute la surface interne de l'abdomen, et y est uni par un tissu lamineux
abondant qui communique avec le tissu lamineux sous-cutané (1); il se replie supérieurement depuis le milieu du centre aponévrotique du diaphragme, le long de la région
sous-lombaire, jusque dans le fond du bassin;
puis s'étend sur le foie, la rate, l'estomac,
l'intestin, revêt une partie du pancréas, de la
vessie, se prolonge avec les testicules hors de
l'abdomen, et enveloppe la plus grande partie
de l'utérus. De cette disposition résultent,
1°. les liens qui soutiennent le foie; 2°. les
prolongemens du pourtour de l'estomac, qui
constituent l'épiploon; 3°. le ligament suspenseur de la rate; 4°. le mésentère ou lien
du canal intestinal; 5°. les ligamens de la
vessie; 6°. la gaîne qui enveloppe le testicule
avec le cordon spermatique; 7°. enfin, les
ligamens sous-lombaires de l'utérus. Ces diverses parties, qui proviennent du repli général du péritoine, seront exposées particulièrement avec les organes auxquels elles ap-

____

(1) Ces communications du tissu lamineux du péritoine
avec le tissu lamineux sous-cutané, sont les routes que
tiennent les humeurs lorsqu'elles se transportent ou de l'intérieur à l'extérieur, ou bien de l'extérieur à l'intérieur.

partiennent ; il doit suffire ici de les indiquer.

Toute la surface interne ou perspiratoire du péritoine, douce, lisse au toucher, est garnie de villosités très-fines, de pores exhalans et inhalans, elle fournit, exhale continuellement une humeur vaporeuse, qui entretient la souplesse des parties, et fournit la matière d'absorption qui est prise par les vaisseaux inhalans du péritoine. Cette humeur, par son séjour, acquiert diverses propriétés, et son accumulation constitue l'hydropisie.

Le péritoine est à l'abdomen ce que la peau est à tout le corps en général ; il entretient la perspiration abdominale, si nécessaire à l'exercice des fonctions auxquelles les viscères sont destinés ; il soutient presque tous les organes de l'abdomen, concourt à en former plusieurs, maintient et accompagne leurs vaisseaux et leurs nerfs.

De l'Estomac.

CARACTÈRE. Organe essentiel de la digestion, l'estomac est un réservoir musculo-membraneux, situé dans l'abdomen, contre le diaphragme, entre le foie, la rate, le pancréas et l'intestin, recouvert de prolongemens membraneux, disposé en forme de sac alongé d'un côté à l'autre, déprimé dans son milieu, et recourbé, à ses deux extrémités, de devant en arrière, et de haut en bas. Ce viscère, qui est continu d'une part à l'œsophage, et de l'autre à l'intestin, reçoit les substances alimentaires qui lui parviennent de la bouche par le moyen de l'œsophage, et les retient le temps nécessaire pour qu'elles y éprouvent un degré particulier de fluidité, et s'y convertissent en chyme.

Considéré dans tous les quadrupèdes, l'estomac offre des variétés très-importantes, relatives à sa forme, à sa position, à son volume et à sa texture; unique dans quelques animaux et multiple chez d'autres, il forme le type de classification des quadrupèdes domestiques en *monogastriques* et en *polygastriques*. La première classe de ces animaux renferme les monodactyles et les tétradactyles, que l'on sous-divise en herbivores, carnivores et omnivores; la classe des polygastriques comprend les herbivores didactyles, connus plus particulièrement sous le nom de ruminans, ainsi que tous les oiseaux domestiques qui ont deux ou trois estomacs.

Dans l'exposition de cet organe, nous prendrons pour type l'estomac des monogastriques;

les estomacs des ruminans , ainsi que les phénomènes qui en dérivent , seront considérés
en particulier.

Division. Pris dans un état moyen de plé-
nitude , l'estomac offre deux faces , dont une
antérieure et l'autre postérieure ; deux courbures distinguées en supérieure et en inférieure ; deux extrémités , dont une est à droite
et l'autre à gauche ; deux orifices, dont l'un est
appelé *œsophagien ,* et l'autre *pylorique.*

Faces. Elles sont plus ou moins convexes ,
libres et perspiratoires : l'antérieure , qui est
supérieure et diaphragmatique , pose du côté
droit contre la face postérieure du lobe gauche
du foie , et dans le reste de son étendue ,
contre le diaphragme. La face postérieure ,
qui est inférieure et qui est recouverte en plus
grande partie par l'épiploon , regarde le colon,
auquel l'estomac est lié par la portion gastro-
colique de l'épiploon.

Courbures. Elles portent les vaisseaux et les
nerfs qui arrivent à l'estomac ou qui en proviennent. Les uns et les autres sont soutenus
et accompagnés par des prolongemens de l'é-
piploon. Ces courbures constituent deux bords
arrondis, dont le supérieur concave est nommé
petite courbure , et l'inférieur plus grand ,

convexe, le long duquel sont soutenus les vaisseaux spléno-gastriques et épiplo-gastriques, est appelé *grande courbure*.

Extrémités. La gauche qui est postérieure est dite splénique ; la droite, située entre le foie et le colon, se nomme pylorique.

Sacs. Ces sacs, dont la grandeur respective varie, sont séparés par une dépression, qui devient d'autant plus sensible que l'estomac est plus dilaté. Dans les monodactyles, le gauche forme une espèce de cul-de-sac prolongé en arrière, et à l'extrémité duquel est attachée la base de la rate. Le sac droit, généralement plus arrondi que le gauche, est courbé en haut, de gauche à droite.

Orifices. L'œsophagien, qui se trouve antérieur et inférieur, est soutenu contre le diaphragme par un fort ligament péritonéal, et cet orifice est plus ou moins resserré, suivant la manière dont l'œsophage se termine dans l'estomac. L'orifice pylorique, contourné en arrière et en haut, est pourvu d'un bourlet circulaire, épais et charnu, formant une ouverture étroite, mais toujours ouverte.

Structure. Elle résulte de la disposition respective des membranes, des vaisseaux et des nerfs.

Membranes. Au nombre de trois principales, superposées et plus ou moins adhérentes les unes aux autres, ces membranes diffèrent entr'elles par leur texture et par leurs propriétés. La première, qui est une production du péritoine, se nomme *péritonéale*; la deuxième est *charnue* ou *musculeuse*, et la troisième est une membrane *folliculeuse très-composée*.

La première de ces membranes, qui a la même texture que le péritoine, entretient l'exhalation extérieure de l'estomac, forme, le long des courbures, des prolongemens membraneux qui constituent diverses portions de l'épiploon, et qui augmentent les surfaces perspirables du ventricule. Ces prolongemens épiploïques sont formés de deux lames adaptées, et entre lesquelles sont soutenus les vaisseaux et les nerfs qui aboutissent à l'estomac. Proche des courbures, ces lames laissent entr'elles un écartement de forme triangulaire, au milieu duquel les vaisseaux et les nerfs, maintenus d'une manière lâche, peuvent se prêter plus facilement à la dilatation et au resserrement du ventricule. La surface externe de cette première membrane est lisse, douce, et continuellement lubréfiée par l'humeur vaporeuse qu'elle fournit; tandis que la face interne adhère à la surface externe de la tunique charnue par un tissu lamineux fin et serré.

La tunique charnue, qui est une continuité de celle de l'œsophage, mais qui en diffère essentiellement par sa couleur et la disposition de ses fibres, détermine le resserrement de l'estomac. C'est en elle que résident le degré d'irritabilité et les mouvemens d'oscillation dont l'estomac est susceptible. Sa surface externe est recouverte par la membrane péritonéale, tandis que sa face interne pose sur la membrane folliculeuse, avec laquelle elle contracte une adhérence particulière, très-remarquable, et que nous ferons bientôt connoître. Cette deuxième tunique, dont la couleur est blanchâtre, est composée de faisceaux charnus dont les uns sont longitudinaux, d'autres obliques, d'autres spiroïdes, et quelques-uns semi-circulaires, et qui paroissent se réunir tous à l'extrémité du sac gauche où ils forment des tourbillons, et d'où ils se dirigent vers le pylore ; là ils se confondent, se réunissent, constituent un bourlet circulaire qui ceint cette petite ouverture, l'affermit, et empêche que les matières chymeuses ne soient poussées trop vite dans l'intestin. En considérant la disposition respective de tous ces faisceaux,

dans un estomac frais et dilaté par l'insufla-
tion, l'on voit que les uns marchent parallè-
lement, que d'autres vont pour ainsi dire isolément; que les uns passent par-dessus les
autres, tandis qu'il en est qui s'étendent à
côté les uns des autres sans se chevaucher; et
l'on remarque qu'ils sont unis entr'eux par
un tissu lamineux abondant et élastique, qui
leur permet un mouvement de glissement, de
s'écarter, de se rapprocher les uns des autres,
de se prêter à la dilatation du ventricule et
d'en opérer le resserrement. La membrane
charnue diminue d'épaisseur, perd de sa force
à mesure que ses faisceaux s'écartent et que
l'estomac se dilate; tandis que le contraire a
lieu lorsque ce viscère se contracte et qu'il
revient sur lui-même.

La tunique folliculeuse, qui est l'agent essentiel de la sécrétion du suc gastrique et qui
est le siége de la sensibilité particulière dont
jouit l'estomac, est bien une continuité de
celle de l'œsophage, mais elle en diffère par
son organisation et ses propriétés. Cette membrane molle, très-villeuse et essentiellement
papillaire, forme, dans l'état de vacuité de
l'estomac, des rides irrégulières et très-nombreuses; et elle offre, à toute sa surface ex-

terne , une expansion vasculaire, rétiforme , parsemée de nerfs et soutenue par un tissu lamineux abondant. Ce réseau , formé de ramuscules innombrables et anastomotiques, fournit les séreux et les nerfs qui pénètrent la membrane folliculeuse; il étale le sang qui aborde à l'estomac , et l'expose à l'impression plus immédiate de la force organique de la partie. Ce tissu réticulaire, que quelques anatomistes ont décrit comme une membrane particulière, sert à unir la membrane interne avec la membrane charnue. La face interne de la tunique folliculeuse est garnie de papilles, de villosités innombrables, enduite d'un mucus épais et abondant, et constitue une espèce de velouté lisse, doux au toucher, dont la couleur plus ou moins foncée est très-variable. Cette surface veloutée, papillaire, vaporeuse et inhalante, exhale le suc gastrique ; elle est tapissée d'une lame épidermoïde qui se détache par l'ébullition , qui dans certaines affections s'enlève par exfoliation , mais qui est susceptible de se régénérer.

Vaisseaux. Ils sont très-nombreux , et offrent une disposition particulière. Ils forment des anastomoses très-multipliées, et se distinguent en artères, veines et lymphatiques.

Les artères émanent presque toutes de la cœliaque, abordent à l'estomac par les courbures et autour des orifices, forment entre la membrane charnue et la tunique folliculeuse des ramuscules innombrables et anastomotiques, et ont avec les artères collatérales des embranchemens particuliers, importans à connoître. Ces artères sont fournies par les trois branches de la cœliaque, que l'on distingue, par rapport à leur distribution, en *gastrique*, *splénique* et *hépatique*. (*a*) La branche gastrique, qui est la plus petite et qui est uniquement destinée pour l'estomac, gagne la petite courbure, se répand sur les deux faces de ce viscère, et donne des rameaux à l'orifice œsophagien. (*b*) La branche splénique se dirige à gauche le long de la scissure de la rate, s'étend au-delà entre les lames de l'épiploon, et devient artère épiploïque gauche ; elle fournit à la grande courbure de l'estomac les artères *spléno - gastriques* et *épiplo-gastriques gauches*, qui se réunissent sur les deux faces du ventricule. (*c*) L'artère hépatique, branche essentiellement destinée pour le foie, se dirige du côté droit pour gagner ce viscère, passe le long du bord antérieur du pancréas, sur le pylore, donne l'artère *pylorique*, l'artère *épiploïque droite*, qui s'anastomose avec l'épiploïque gauche et fournit les *épiplo-gas-triques droites :* cette branche hépatique donne assez souvent un gros rameau à la base de la rate, une ou deux petites branches à la petite courbure de l'estomac.

Toutes ces artères se portent vers l'estomac en tenant une direction oblique. Avant d'y aborder elles se bifurquent, se partagent en deux parties pour se répandre également sur ses deux faces. Cette division des artères a lieu à une certaine distance de l'estomac, afin qu'elles puissent se prêter facilement à la dilatation de cet organe. Les spléno-gastriques et les épiplo-gastriques se comportent avec les artères collatérales de la rate ou de l'épiploon, de manière que chaque artère qui va à l'estomac, naît ou à côté ou avec celle qui se ramifie dans le tissu de la rate, ou qui se divise entre les lames de l'épiploon.

De cette disposition il résulte que la circulation gastrique se développe à mesure que l'estomac se dilate, qu'elle diminue en raison directe du resserrement de ce viscère. Ces changemens dans la circulation gastrique s'opèrent naturellement et avec liberté ; aussi, lorsque les artères gastriques, trop flasques,

trop

trop flasques, trop repliées, ne peuvent plus admettre la même quantité de sang que quand elles sont droites et redressées, alors ce fluide reflue par les artères collatérales dans la rate, dans l'épiploon et dans le foie.

A ces artères, il faut ajouter les rameaux de l'artère œsophagienne, qui entourent l'orifice de ce nom et s'anastomosent avec des ramuscules fournis par l'artère gastrique.

Les veines accompagnent les artères ; elles se réunissent contre l'extrémité du sac gauche de l'estomac, forment une grosse branche qui remonte vers le tronc de la grande mésentérique, près duquel elle se décharge dans le tronc de la veine-porte.

Les lymphatiques, qui s'élèvent de l'estomac, aboutissent à plusieurs ganglions répandus autour des courbures et de l'orifice œsophagien, se rendent dans le réservoir thoracique par une grosse branche qui reçoit aussi les lymphatiques du foie, du pancréas et de la rate.

Les nerfs très-nombreux et très-composés proviennent du pneumo-gastrique et du tri-splanchnique ; ils partent directement du ganglion semi-lunaire *prérénal*, forment des enlacemens qui enveloppent, accompagnent les artères, et vont se terminer aux papilles de l'estomac où ils s'unissent , s'associent avec cet ordre de vaisseaux.

Variétés. *Monodactyles.* L'estomac est très-petit, très-courbé ; l'orifice œsophagien , placé dans la petite courbure , se trouve très-rapproché du pylore ; et de cette disposition résulte un mode particulier de resserrement, qui tend toujours à comprimer l'ouverture œsophagienne.

Ce viscère est situé très-profondément au-dessus des courbures du colon. Dans son état de vacuité, il se trouve contre le foie, sous les piliers du diaphragme ; tandis que , lorsqu'il est distendu, il est situé beaucoup plus en arrière et à gauche. Comme il ne peut se dilater en place , il se dévie en arrière et en haut vers le flanc gauche , à mesure qu'il se distend ; dans ce mouvement de locomotion , il attire l'œsophage qui s'alonge, et qui forme par suite un prolongement plus ou moins grand dans l'abdomen.

La membrane interne de l'estomac des monodactyles comprend deux parties , dont l'une revêt le sac gauche , et l'autre le sac droit. Ces deux parties , essentiellement distinctes par leur couleur , leur organisation et leurs propriétés , sont séparées l'une de l'autre par un bord frangé. Celle du sac gauche est une continuité de la tunique folliculeuse de l'œsophage, n'en diffère ni par sa texture, ni par ses propriétés. Celle qui tapisse le sac droit est la véritable membrane gastrique, en a tous les caractères, reçoit beaucoup plus de nerfs, beaucoup plus de vaisseaux que l'autre ; sa texture est beaucoup plus composée, plus organisée ; aussi elle est la seule qui fournisse le suc gastrique, et qui opère la transformation des substances alimentaires en chyme.

Souvent on trouve des vers attachés à la surface interne de l'estomac ; ces vers, formés par des larves de mouches, portent le nom d'*œstres*.

Dans les *didactyles*, on compte quatre estomacs, continus l'un à la suite de l'autre, et qui sont le *rumen*, le *réseau*, le *feuillet* et la *caillette*. Nous traiterons en particulier de ces estomacs, ainsi que des phénomènes de la rumination.

Dans les *tétradactyles*, l'estomac est situé moins profondément et se dilate en place ; la tunique gastrique tapisse toute l'étendue de cet organe. Comme, chez ces quadrupèdes, l'œsophage s'insère à l'extrémité de la petite courbure en se dilatant, il en résulte que l'orifice œsophagien est plus éloigné du pylore, et qu'au lieu d'être dans une constriction continuelle, il offre un passage libre aux matières qui, par la contraction du ventricule, sont poussées contre cette ouverture ; aussi ces animaux jouissent-ils de la faculté de vomir, lorsque l'estomac éprouve un violent mouvement antipéristaltique.

Usages. L'estomac qui a des rapports très-marqués avec toutes les autres parties du corps, mais plus particulièrement avec les poumons, le cerveau, les sens, la peau, les organes urinaires et génitaux, contient les alimens qui lui parviennent par l'œsophage, les retient assez long-temps pour qu'ils puissent être attaqués, altérés et convertis en chyme par l'action dissolvante du suc gastrique.

Les principales fonctions de ce viscère sont bien de servir à la digestion, mais cet organe étend plus loin l'exercice de son domaine : foyer central d'affections d'une nature particulière, d'où partent des irradiations variées, l'estomac exerce sur toutes les parties du corps une influence plus ou moins grande, en dérange ou en rétablit l'équilibre.

On peut distinguer dans l'estomac deux espèces de fluides ; l'un visqueux, insipide, qui paroît être le produit des follicules muqueux, répandus dans le tissu de la membrane interne, forme l'enduit glaireux qui préserve, garantit l'organe de l'impression trop vive de certaines substances. Cette humeur, susceptible de changer de nature dans quelques circonstances, devient quelquefois plus fluide et perd de sa viscosité ; tandis que, dans certaines inflammations, elle s'épaissit au point de former une couche blanchâtre, glutineuse, que l'on trouve répandue sur les alimens contenus dans l'estomac (1).

L'autre fluide que l'on rencontre dans l'estomac, plus clair, plus limpide, et plus ou moins mélangé avec d'autres liqueurs, constitue le *suc gastrique*, qui a une action dissolvante très-énergique, et qui est le principal agent de la digestion. Cette humeur gastrique, claire dans l'état naturel, s'épaissit par la diète, et est diversement colorée suivant les animaux.

La sécrétion de cette liqueur qui a sa source dans la membrane gastrique, se trouve augmentée par l'impression plus ou moins stimulante des alimens introduits dans l'estomac, et

____

(1) Quelques praticiens vétérinaires peu instruits, ont souvent pris cette couche glutineuse pour une membrane détachée de l'estomac.

D 3

selon le degré de sensibilité dont est douée la partie. Cette sécrétion doit être très-abondante, si l'on en juge par le nombre et la grosseur des vaisseaux qui se distribuent dans cet organe ; mais il est impossible d'en déterminer précisément la quantité.

On a quelquefois essayé de se procurer du suc gastrique, soit pour en examiner la nature, soit pour diverses expériences ; à cet effet l'on fait jeûner un animal pendant un ou deux jours ; avant de le sacrifier, on lui présente de loin des alimens qu'il ne puisse pas saisir, et l'on ouvre l'estomac aussitôt après sa mort. Mais, quelques moyens que l'on emploie, il est impossible de l'obtenir dans son état de pureté ; outre que la faim en altère, en change la nature, il faut aussi observer que cette humeur gastrique est toujours mêlée avec une certaine quantité de salive, et de fluide muqueux fourni par les follicules de l'estomac ; souvent même il s'y trouve de la bile qui, par l'action antipéristaltique, reflue dans l'estomac et colore ordinairement la liqueur.

D'après les expériences nombreuses tentées sur le suc gastrique par les anatomistes et les chimistes, il paroît qu'il n'est ni acide, ni alcalin ; que, s'il se trouve quelquefois acide, cette circonstance dépend des alimens et non de sa nature ; qu'il contient un peu d'albumine, une substance muqueuse, du phosphate d'ammoniaque, du muriate de soude, et quelquefois un peu d'acide phosphorique libre.

Ce suc différent dans tous les animaux, suivant l'espèce, selon le tempérament de l'individu, l'état de l'estomac, le genre de nourriture, est un puissant dissolvant qui opère la conversion des substances alimentaires en *chyme*, et les dispose à des changemens ultérieurs. Il paroît conserver sa force dissolvante quelque temps après la mort, et même hors de l'estomac. Mais cette force n'est pas la même dans tous les animaux, elle semble adaptée à l'espèce d'alimens dont ils se nourrissent ; ainsi le suc gastrique des herbivores exerce son action plus spécialement sur les végétaux que sur les chairs ; tandis que, dans les carnivores, il agit essentiellement sur ces dernières. D'après l'opinion de quelques anatomistes, la présence de ce fluide accumulé dans l'estomac, détermine un sentiment particulier qui constitue l'appétit ou la faim, suivant le degré où il est porté. Il est à présumer que ce suc s'altère dans la faim prolongée pendant long-temps, qu'il acquiert des caractères de malignité , et qu'il devient cause déterminante de ces maladies qui attaquent les animaux qui sont long-temps sans manger, et qui éprouvent de grandes fatigues par les marches forcées qu'on leur fait soutenir.

Une autre propriété remarquable du suc gastrique, c'est de cailler le lait lorsqu'il arrive dans l'estomac ; hors de l'estomac il produit le même effet ; c'est pour cela que la membrane gastrique, qui est la source de ce suc , sert à faire la présure dont on se sert dans l'économie domestique pour faire cailler le lait.

De l'Intestin.

CARACTÈRE. Long canal musculo - membraneux, très-flexueux, continu depuis l'estomac jusqu'à l'anus, soutenu par un très-grand ligament que l'on nomme le mésentère ; formant tantôt des poches très-grandes et bosselées, tantôt des canaux cylindriques et étroits, l'intestin se replie sur lui-même en différens sens, occupe la plus grande partie de l'abdomen, reçoit les matières chymeuses qui sortent de l'estomac, les élabore et les rend propres à fournir le chyle.

Ce canal dont le diamètre et la longueur varient, dans toutes les classes de quadrupèdes, suivant le mode de nourriture qui leur est propre, est très-long dans les herbivores, et très-court dans les carnivores.

DIVISION. Toute l'étendue du canal intestinal comprend deux portions, dont une qui est la première, celle qui tient à l'estomac, est nommée portion grêle ; l'autre, beaucoup plus dilatée, se terminant à l'anus, constitue la grosse portion de l'intestin. 1°. La portion grêle, ou plus généralement l'*intestin grêle*, se sous-divise ordinairement en duodenum, jéjunum et iléon ; mais il est une division plus simple, plus naturelle, et qui consiste à distinguer dans l'intestin grêle une partie gastrique, une partie mitoyenne, et une partie cœcale.

La partie gastrique de l'intestin grêle que l'on peut aussi appeler fixe, s'étend depuis l'estomac, se dirigeant à droite en arrière, entre le foie et le pancréas, se recourbant ensuite derrière la mésentérique où commence la portion mitoyenne ; dans ce trajet, elle est maintenue d'une manière fixe par un lien court qui, dans la portion suivante, devient très-long et maintient l'intestin d'une manière flottante ; près du pylore, elle offre, chez presque tous les quadrupèdes, une dilatation où se rendent les canaux excréteurs du foie et du pancréas.

La *partie mitoyenne* ou flottante, qui comprend la plus grande étendue de l'intestin grêle, commence vers la grande mésentérique, et se prolonge jusqu'à une certaine distance du cœcum où l'intestin grêle est maintenu par deux liens. La situation de cette partie est très-variable, elle change dans une foule de circonstances, et sur-tout dans les cas de douleurs intestinales.

La *partie cœcale* termine l'intestin grêle, se continue avec le cœcum, et est attachée par deux mésentères; elle diffère des deux portions précédentes, en ce qu'elle est plus étroite, qu'elle se termine en se resserrant, et que ses parois sont beaucoup plus épaisses; elle s'insère à la base du cœcum, en traversant obliquement ses parois et en se prolongeant dans son intérieur, comme un robinet dans un tonneau.

2°. La portion grosse du canal intestinal se subdivise, comme la précédente, en trois parties très-distinctes, sous les noms de cœcum, de colon et de rectum.

L'intestin cœcum, dont la forme, la grandeur, la position et même la structure diffèrent dans toutes les classes de quadrupèdes, constitue généralement une poche plus ou moins pyramidale, terminée en cul-de-sac, qui porte à sa base les ouvertures de l'intestin grêle et de l'intestin colon, qui sert de réservoir où s'accumulent les matières poussées par l'intestin grêle, et où elles subissent une élaboration très-marquée. Cet intestin, qui est bosselé dans quelques animaux et uni dans d'autres, est soutenu par un lien court, et peut être regardé comme le foyer central des élaborations que subissent les substances chymeuses en parcourant le canal intestinal. Sa base occupe ordinairement le flanc droit, d'où il s'étend, soit dans l'hypochondre droit, ou du côté du bassin.

On distingue au cœcum une base, une partie moyenne et une pointe ; la base, qui est plus ou moins dilatée, est fixée au pourtour du rein droit, se continue d'une part avec l'intestin grêle et de l'autre avec le colon, qui s'ouvrent l'un à côté de l'autre, mais qui ont une direction opposée, et qui, dans l'intérieur du cœcum, sont séparés par une grande valvule. La pointe du cœcum, plus ou moins pyramidale, est arrondie à son extrémité et est dépourvue de mésentère.

L'*intestin colon*, qui est le second et le plus long des gros intestins; qui, ainsi que le cœcum, offre de très-grandes différences chez les quadrupèdes domestiques, forme diverses circonvolutions irrégulières et a un diamètre très-variable, sur-tout dans les herbivores. Tantôt très-gros, il devient subitement étroit, quelquefois il augmente ou diminue insensiblement ; généralement bosselé, il offre en plusieurs endroits des surfaces unies, dépourvues de bosselures.

On reconnoît au colon deux parties distinctes par leur grandeur, leur disposition, et même leurs propriétés ; la première, qui est continue par une de ses extrémités avec le cœcum, et qui est fixée par l'autre extrémité contre et derrière l'estomac, est appelée portion *cœco-gastrique* ; et la seconde s'étend de la fin de la première au rectum. La portion cœco-gastrique beaucoup plus grosse, forme des circonvolutions plus ou moins constantes, suivant la manière dont elle est attachée ; l'autre portion, soutenue par un lien très-long, peu différent de celui de la partie mitoyenne de l'intestin grêle, forme des circonvolutions très-irrégulières, a une position très-variable, et sert de réservoir où s'amoncèlent les matières fécales.

L'*intestin rectum*, ainsi nommé par rapport à sa direction, est le dernier et le plus court des intestins ; il est situé dans la cavité du bassin sous le sacrum , se termine au-dehors par une ouverture que l'on nomme l'*anus*, et contient les matières excrémentitielles qui s'y accumulent, s'y pelotonnent et y restent entassées, jusqu'à ce que, par une situation et un mouvement particulier, l'animal les expulse. Très-différente des autres, cette portion de l'intestin a des parois épaisses, élastiques, est soutenue à son extrémité antérieure par le méso-rectum ; postérieurement elle est fixée au sacrum et à la base de la queue par un appareil ligamenteux, et est pourvue de plusieurs muscles qui resserrent ou relèvent l'anus (1). Dans sa partie mitoyenne, le rectum est entouré d'un tissu lamineux très-abondant, très-élastique, qui lui laisse la facilité de se remplir et de se vider.

Structure. L'organisation de l'intestin est généralement la même que celle de l'estomac ;

---

(1) Voyez la *Myologie,* tome I , page 342.

on y trouve trois membranes superposées, des vaisseaux et des nerfs.

Membranes. Elles sont une continuité de celles de l'estomac, ont essentiellement les mêmes propriétés, et se distinguent comme elles en tunique péritonéale, tunique charnue et tunique folliculeuse. La tunique péritonéale, qui est une continuité du mésentère, revêt tout l'intestin, excepté une partie du rectum qui en est dépourvue. Elle offre par-tout la même disposition, et elle entretient la perspiration extérieure de ce canal.

La membrane charnue, douée d'une contractilité très-grande, détermine les mouvemens variés qui se prolongent le long de l'intestin, et dont les uns, qui s'étendent de devant en arrière et qui ont lieu dans un ordre naturel, sont appelés *péristaltiques ;* tandis que ceux qui se manifestent en sens contraire, portent le nom de mouvemens *antipéristaltiques.* Ces mouvemens, dans l'intestin grêle, subsistent quelque temps après la mort , même lorsque l'intestin est détaché de l'abdomen. La tunique charnue de l'intestin est, comme celle de l'estomac, composée de divers faisceaux, dont les uns sont longitudinaux, d'autres spiroïdes, et quelques autres semi-circulaires. Cette membrane est généralement mince , mais elle offre de l'épaisseur et plus de force dans les points où l'intestin est étroit. Dans le rectum elle est beaucoup plus forte, les faisceaux qui la constituent sont gros et unis par un tissu lamineux abondant ; tandis que , dans le reste de l'intestin , les fibres sont très-rapprochées et intimement unies.

La membrane folliculeuse, peu différente de la tunique gastrique par sa texture et ses propriétés, est unie à la memhrane charnue par un réseau vasculeux , parsemé de nerfs et soutenu par un tissu lamineux abondant. Sa surface interne papillaire est pourvue de follicules muqueux, de villosités , de pores exhalans et inhalans ; elle constitue dans toute son étendue une surface veloutée, douce, enduite d'un mucus glaireux , abondant , et elle est tapissée d'une lame épidermoïde , qui est de la même nature que celle qui revêt la surface interne de la tunique folliculeuse de l'estomac. Les follicules qui se trouvent dans le tissu de cette membrane ne sont pas également disséminés ; dans quelques endroits ils paroissent plus gros, sont entassés les uns à côté des autres , et forment des groupes différens que l'on rencontre le long de l'intestin , et que l'on désigne sous le nom de glandes de Brunner et de Peyer.

Vaisseaux. Très-nombreux, très-rameux, ils sont soutenus par le mésentère, entre les lames duquel ils se comportent comme les vaisseaux qui sont accompagnés jusqu'à l'estomac par l'épiploon.

Les artères sont fournies par la grande et la petite mésentérique ; elles forment des branches plus ou moins grosses et proportionnées à la grosseur de l'intestin où elles se portent. Proche du canal intestinal, chaque branche se bifurque, donne une artère qui devient flexueuse, se courbe en avant ; tandis que l'autre se dirige de la même manière, mais dans un sens opposé, et se porte en arrière. Ces deux branches, qui résultent de la division de la branche principale, s'anastomosent avec les artères collatérales, et forment les anses ou arcades vasculaires de l'intestin d'où partent les rameaux qui pénètrent ce canal, et vont former, entre la tunique charnue et la tunique folliculeuse, le réseau réticulaire dans lequel est étalé le sang, et d'où partent les séreux exhalans.

Ces divisions, ces anastomoses si multipliées, si remarquables, concourent à ralentir

le

le cours du sang, afin de lui donner le temps d'être élaboré, et expliquent la fréquence, la nature des inflammations qui surviennent à l'intestin.

Les veines, beaucoup plus nombreuses et dépourvues de valvules, sont deux pour une artère, suivent le même trajet que ces premiers vaisseaux, se réunissent au côté droit de la grande mésentérique, pour se rendre dans le tronc de la veine-porte, proche de l'anneau du pancréas, et rapportent le sang qui n'a pu servir aux sécrétions. Mon prédécesseur *Flandrin* attribuoit à ces veines un usage plus étendu ; il les regardoit comme préposées à absorber une partie des sucs chyleux ; mais en rendant justice aux travaux et au zèle soutenu de ce vétérinaire, nous devons avouer que les expériences nombreuses qu'il a tentées pour prouver un fait aussi important, ne sont pas assez concluantes pour le montrer dans toute son évidence (1), et le débarrasser entièrement du voile de l'incertitude.

Les lymphatiques très-multipliés, très-gros, rapportent les sucs chyleux et lymphatiques de l'intestin, se rendent dans le réservoir sous-

____

(1) *Journal de Médecine*, 1791.

2.   E

lombaire, et forment, avant leur terminaison, plusieurs ganglions placés les uns à la suite des autres, d'autant plus gros et plus rapprochés qu'ils sont plus près du réservoir lymphatique. Ces vaisseaux contiennent le plus souvent une liqueur séreuse, dont la nature paroît être la même que celle qui est contenue dans les lymphatiques des autres parties : mais ils se remplissent de chyle, lorsque la chymification est à-peu-près achevée, et que la chylification s'opère (1).

Nerfs. Ils proviennent des ganglions et plexus qui sont à la base des mésentériques, forment une multitude de rameaux dont les plus gros suivent le trajet des artères ; tandis que d'autres, plus fins, plus déliés, marchent isolément entre les lames du mésentère. Ces nerfs gagnent la surface interne de l'intestin, se ramifient sur les papilles où ils s'unissent avec les derniers ramuscules des artères.

Variétés. *Monodactyles*. La longueur totale du canal intestinal équivaut de dix-huit à dix-neuf fois la hauteur du corps prise du

______

(1) Pour se procurer du chyle dans le cheval, on fait manger à l'animal une ration ordinaire d'avoine, et on le sacrifie cinq à six heures après, lorsque la digestion est à-peu-près achevée ou du moins fort avancée.

sommet du garot à terre. L'intestin grêle, qui est soutenu par un mésentère très-long, occupe le pourtour du flanc gauche et repose sur le colon ; la partie mitoyenne de ce premier intestin augmente insensiblement de grosseur jusqu'à la partie cœcale, mais elle offre beaucoup d'inégalités ; quelquefois elle forme des resserremens plus ou moins sensibles, plus ou moins étendus. C'est dans cet intestin que l'on trouve les vers appelés *strongles.*

Le cœcum qui est très-gros, qui offre de grandes bosselures d'où résultent les plis intérieurs qui constituent *les valvules conniventes,* est courbé le long du cercle cartilagineux de l'abdomen, et s'étend inférieurement jusques auprès du prolongement du sternum. La base de cet intestin forme un grand arc qui est fixé dans le flanc droit ; sa pointe, située dans la région sous-sternale, est pyramidale ; sa partie mitoyenne très-grosse, fixée au colon par le mésentère, occupe l'hypochondre droit. Cet intestin offre de larges bandes charnues, posées en long à quelque distance les unes des autres, plus nombreuses dans la partie moyenne qu'aux extrémités, qui soutiennent, affermissent l'intestin, en racourcissent la longueur , et forment les plis d'où résultent les valvules conniventes. Ces bandes se montrent au nombre de deux à la pointe du cœcum , bientôt elles sont au nombre de trois , de quatre dans le milieu , trois dans la courbure qui constitue l'arc ; enfin l'on n'en compte que deux à la terminaison au colon.

La portion cœco-gastrique du colon, dont la grosseur et les bosselures diffèrent peu de celles du cœcum , occupe avec ce dernier intestin , toute la surface inférieure de l'abdomen. Cette portion n'est fixée dans l'abdomen que par ses deux extrémités qui sont proches l'une de l'autre , dont une tient au cœcum et l'autre est attachée derrière l'estomac : elle est maintenue pliée en deux par le mésentère, de manière que, retirée hors de l'abdomen , elle présente à son extrémité une courbure, et offre deux parties unies ensemble, dont une vient du cœcum et l'autre va vers l'estomac ; la membrane qui les tient appliquées l'une contre l'autre , forme à la courbure un prolongement de figure circu-laire. Ainsi disposée , cette portion cœco-gas-trique est contenue dans l'abdomen , repliée sur elle-même, de manière qu'elle forme contre le diaphragme trois courbures superposées ; tandis que la courbure qu'elle présente dans son milieu, et qui résulte de son repli, est enfoncée dans la cavité pelvienne. La portion cœco-gastrique n'a pas la même grosseur partout; très-étroite à son origine, elle augmente tout-à-coup près de la courbure pelvienne; elle diminue jusqu'au delà de cette courbure, après quoi elle augmente, acquiert un volume énorme, puis diminue brusquement en se terminant derrière l'estomac. Les bandes charnues qui ont la même disposition et les mêmes usages que celles du cœcum ne se rencontrent pas en même nombre par-tout : voici l'ordre constant qu'elles tiennent; à l'origine du colon, l'on en remarque deux, un peu plus loin quatre ; proche de la courbure pelvienne, il en disparoît trois en même temps, et il n'en reste qu'une ; à la partie la plus étroite il en reparoît deux, qui, avec la précédente, forment le nombre de trois, dont une disparoît à la terminaison de cette portion ; tandis que les deux autres se continuent dans la seconde portion du colon et se prolongent jusqu'au rectum.

La portion qui termine le colon, beaucoup moins grosse, offre des bosselures sphéroïdes, est soutenue par un lien très-long, occupe le pourtour du flanc gauche avec l'intestin grêle ; et les deux bandes charnues qu'elle porte ont beaucoup de force et d'épaisseur.

Didactyles. Dans ces quadrupèdes, l'intestin est très-étroit et très-long ; il équivaut de trente-deux à trente-trois fois la hauteur du corps, prise du garot à terre.

L'intestin grêle forme des circonvolutions spiroïdes, pose sur le rumen, et s'étend dans le flanc droit et dans la cavité pelvienne.

Le cœcum très-long, cylindrique, sans bosselures, arrondi à sa pointe, est plié en arc selon sa longueur, et se prolonge dans la cavité pelvienne.

La portion cœco-gastrique du colon, très-étroite, forme, entre les lames du mésentère qui à son extrémité soutient l'intestin grêle, des circonvolutions spiroïdes ; après avoir fait quatre à cinq tours concentriques en tourbillon, l'intestin revient sur lui-même en faisant des circonvolutions inverses, qui vont toujours en croissant, et dont la dernière, la plus grande, a lieu proche de l'intestin grêle. Cette première partie du colon, en partant du cœcum, augmente insensiblement de grosseur, mais à quelque distance il devient étroit, de la grosseur à-peu-près de l'intestin grêle, et conserve cet état, en offrant de temps en temps des inégalités dans son diamètre.

· La seconde portion du colon , plus ou moins bosselée , offre à-peu-près la même disposition que dans le cheval , mais elle ne porte point de bandes charnues , et est moins longue.

Dans le *cochon* , la longueur de l'intestin équivaut de vingt-sept à vingt-huit fois la hauteur du corps , prise , comme dans les animaux précédens , du garot à terre (1).

L'intestin grêle très-long , généralement fort étroit , occupe principalement la région sus-pubienne , pose en partie sur le colon et le cœcum.

Le cœcum gros , court , très-bosselé , ayant sa pointe arrondie et aussi grosse que sa partie moyenne , est attaché aux circonvolutions du colon , porte trois bandes qui règnent dans toute sa longueur , et qui ont les mêmes usages que celles de l'intestin des monodactyles.

La portion cœco-gastrique du colon , aussi bosselée et aussi grosse que le cœcum , forme environ quatre circonvolutions spiroïdes , contenues entre les deux lames du méso-colon , peu différentes de celles des didactyles , qui constituent une masse flottante d'intestin à

____

(1) L'intestin d'un cochon d'environ trois ans , et de deux pieds huit pouces de haut , a donné vingt-huit fois passées la hauteur du corps.

E 4

laquelle tient le cœcum , occupent essentiellement le côté droit de l'abdomen , sont situées
en avant, ou sous l'intestin grêle , et reposent
sur les parois inférieures de l'abdomen ; cette
partie du colon offre dans toute sa longueur
deux fortes bandes charnues, qui se continuent
sur toute la deuxième portion. Celle-ci, peu
bosselée, beaucoup moins grosse , se dirige
en arrière entre les lames du méso-colon, au-
dessus des circonvolutions concentriques de la
première portion , et , après quelques légères
inflexions , elle se plonge dans la cavité pelvienne , pour se terminer au rectum.

Dans le *chien* , la longueur de l'intestin
équivaut de huit à neuf fois la hauteur du
corps; les parois de ce canal sont plus épaisses,
plus contractiles. L'intestin grêle , qui forme
des circonvolutions irrégulières , se trouve
dans le milieu de l'abdomen qu'il remplit en
grande partie.

Le cœcum , peu distinct du colon , est très-
petit , forme à l'extrémité du colon un cul-
de-sac, plus ou moins grand. Dans le chat,
on ne trouve qu'une petite bosse qui tient
lieu de cœcum.

Le colon très-court , soutenu dans la région
sous-lombaire , après une inflexion peu éten-

due et que l'on peut nommer sa courbure, se porte en ligne directe dans le bassin où il se continue avec le rectum. Dans le chat, le colon est encore plus court.

Dans les *oiseaux domestiques*, l'intestin grêle forme près du gésier une dilatation, qui peut être considérée comme le vrai réservoir gastrique où se fait la conversion des alimens en chyme.

Le cœcum est remarquable par sa division en deux branches symétriques, terminées chacune par une pointe spiroïde.

Le rectum présente une dilatation que l'on nomme *cloaque*, et où se rendent les matières fécales, les uretères, ainsi que l'ovi-ductus.

Usages de l'intestin. Il reçoit les matières chymeuses à mesure qu'elles sont poussées de l'estomac, continue à les élaborer, en tire le chyle, et forme un résidu qui est expulsé, lorsqu'il est accumulé dans une certaine proportion.

L'intestin sécrète deux espèces de fluides; l'un visqueux, qui est le produit des follicules muqueux, forme l'enduit glaireux dont est pourvue sa surface interne; l'autre plus fluide, exhalé par les villosités, se mêle avec la bile, le suc pancréatique; ce mélange constitue le suc intestinal qui pénètre les substances chymeuses, exerce sur elles une action particulière, d'où résultent la formation du chyle et la séparation des matières excrémentitielles.

Du Mésentère.

CARACTÈRE. On comprend, sous le titre générique de mésentère, le repli du péritoine qui sert de lien à l'intestin, le soutient, l'enveloppe, accompagne et maintient les divisions de ses vaisseaux et de ses nerfs. Ce prolongement membraneux, fort, plus ou moins long et graisseux, se porte en s'élargissant depuis son origine jusqu'à l'intestin, forme une grande partie de la surface perspirable de l'abdomen.

DIVISION. On divise toute l'étendue du mésentère en plusieurs portions, que l'on distingue en raison des parties du canal où elles se portent. Ainsi la première portion, qui soutient l'intestin grêle, est désignée particulièrement sous le nom de mésentère ; celle qui va au cœcum est nommée le méso-cœcum ; on appelle le méso-colon la portion qui soutient cet intestin, et le méso-rectum celle qui aboutit au rectum.

Le *mésentère*, qui est la portion la plus

longue et la plus étendue, offre une disposition remarquable : ce lien est d'une longueur inégale ; il s'alonge jusqu'à une certaine distance du cœcum, puis il diminue très-vite.

Le *méso-cœcum* est généralement très-court, gagne la base de cet intestin qu'il fixe au côté droit de la région sous-lombaire, se prolonge du cœcum sur le colon, et lie ces deux intestins l'un à l'autre.

Le *méso-colon*, qui soutient la portion cœco-gastrique de cet intestin, est, comme le méso-cœcum, court, et tient plus ou moins fixée la partie du canal intestinal où il se porte ; tandis que le *méso-colon* de la dernière portion est long et peu différent du mésentère.

Le *méso-rectum*, qui est étroit et qui ne soutient que la partie antérieure de l'intestin de ce nom, n'offre rien de remarquable.

Structure. Le mésentère est formé de deux lames adaptées par une de leur face, ayant l'autre face perspirable, et porte entre ses lames beaucoup d'artères, de veines, de lymphatiques et de nerfs, qui vont ou qui viennent des intestins. Les artères sont des divisions des deux mésentériques ; les veines plus nombreuses, sont ordinairement au nombre de deux pour une artère qu'elles accompagnent ; les lymphatiques très-multipliés, et que l'on désigne plus particulièrement sous le nom des vaisseaux chylifères, forment différens ganglions qui avoisinent le tronc des mésentériques ; les nerfs sont aussi en grand nombre, les plus gros suivent le trajet des artères.

VARIÉTÉS. *Monodactyles.* Le mésentère est plus long, ne porte presque jamais ou très-peu de graisse. Le méso-colon de la portion cœco-gastrique gagne les deux extrémités de cette partie qu'il fixe au côté droit de la région sous-lombaire, et qu'il tient pliée en deux.

Chez les *didactyles*, le mésentère soutient, entre ses lames, toute la portion cœco-gastrique du colon.

USAGES. Nous les avons suffisamment indiqués, en relatant les propriétés caractéristiques du mésentère, pour qu'il ne soit pas besoin d'y revenir.

Du Foie.

CARACTÈRE. Viscère glanduleux d'un volume considérable, situé contre le diaphragme en avant de l'estomac et de l'intestin, prolongé en arrière et en haut du côté droit, destiné à sécréter la bile qui est versée dans l'intestin auprès du pylore ; viscère formé d'une substance grisâtre ou noirâtre, ferme, facile à déchirer, qui a une apparence grenue, qui est contenue en masse dans une capsule formée par le péritoine, et dans laquelle l'on remarque un tissu parenchymateux, vasculaire, où prédomine le systême veineux. Le foie, qui est aplati de devant en arrière, et qui a son bord inférieur découpé en lobes, est fixé sous les piliers du diaphragme, et ses lobes sont attachés à ce muscle chacun par un grand ligament.

Division. Deux faces, dont une antérieure et l'autre postérieure ; deux bords distingués en supérieur et en inférieur ; trois lobes principaux, dont deux latéraux et un moyen.

Faces. Elles sont lisses, perspirables, parsemées d'un réseau vasculaire formé par les lymphatiques superficiels qui rampent sous la membrane qui les recouvre : l'antérieure, qui est en même temps supérieure, est convexe, appliquée contre la face postérieure du diaphragme, et offre supérieurement un ligament court qui couvre la veine-cave, se prolonge inférieurement et fixe le foie contre le centre aponévrotique du diaphragme.

La face postérieure, qui est aussi inférieure et qui est concave, pose du côté gauche contre l'estomac, et du côté droit contre l'intestin.

Vers sa partie supérieure l'on remarque deux cavités oblongues , dont une supérieure donne passage aux vaisseaux qui pénètrent dans le foie , et est désignée ordinairement sous le nom de *porte du foie ;* l'autre cavité loge la vésicule biliaire.

Bords. Ils constituent la circonférence du viscère , sont plus ou moins minces , de manière que cet organe , dont la plus grande épaisseur se trouve vers ses deux tiers supérieurs , diminue en se portant vers ses bords. Le supérieur , qui est concave , embrasse les piliers du diaphragme , sous lesquels il est fixé d'une manière invariable. Ce bord offre deux échancrures , dont une à droite , prolongée sur la face antérieure , constitue la grande scissure où passe la veine-cave postérieure qui est enracinée dans la substance du foie par les veines sus-hépatiques qu'elle reçoit ; l'échancrure gauche donne passage à l'œsophage , n'existe que dans quelques quadrupèdes , comme les monodactyles.

Le bord inférieur, qui est convexe, est libre dans la plus grande partie de son étendue , et offre des découpures plus ou moins profondes qui font la séparation des lobes.

Lobes. Plus ou moins séparés entr'eux, ils

sont attachés au diaphragme chacun par un ligament qui a plus ou moins de largeur, de force, et qui les maintient d'une manière libre. Le lobe droit, ordinairement plus grand que le gauche, occupe l'hypochondre droit, est situé entre l'intestin et le diaphragme, s'étend en arrière jusque vers le cercle cartilagineux des côtes où s'insère son ligament, et porte, à sa face intestinale vers le rein, un lobule qui, dans là plupart des quadrupèdes, est attaché au rein droit par un ligament particulier.

Le lobe gauche qui est antérieur, qui est uniforme, s'étend en plus grande partie dans l'hypochondre gauche entre l'estomac et le diaphragme, et présente, à la partie supérieure de son bord latéral externe, le ligament qui le fixe au diaphragme.

Le lobe moyen, toujours le plus petit, divisé chez presque tous les animaux en plusieurs lobules, présente dans le milieu de son bord inférieur une cavité profonde, de forme triangulaire, qui, dans le fœtus, donne passage à la veine ombilicale, et qui, dans l'adulte, reçoit l'extrémité du ligament falciforme qui attache ce lobe au centre aponévrotique du diaphragme.

Structure. Le foie est essentiellement formé d'un entrelacement de vaisseaux soutenus par un parenchyme lamineux, duquel on extrait par la pression un suc épais, glutineux, noirâtre. Si l'on rompt, si l'on déchire cette substance, elle paroît alors rugueuse, inégale, et présente une immensité de grains qui ont fourni l'occasion d'établir divers systêmes plus ou moins ingénieux, mais qu'il nous paroît inutile de rapporter. .

On distingue dans le foie différens ordres de vaisseaux parmi lesquels le systême veineux prédomine, et que l'on divise en artères, veines, lymphatiques et canaux bilifères; on y trouve des nerfs et une membrane qui contient en masse la substance qui constitue l'organe.

Les *artères*, qui se distribuent dans la substance du foie, sont fournies par la branche hépatique de la cœliaque qui, depuis son origine jusqu'à ce viscère, donne des artères collatérales; après quoi, elle pénètre dans le foie avec la veine-porte, et y forme des ramifications qui, dans leur trajet, sont accompagnées d'un tissu lamineux abondant, et qui paroissent n'avoir d'autres anastomoses qu'avec les radicules des veines sus-hépatiques. Aussi tout concourt à prouver que la fonction

de

de ces ramuscules artériels se borne à la nutrition de l'organe ; le sang qu'ils contiennent
est en trop petite quantité , et ne semble réunir
aucune des propriétés nécessaires pour fournir les matériaux de la bile.

Les *veines* se distinguent en celles qui remplissent les fonctions d'artères , et en celles qui,
comme dans les autres parties , rapportent le
sang qui n'a pu servir aux sécrétions : les premières, qui pénètrent le foie par sa face inférieure, sont distinguées par le nom de veines
sous-hépatiques ; les autres , qui se dégorgent
dans la veine-cave postérieure et qui sortent par
la surface supérieure du foie , sont appelées
veines *sus-hépatiques*. Les veines sous-hépatiques émanent du tronc de la veine-porte qui
se divise dans le foie à la manière des artères ,
y forme des ramifications qui vont toujours en
décroissant , et qui sont enveloppées d'une
capsule membraneuse. Ces veines qui , par
leurs ramuscules , s'anastomosent avec des
radicules des veines sus-hépatiques et avec les
canaux bilifères, apportent au foie un sang
très-noir, épais, qui circule très-lentement,
et qui paroît fournir les matériaux de la bile.

Les veines sus-hépatiques , qui naissent des
artères et des veines sous-hépatiques , se di-

rigent en grossissant vers la face supérieure du foie, et se dégorgent dans la veine-cave postérieure par plusieurs branches plus ou moins grosses. Les unes et les autres de ces veines sont dépourvues de valvules, et semblent disposées de manière à ralentir la circulation du sang qui les parcourt.

Les *lymphatiques* du foie sont très-nombreux, très-rameux ; ils se distinguent en superficiels et en profonds : les premiers constituent un réseau anastomotique, répandu sous la membrane du foie, et contractent avec les profonds des anastomoses très - multipliées. Tous ces vaisseaux se réunissent à la sortie du foie, forment plusieurs ganglions, se réunissent avec ceux de l'estomac, de la rate, du pancréas, et vont se rendre dans le canal thoracique.

Les *canaux bilifères* gagnent, en se réunissant de proche en proche, la porte du foie, sortent de sa substance par trois rameaux qui se réunissent, pour ne former au-delà qu'un seul canal excréteur qui se rend dans l'intestin grêle près du pylore, et y transmet l'humeur biliaire. Ce canal, appelé *cholédoque*, plus gros que l'artère hépatique, traverse obliquement les parois de l'intestin, fait un certain trajet entre sa membrane charnue et la folliculeuse, et s'ouvre dans sa cavité par un mamelon saillant. Chez le plus grand nombre des quadrupèdes domestiques, ce canal excréteur communique par une branche particulière dans un réservoir membraneux appelé la *vésicule biliaire*. Cette vésicule alongée, conoïde, tient dans une cavité plus ou moins profonde du foie, et présente un col par lequel elle se prolonge du canal hépatique, une partie moyenne, et un fond qui en constitue l'extrémité inférieure. Simplement adhérente à la substance du foie dont elle ne reçoit aucune espèce de vaisseaux, elle forme un réservoir où s'accumule une partie de la bile et d'où elle est expulsée dans l'intestin. Cette disposition des canaux excréteurs a fait distinguer, dans les animaux où elle a lieu, trois canaux biliaires qui ne sont que des portions du même, et que l'on a mal-à-propos appelés canal hépatique, canal cystique et canal cholédoque.

Les *nerfs* sont gros et fort nombreux, ils proviennent des plexus qui se trouvent au pourtour de la cœliaque, suivent l'artère hépatique, et pénètrent avec elle dans la substance du viscère. Malgré la multiplicité de ces nerfs, le foie ne jouit que d'une sensibilité foible, obscure, et qui se montre telle dans les diverses affections , ainsi que dans les expériences tentées sur cet organe.

La *membrane* du foie est fournie par le péritoine qui se réfléchit des parties voisines, pour envelopper cet organe dans la plus grande partie de son étendue ; plusieurs points de sa surface , tels que son bord supérieur , la cavité par où passe le tronc de la veine-porte , etc., n'en sont pas revêtus. Cette membrane péritonéale est unie à la substance du foie par un tissu lamineux abondant, fin, délié, qui soutient les lymphatiques superficiels et qui pénètre le tissu intérieur ; elle entretient la perspiration extérieure du viscère , le contient en masse et concourt à le fixer.

Le foie, viscère considérable, peu sensible, où la circulation est très-lente, est pour ainsi dire suspendu à la région sous-lombaire, tandis qu'il est libre ou peu soutenu dans le reste de son étendue ; nous avons vu qu'il est fixé par son bord supérieur sous les piliers du diaphragme, qu'il est attaché au centre aponévrotique de ce muscle par le ligament cardiaque, et qu'il est maintenu d'une manière libre par le ligament que porte chacun de ses lobes ; d'où il résulte que ce viscère éprouve un balancement qui favorise son action, mais qu'il peut quelquefois peser sur les organes environnans et en déranger plus ou moins les fonctions.

Variétés. Dans le *fœtus*, le foie qui est très-volumineux et d'une couleur rougeâtre, reçoit le sang qui lui vient du placenta par la veine ombilicale.

Chez les *monodactyles*, ce viscère, fort éloigné des parois inférieures de l'abdomen, ne dépasse pas le centre aponévrotique du diaphragme; il est comme alongé de devant en arrière, s'appuie contre le rein droit auquel il offre une cavité. L'appareil excréteur, plus simple que dans les autres quadrupèdes domestiques, ne forme point de vésicule biliaire; à la sortie du foie, les canaux bilifères se réunissent en un seul canal uniforme, à parois épaisses, qui, après un court trajet, se rend dans la dilatation qu'offre l'intestin à son origine au pylore. Les ligamens des deux lobes latéraux sont très-larges et très-forts. Le lobe droit est partagé en cinq à six lobules, au milieu desquels est la cavité triangulaire où se plonge la veine ombilicale.

Le foie des *didactyles* est généralement peu divisé; il n'offre le plus souvent que deux lobes, entre lesquels se trouve la petite cavité qui donne passage à la veine ombilicale. Ces lobes sont pour ainsi dire dépourvus de ligamens, ils n'en ont que des rudimens. Les canaux excréteurs sortent du foie par de grosses branches ; la vésicule biliaire n'est attachée au foie que par sa partie supérieure, elle est libre dans sa partie inférieure ; le canal cholédoque est beaucoup plus long que dans les autres animaux, s'insère dans l'intestin à une distance plus éloignée du pylore de la caillette. Le foie de ces quadrupèdes est situé tout entier du côté droit, entre le diaphragme et le feuillet ; il est généralement moins considérable que dans les monodactyles, et est aussi éloigné des parois inférieures de l'abdomen. Les réservoirs biliaires du mouton contiennent souvent des vers connus sous le nom de douves (*fasciola hepatica*) (1).

Dans les *tétradactyles*, sur-tout chez les carnivores, le foie est plus rouge, plus volumineux, beaucoup plus divisé ; les lobes latéraux offrent, ainsi que le moyen, plusieurs lobules ; la vésicule biliaire est beaucoup plus enfoncée dans la substance du foie ;

---

(1) J'ai eu occasion d'observer de semblables vers dans le foie d'un cheval sacrifié pour les travaux anatomiques.

le canal cholédoque n'est pas si long que dans les ruminans, et se termine bien plus près du pylore.

Usages. Le foie est l'organe sécréteur de la bile : à mesure que cette liqueur est formée, elle passe dans les canaux excréteurs, qui en transmettent une partie dans l'intestin et déposent le reste dans la vésicule biliaire ; de manière qu'une partie de ce fluide coule directement du foie dans l'intestin ; tandis qu'une autre partie rétrograde dans la vésicule biliaire où elle acquiert, par son séjour, de nouvelles propriétés, et où elle prend le nom de *bile cystique*, tandis que la première est appelée *hépatique*. Le reflux de la bile dans la vésicule n'est pas le même dans tous les états de la vie ; il devient plus abondant après la digestion, pendant la vacuité de l'estomac, durant la faim ; toutes les circonstances enfin qui tendent à diminuer les forces de l'estomac et de l'intestin contribuent à l'accumulation de la bile dans la vésicule. Aussi trouve-t-on ce réservoir distendu et rempli chez les animaux qui passent l'hiver dans des étables où l'air ne circule pas, ainsi que chez les animaux qui ont jeûné long-temps, ou qui sont morts de faim. La bile accumulée dans la vésicule

est expulsée dans l'intestin pendant la pléni-
tude de l'estomac, durant la digestion.

La *bile* est une liqueur albumino-savon-
neuse, amère, plus ou moins visqueuse, d'une
couleur jaunâtre tirant sur le vert, d'une odeur
particulière, et susceptible de mousser par
l'agitation. Celle qui séjourne dans la vésicule
devient filante, plus visqueuse, plus amère,
acquiert une couleur plus foncée et une odeur
plus forte.

Cette liqueur grasse et douce au toucher
est miscible à l'eau comme le savon, soluble
dans les huiles, l'alcool et l'éther; elle contient une grande quantité d'eau qui forme le
véhicule, le dissolvant commun de tous ses
autres principes : on y trouve de l'albumine,
de l'huile et de la soude dans une sorte d'état
savonneux, différens sels qui sont essentiellement des phosphates de soude et de chaux.
La bile produit assez souvent des calculs différens par leur forme et leur composition, mais
qui ont essentiellement pour caractère l'amertume de cette liqueur; les uns paroissent formés de grains agglomérés; d'autres, ayant
plusieurs facettes, résultent de couches superposées; et quelques autres durs, ovoïdes,
sont recouverts d'une écorce blanche. Pen-

dant l'hiver, plusieurs de ces calculs se forment dans la vésicule biliaire du bœuf, pour disparoître au printemps qui est la saison où l'animal prend le vert, où il jouit d'une atmosphère plus stimulante.

Ces calculs biliaires sont très-rares dans les monodactyles , qui offrent très-souvent des concrétions calcaires qui se trouvent dans le tissu de l'organe , mais qu'il faut bien se donner de garde de confondre avec les calculs biliaires.

La bile est une liqueur nécessaire à la fonction qu'opèrent les intestins, elle paroît être le principal agent de la formation du chyle ; aussi son altération détermine-t-elle le dérangement, le trouble de la digestion , et devient par suite cause de plusieurs maladies.

Du Pancréas.

CARACTÈRE. Organe glanduleux, situé transversalement derrière l'estomac et sous les piliers du diaphragme , formé d'une substance grenue , jaunâtre, semblable aux glandes salivaires, mais plus molle et se putréfiant très-vîte après la mort. Alongé d'un côté à l'autre et aplati sur plusieurs sens, le pancréas s'étend d'un rein à l'autre, porte dans toute l'étendue de son épaisseur un canal excréteur, qui se rend dans l'intestin grêle , où il s'ouvre près du canal excréteur du foie quelquefois par une ouverture qui lui est commune avec ce dernier, et y verse l'humeur qui a été sécrétée dans son tissu.

Division. Dans tous les quadrupèdes, l'on peut reconnoître au pancréas deux faces dont une gastrique et l'autre intestinale ; deux bords , l'un supérieur et l'autre inférieur ; deux extrémités , distinguées en droite et en gauche.

Faces. Chez quelques quadrupèdes , elles sont tapissées par le péritoine : dans les monodactyles , la face gastrique qui pose contre l'estomac est libre , perspirable et revêtue par le péritoine ; tandis que la face intestinale, dépourvue de cette membrane , est adhérente au colon sur lequel elle est maintenue par un tissu lamineux abondant, ainsi que par le péritoine qui, du pancréas, gagne le colon. Le pancréas est traversé par une grande ouverture ronde que l'on désigne sous le nom d'*anneau* , et qui donne passage au tronc de la veine-porte.

Bords. Le supérieur qui, chez plusieurs quadrupèdes, comme les monodactyles, est aplati et rend le pancréas trifacié, est fixé sous les piliers du diaphragme par un tissu lamineux abondant.

Extrémités. La gauche attachée sous le rein du même côté est arrondie et la plus petite. La droite, beaucoup plus grande, offre une sorte d'appendice oblongue, prolongée depuis l'origine de l'intestin jusque sous le rein droit. Cette appendice, qui est plus ou moins détachée de la partie principale, et que quelques anatomistes ont désignée sous le nom de *petit pancréas*, tient à l'intestin par le canal excréteur qui s'y plonge, est adhérente aux parties environnantes, au moyen d'un tissu lamineux abondant.

Structure. Peu différente de celle des glandes salivaires, elle résulte de l'agglomération de petits grains disposés en lobules et unis entr'eux par un tissu lamineux serré. Ces lobules, que l'on peut diviser en lobules encore plus petits, et cela jusqu'à une grande ténuité, rendent la surface du pancréas tuberculeuse, et ont chacun un petit canal excréteur qui, après s'être réuni avec d'autres petits canaux, se rend dans le grand canal commun.

Les vaisseaux du pancréas sont très-nombreux : les principales artères de cette glande sont fournies par l'hépatique, la splénique et la grande mésentérique ; ses veines se rendent dans le tronc de la veine - porte ; ses lympha-tiques se réunissent avec ceux du foie, pour aller gagner le canal thoracique ; ses filets ner-veux proviennent des plexus circonvoisins.

Les canaux excréteurs naissent des lobules par des radicules qui se réunissent de proche en proche, pour se terminer dans un canal commun qui règne dans toute l'étendue du pancréas. Ce canal, formé d'une membrane mince, folliculeuse, et composé de deux branches principales dont la plus petite vient de la partie droite de l'organe, grossit à me-sure qu'il s'approche de l'intestin et qu'il re-çoit des rameaux collatéraux, pénètre dans l'intestin de la même manière et à côté de celui du foie. Souvent, avant d'y entrer, il s'abouche avec ce dernier, d'où résulte un orifice com-mun pour ces deux canaux; quelquefois il se rend dans l'intestin par deux branches (rare-ment par trois) ; mais, dans ce cas, il y a toujours une branche plus grosse, principale, qui est constamment à côté du canal hépa-tique, ou qui est réunie avec lui.

Variétés. Dans les *herbivores*, le pancréas est plus mou et se putréfie plus vite.

Chez les *monodactyles*, cet organe est maintenu appliqué entre la veine-cave postérieure et l'extrémité de la portion cœco - gastrique du colon par le péritoine qui, en se repliant derrière l'estomac, passe sur cette glande pour gagner le colon.

Dans les *didactyles*, le pancréas est beaucoup plus petit, il ne s'étend pas du côté gauche ; son canal excréteur, peu considérable, s'ouvre dans le canal cholédoque, à un pouce et demi environ de l'intestin.

Dans les *carnivores*, le pancréas, d'une texture plus ferme, d'une couleur blanche, est flottant, se prolonge entre les deux lames du mésentère le long de l'intestin grêle, dans lequel il communique par deux ou trois canaux, et s'étend par son extrémité gauche jusque sous le côté gauche des piliers du diaphragme.

Usages. Le pancréas est destiné à la sécrétion d'un fluide diaphane, qui paroît avoir beaucoup d'analogie avec la salive, et que l'on nomme *suc pancréatique*. Ce suc, qu'il est très-difficile et même impossible de se procurer en suffisante quantité pour l'examiner d'une manière particulière, est incolore, séreux, légèrement visqueux ; à n'en pas douter, il exerce une action importante dans la fonction

de l'intestin, et concourt avec la bile à la
formation du chyle.

De la Rate.

CARACTÈRE. Viscère formé d'un tissu mou
et spongieux, essentiellement vasculaire, de
couleur ordinairement rougeâtre qui quelquefois tire sur le violet, ayant une forme oblongue et aplatie, recouvert par une membrane
fournie par le péritoine, situé dans l'hypochondre gauche, attaché par des prolongemens épiploïques à l'estomac, au colon et à
la région sous-lombaire.

DIVISION. Deux faces, dont une diaphragmatique, et l'autre intestinale ; deux extrémités, distinguées en supérieure, et en inférieure ; deux bords, l'un antérieur, et l'autre
postérieur.

Faces. Elles sont libres, perspirables et
unies ; elles offrent quelquefois des dépressions, souvent même des lobules, que l'on
rencontre plus ordinairement dans les monodactyles.

Bords. L'antérieur, qui regarde la grande
courbure de l'estomac, porte, du côté de
l'intestin, la scissure où passent les vaisseaux
et les nerfs spléniques, où sont attachées les

deux portions de l'épiploon, dont l'une va à l'estomac et l'autre au colon. Dans les petits quadrupèdes domestiques, cette scissure se trouve dans la face intestinale qui est plus ou moins concave, et le bord antérieur ou gastrique est, ainsi que le bord postérieur, libre et arrondi.

Extrémités. Elles varient de forme et d'étendue ; chez le plus grand nombre des quadrupèdes domestiques, la supérieure est la plus grosse, constitue la base de la rate, et est fixée à la région sous-lombaire par un repli du péritoine, qui forme le ligament suspenseur de ce viscère. L'extrémité inférieure est plus ou moins mince et arrondie.

Structure. Si l'on divise la substance de la rate, il en sort un suc gluant, noirâtre ; si l'on exprime entièrement ce suc, on obtient un tissu fibreux, lamineux, mais dans lequel on remarque des ramifications vasculaires ; si l'on injecte de l'eau tiède par une artère, la rate se gonfle, et si la veine n'est pas liée, l'eau s'échappe peu-à-peu par les ramifications veineuses : c'est même par ce moyen qu'on la dépouille du suc glutineux qu'elle contient en grande quantité, et que l'on obtient son parenchyme fibreux. Tel est l'état de nos connoissances sur la structure intime de ce viscère qui est pourvu d'un grand appareil vasculaire, dans lequel se rendent beaucoup de nerfs, et qui diminue ou augmente de grosseur, suivant différentes circonstances que nous indiquerons.

Les *artères* qui se plongent dans le tissu de la rate sont courtes, grosses et très-nombreuses ; elles émanent de la branche splénique de la cœliaque, naissent, comme nous l'avons déjà indiqué, à côté et quelquefois avec les spléno-gastriques dont elles sont des bifurcations.

Les *veines* beaucoup plus grosses se réunissent avec celles de l'estomac, pour se rendre dans le tronc de la veine-porte.

Les *lymphatiques* que l'on distingue comme ceux du foie, en superficiels et en profonds, sont très-nombreux, ont entr'eux de fréquentes anastomoses, forment le long de la scissure une succession de ganglions plus ou moins gros et plus ou moins multipliés, se réunissent avec ceux qui viennent de l'estomac, et vont se dégorger dans le canal thoracique.

Les *nerfs* très-gros viennent du plexus cœliaque et suivent les artères.

La

La *membrane* péritonéale qui recouvre la rate est beaucoup plus forte que celle du foie, tient à sa substance par un tissu lamineux dense, et entretient la perspiration extérieure.

Variétés. Dans le jeune âge, la rate est grosse, rouge, molle. Dans l'âge très-avancé, elle acquiert de la rigidité, devient violette, blanchâtre.

Dans les *monodactyles*, la rate qui est falciforme et plus volumineuse que chez tous les autres quadrupèdes, s'étend par son bord antérieur sur la grande courbure de l'estomac qu'elle occupe en plus grande partie. Elle est fixée par sa base sous le rein gauche, tandis qu'elle est attachée d'une manière flottante à l'estomac et au colon. La scissure que porte ce viscère se prolonge sur tout le bord de son extrémité supérieure qui est fort large. Le long de cette scissure et du côté du diaphragme, règne une large gouttière libre, qui, à la base de la rate, sert de conduit pour arriver à l'estomac, lorsque l'on veut pratiquer la ponction de ce réservoir.

Dans les *ruminans*, la rate est alongée, conserve la même largeur dans toute son étendue, et est arrondie à ses extrémités; elle est

2.   G

fixée entre le diaphragme et le rumen, tont le long de son bord antérieur.

Usages. Ils sont encore incertains. On remarque seulement que ce viscère a de grands rapports avec l'estomac; que le sang qui en sort est essentiellement différent de celui qui y est apporté par les artères. On sait que la rate se gonfle pendant la vacuité de l'estomac, durant la faim, qu'elle se dégorge à mesure que l'estomac se remplit et pendant le temps de la digestion; la disposition des nerfs et des artères de la rate, les rapports qu'ils ont avec ceux de l'estomac, rendent raison de ces changemens remarquables. Mais la rate a-t-elle une part directe et essentielle à la digestion? On présume qu'elle imprime au sang des propriétés qui le rendent plus propre à fournir les matériaux de la sécrétion de la bile; mais la preuve n'en est pas acquise d'une manière certaine.

De l'Épiploon.

Caractère. Prolongement péritonéal plus ou moins étendu et graisseux, situé au pourtour de l'estomac, sur l'intestin; qui s'attache à plusieurs viscères; qui, chez les monogastriques, lie ensemble le foie, l'estomac, la rate et le colon; qui porte entre ses deux lames beaucoup de vaisseaux qui ont de fréquentes anastomoses entr'eux et avec ceux de l'estomac.

Division. Nous distinguerons à l'épiploon plusieurs portions par lesquelles il s'étend d'un viscère à un autre, et nous y reconnoîtrons une portion hépato - gastrique, une gastro-splénique, une gastro-colique et une splénocolique.

La portion *hépato-gastrique*, qui se porte du foie et du pancréas à la petite courbure de l'estomac, soutient les ramifications de l'artère hépatique et de l'artère splénique, ainsi que les nerfs et les autres vaisseaux qui accompagnent les divisions de ces deux artères.

La portion *gastro-splénique* va de la grande courbure de l'estomac à la scissure de la rate, contient l'artère splénique, les ramifications qu'elle envoie à l'estomac, de même que les nerfs et les autres vaisseaux qui la suivent.

La portion *gastro - colique*, qui constitue la plus grande étendue de l'épiploon, se prolonge de la partie droite de la grande courbure de l'estomac à la partie du colon située derrière ce viscère, et soutient les divisions des vaisseaux et des nerfs épiploïques.

Enfin la portion *spléno - colique*, qui est

moins grande que la précédente, mais beaucoup plus que les deux premières, s'attache d'une part à la scissure de la rate d'où elle se continue avec la portion gastro-colique, et se termine avec elle sur le colon.

Structure. Elle résulte de l'adossement de deux lames qui portent des vaisseaux, des nerfs qui sont entourés d'une quantité plus ou moins considérable de graisse. Les vaisseaux et les nerfs que l'on nomme épiploïques, sont tous ceux que portent les portions gastro-colique et spléno-colique ; ceux des deux autres portions ont des noms particuliers et relatifs à la partie pour laquelle ils sont destinés.

Variétés. Dans les *monodactyles*, l'épiploon peu graisseux, très-court, est répandu autour et derrière l'estomac, au-dessus des courbures diaphragmatiques du colon.

Dans les *didactyles*, l'épiploon ne va point à la rate, il s'attache dans toutes les scissures des estomacs qu'il réunit, et se termine au colon. On y distingue trois portions : 1°. celle qui va du foie au rumen ; 2°. celle qui, de la surface, tant supérieure qu'inférieure du rumen, se porte, d'une part, au côté interne de la caillette, et de l'autre à la partie du colon qui termine les circonvolutions concentriques de cet

intestin : cette deuxième portion la plus étendue forme une enveloppe qui contient le sac
droit du rumen et qui tient la caillette attachée sur ce sac ; 3°. enfin la portion qui s'étend
de la petite courbure de la caillette au feuillet,
au réseau et même à l'extrémité antérieure du
rumen.

Dans les *carnivores*, l'épiploon fort long,
très-graisseux, recouvre toute la masse intestinale, et se prolonge jusques dans le bassin.

Dans le *cochon*, il a la même disposition,
mais il est moins long.

Usages. L'épiploon augmente la perspiration abdominale, soutient des réseaux vasculaires dont beaucoup de divisions vont à l'estomac, et concourt à entretenir la souplesse
des parties qu'il enveloppe. Voilà ce qui est
positif, ce qui est de fait, et ce que l'on sait
sur l'usage de ces prolongemens épiploïques.
Jusqu'à ce que nos connoissances anatomiques
soient plus avancées sur cette partie, il faut
laisser de côté une foule de dissertations,
toutes plus ou moins vagues et incertaines.
Attendons, sans rien hasarder, que la Nature
nous ait dévoilé l'usage de cette partie qui,
comme nous le démontre l'Anatomie, a des
rapports bien marqués avec l'estomac.

G 3

Phénomènes digestifs.

La digestion se compose d'une série de phénomènes variés qui sont liés, co-ordonnés ensemble, de manière à découler naturellement les uns des autres, et à se rattacher tous pour concourir au même but. Cette fonction consiste à élaborer certaines substances capables de réparer les pertes qui sont continuelles, sans qu'il soit au pouvoir de l'individu de les suspendre. Toutes les substances propres à fournir la matière de ces réparations, sont distinguées par le nom d'alimens. Les animaux sont portés à rechercher ces derniers, d'abord par un sentiment qui leur est agréable, mais qui devient impérieux, s'ils se refusent, ou s'ils se trouvent dans l'impossibilité de satisfaire à cette loi imposée par la Nature.

Ce court exposé indique la nécessité de faire précéder l'examen des phénomènes qui constituent la digestion, par quelques considérations sur ce que l'on doit entendre par aliment, par boisson, et sur les impressions diverses qu'éprouve l'animal qui a besoin de manger ou de boire.

Une substance est *alimentaire*, toutes les fois qu'introduite dans l'estomac, elle peut y être dissoute par les forces organiques qui en changent la nature , en forment un composé nouveau , ayant des propriétés nouvelles qui le rendent propre à réparer les pertes et à nourrir l'individu. Tous les alimens , en général , proviennent ou des animaux ou des végétaux ; dans quelqu'état qu'ils se trouvent , ils sont toujours les produits de corps qui ont eu vie : les substances qui n'émanent pas d'êtres organisés , ne pouvant servir d'alimens , composent la classe des médicamens ou des poisons.

La plupart des quadrupèdes domestiques font leur unique nourriture de matières végétales ; les autres , tant par habitude que par leur mode d'organisation , se nourrissent indifféremment de végétaux et de produits animaux. Les premiers , que l'on désigne particulièrement sous le nom d'herbivores , sont les monodactyles et les didactyles ; parmi ceux dont la nourriture peut être prise dans les deux classes , et que l'on appelle omnivores , se trouvent le cochon et le chien. Celui-ci ne devient omnivore que par habitude et dans quelques circonstances ; il est , ainsi que le chat , essentiellement destiné à composer sa nourriture de chairs.

Les alimens fibreux, ou plus ou moins durs,

ne sont pas pris et saisis de la même manière
par tous les animaux domestiques. Les herbivores les pincent avec les lèvres , les saisissent
et les coupent avec leurs dents incisives ; le
bœuf se sert de sa langue pour les ramasser ,
mais il les pince et les coupe de la même manière ; les carnivores saisissent et pénètrent
avec les dents leurs alimens qu'ils arrachent
ou qu'ils déchirent ; les omnivores , dont la
disposition organique les fait participer aux
caractères des herbivores et des carnivores ,
coupent , arrachent , déchirent , suivant le
genre de substances qu'ils prennent.

L'eau forme la boisson de tous les animaux
domestiques ; lorsqu'elle contient des principes
nutritifs , elle sert d'aliment. L'eau pure et dépourvue de principes nutritifs , agit dans l'estomac ou comme corps qui aide , favorise la
dissolution des alimens , ou comme corps stimulant de l'action organique de la partie. Les
animaux domestiques cherchent à boire plus
particulièrement pendant ou après qu'ils ont
mangé , à la suite des courses ou travaux fati-
gans ; ils boivent aussi plus souvent et beaucoup plus dans les temps très-chauds. La manière de prendre les boissons n'est pas la même
chez tous : les uns hument ou pompent les

fluides, d'autres les lapent, et quelques autres les prennent par gorgée. Les herbivores, qui ont l'ouverture de la bouche petite et les lèvres grosses, hument; le cochon, dont l'ouverture de la bouche est très-grande et la lèvre inférieure mince, plonge, lorsqu'il veut boire, l'ouverture de sa bouche dans l'eau qu'il prend par gorgée, ou qu'il hume à la manière des premiers; le chien, qui a l'ouverture de la bouche fort grande et les côtés de la lèvre inférieure élevés et rentrés sous ceux de la lèvre supérieure, lape, c'est-à-dire prend sa boisson avec la langue qu'il porte hors de la bouche.

Le sentiment que produit le besoin des alimens, est appelé *faim;* celui qui est déterminé par le besoin de boire, est désigné sous le nom de *soif.*

La *faim,* qui est l'appétence des alimens, n'est d'abord qu'un sentiment léger qui rappelle et fait éprouver à l'animal à-peu-près le même plaisir qu'il ressent, lorsqu'il prend des alimens. Mais si cet état se prolonge, la faim change de nature, elle commence à devenir douloureuse, pénible; ses effets augmentant toujours, elle détermine le trouble dans toutes les fonctions, affoiblit peu-à-peu les forces de l'animal, finit par les anéantir et amène enfin la mort. Cette marche régulière, mais plus ou moins lente que parcourt la faim prolongée, a fait distinguer trois états différens : le premier qui est un sentiment léger, accompagné d'un certain plaisir, est connu sous le nom d'*appétit*; l'état moyen retient le nom de *faim*; et le dernier, celui où arrive le trouble général dans les fonctions et qui est terminé par la mort, est appelé *inanition*.

Il est certains animaux qui supportent plus long-temps la faim et qui y résistent mieux que d'autres. En général, les vieux animaux, ceux qui ne font presque point d'exercices, l'endurent davantage. Mais plus les déperditions sont grandes et plus les animaux fatiguent, plus ils ont besoin de manger ; dans ces cas, la faim prolongée parcourt plus rapidement ses périodes, et lorsqu'elle est accompagnée de fatigues jointes aux chaleurs, elle produit souvent des effets qui deviennent causes ou germes de maladies rebelles, épizootiques, contagieuses, telles que des fièvres charbonneuses, et la rage dans le chien.

Sans rappeler toutes les explications que l'on a données des causes prétendues de la faim, nous dirons, avec les anatomistes de nos jours, qu'elle paroît dépendre de l'état que prennent l'estomac, le foie, la rate, etc. ; état qui, en déterminant un mode différent de circulation, en comprimant les nerfs, change peu-à-peu la sensibilité des parties, produit un sentiment douloureux qui va toujours en augmentant, se propage, se communique aux autres parties, et finit par devenir général.

Les animaux qui périssent de faim deviennent tristes, inquiets, à mesure que les douleurs augmentent ; leurs poils se hérissent ; leur haleine devient fetide ; ils se tourmentent, ils se tournent d'un côté et de l'autre ; ils jettent de temps en temps des cris profonds, plaintifs. A l'approche de la mort, l'abattement devient général ; les oreilles, le bout du nez et les extrémités des membres deviennent froids ; les cris cessent ; l'animal commence à chanceler, à trembler sur ses membres ; enfin, ne pouvant plus se soutenir, il tombe, et meurt lentement dans des convulsions violentes.

La *soif*, ou l'appétence des boissons, offre à-peu-près la même succession de phénomènes que la faim ; mais sa marche est plus prompte et ses effets plus douloureux. Quoique plus impérieuse et plus pénible à supporter, elle paroît cependant influer d'une manière moins grande sur la vie et sur la santé des animaux.

La soif qui existe souvent sans la faim reconnoît des causes différentes; elle paroît avoir son siége dans la bouche, le pharynx, l'œsophage, l'estomac, et dépendre d'un état particulier de ces parties, qui, changeant leur mode de sensibilité, fait naître le sentiment de la soif. Elle n'est pas toujours déterminée par un besoin réel, elle dépend souvent de quelques affections, comme certaines fièvres, certaines inflammations de la bouche et de l'estomac.

Les animaux tourmentés par la soif refusent de manger, et donnent les mêmes signes de douleur que lorsqu'ils éprouvent la faim : quand ils sont libres ils courent, vont et viennent, jusqu'à ce qu'ils aient satisfait le besoin qui les presse. En général, les ruminans supportent beaucoup plus long-temps la faim et la soif que les autres quadrupèdes domestiques; mais lorsqu'ils en sont tourmentés, ils portent les oreilles basses et la rumination reste suspendue.

L'exposition des phénomènes qui constituent essentiellement la digestion, comprend la *gustation*, la *mastication*, la *déglutition*, la *chymification*, la *chylification*, enfin l'*excrétion* des matières fécales; les deux premières opérations ont lieu dans la bouche et sont si-

multanées; ladéglutition est le passage des alimens, ou autres substances, de la bouche à
l'estomac; la chymification, qui est la transformation des alimens en chyme, embrasse tous
les changemens qu'ils éprouvent dans l'estomac; la chylification se compose de l'exposé
de la formation et de l'absorption du chyle, qui
ont lieu dans l'intestin; l'excrétion des matières fécales comprend l'accumulation de ces
résidus et leur expulsion par l'anus.

Les alimens fibreux ou durs attirés dans la
bouche sont poussés par la langue sous les
dents molaires qui les coupent, les écrasent
et les divisent. Durant les mouvemens qu'exécute la mâchoire inférieure pour cette opération mécanique, la langue, les joues et les
lèvres retiennent et ramènent continuellement
ces substances sous les instrumens qui opèrent
la désunion de leurs molécules et les disposent
ainsi à des changemens ultérieurs. Les herbivores mâchent leurs alimens, soit en les
coupant à la manière des ciseaux, soit en les
écrasant; les carnivores les brisent, les écrasent et les déchirent; les omnivores peuvent
les couper, les écraser, les briser et les déchirer. Ces différens modes de mastication
dépendent de la disposition des arcades mo-

laires que nous avons exposée, tome I, p. 181 et suivantes.

Pendant que la mastication s'exécute, il se fait un abord considérable de salive dans la bouche, déterminé et par l'impression que produit la présence des alimens, et par le mouvement des mâchoires ; de manière qu'à mesure que les substances sont divisées, atténuées, elles sont en même temps imbibées de salive qui les ramollit et leur donne les premiers caractères d'animalité.

Les alimens, plus ou moins bien triturés (car il est des animaux qui les mâchent beaucoup mieux que d'autres, qui ne font pour ainsi dire que leur donner un coup de dents), sont rassemblés par la langue et les joues en une masse qui, d'abord reçue dans une cavité qu'a formé la langue, est ensuite déglutie.

Le bol alimentaire étant disposé à être avalé, les deux mâchoires se rapprochent ; la langue, en s'appuyant contre le palais, se porte en avant et en haut, entraîne l'hyoïde et le larynx, forme ainsi une pente qui favorise le passage du bol dans le pharynx qui, par sa contraction, le pousse dans l'œsophage ; celui-ci le conduit par un mouvement péristaltique jusque dans l'estomac. Dans ce trajet, qui est brusque et prompt, les alimens s'enduisent, se chargent du mucus plus ou moins épais et abondant qui se trouve sur les surfaces des parties par où ils passent. La déglutition des fluides s'opère de la même manière, avec cette différence seulement, que leurs molécules étant plus diffusibles, moins cohérentes entr'elles, elles tendent toujours à s'éparpiller : aussi les boissons, présentant moins de résistances que les substances fibreuses ou dures, sont-elles poussées avec moins de force et plus difficilement dégluties.

A mesure que les alimens parviennent dans l'estomac, ils dilatent ce réservoir et se placent selon l'ordre de leur entrée. Déposés d'abord dans le fond du sac gauche, ils se portent le long de la grande courbure dans le sac droit, et montent toujours jusqu'à l'ouverture pylorique par où ils s'échappent dans l'intestin. Cette marche successive et constante des alimens qui du sac gauche gagnent le sac droit, en suivant la grande courbure jusqu'au pylore, est démontrée par l'ordre dans lequel on trouve placés les alimens de différente nature que l'on peut faire prendre successivement à un cheval avant de le sacrifier. Le premier effet des alimens dans l'estomac est de distendre le viscère d'où résultent le rétablissement de la circulation, le redressement des nerfs, l'augmentation des sécrétions, et un bien-être qui produit la satiété. Mais ce premier sentiment n'est que momentané; il ne tarde pas à être suivi d'un état plus ou moins pénible, profond, qui se prolonge jusqu'à ce que la digestion soit achevée ou du moins fort avancée.

Les alimens accumulés dans l'estomac y subissent des changemens remarquables qui constituent l'acte de la digestion. Cette masse alimentaire pénétrée, imbibée de salive, de boissons et autres liqueurs, est successivement attaquée, altérée par le suc gastrique; tandis que les parois de l'estomac exactement appliquées sur elle, la compriment, la pressent dans tous les sens, et la poussent peu-à-peu dans l'intestin. Dans ce réservoir, les alimens perdent peu-à-peu leur force d'aggrégation; à mesure qu'ils sont dissous et fluidifiés, ils acquièrent une odeur plus forte, une couleur plus foncée. Ils se transforment en une substance pultacée différemment colorée suivant la nature des alimens, mais qui est homogène, qui a des propriétés particulières, et que l'on appelle *chyme*. Cette conversion, qui n'a lieu que dans les surfaces pourvues de la membrane

brane gastrique, ne se fait chez les monodactyles que dans le sac droit, et chez les ruminans dans la caillette.

Mais par quelles lois, et comment a lieu
le changement des alimens en chyme, ou
mieux, comment se fait la digestion? Ce point
a eu différentes explications, et a donné lieu
à plusieurs opinions plus ou moins ingénieuses (1). Il est généralement reconnu aujour-
d'hui que cette opération dépend essentiellement d'un fluide dissolvant appelé *suc gastrique*; que la digestion est subordonnée à
l'énergie, à l'activité de ce suc dont nous
avons déjà parlé, en traitant des usages de
l'estomac.

La digestion chez tous les animaux est une
fonction qui exige un grand concours de forces, et qui, depuis l'instant où elle commence
jusqu'à celui où elle est achevée, détermine
des états différens et très-remarquables. Au
moment où elle commence, la satiété dégénère en un accablement, qui devient d'autant
plus profond que la digestion est plus difficile.

______

(1) J'ai jugé inutile de rapporter, dans un ouvrage élé-
mentaire, les différens systèmes qui se sont élevés sur la
manière dont s'opère la digestion; on les trouve d'ailleurs
exposés dans presque tous les ouvrages d'anatomie.

2.   H

Cet état où les forces musculaires, les sens et généralement toutes les autres fonctions, sont plus ou moins diminués ou changés, persiste, se prolonge, jusqu'à ce que la dissolution des alimens soit en pleine activité et qu'elle soit même un peu avancée : mais à cette époque arrive une nouvelle succession de phénomènes ; l'accablement disparoît peu-à-peu, les sens reprennent leur énergie, la gaîté renaît ; toutes les forces étant réparées, le sujet se trouve amené d'une manière insensible à une existence libre et énergique. Il seroit trop long de faire l'énumération de tous les signes qui, chez les animaux domestiques, précèdent, accompagnent et suivent la digestion ; il nous suffira de faire observer qu'ils dépendent d'un état particulier qui se manifeste dans le pouls, dans la peau, dans les poils, à l'œil, aux oreilles, et qui se montre dans l'habitude générale du corps.

La durée de la digestion varie suivant les espèces d'animaux, les tempéramens, les âges, et sur-tout l'état du sujet ; elle varie aussi suivant l'énergie du suc gastrique, et suivant la résistance qu'opposent les alimens aux forces digestives ; elle peut être troublée et même arrêtée par un exercice trop subit et forcé,

par des impressions fortes, par des boissons
trop froides, enfin par toutes les circonstances
qui dérangent la concentration des forces.

A mesure que la dissolution des alimens se
fait, l'estomac chasse les plus fluides dans l'intestin, successivement jusqu'à fluidification
complette de toute la masse alimentaire. Les
substances chymeuses arrivant dans l'intestin,
se mêlent avec le suc intestinal, marchent
progressivement vers l'anus, du côté duquel
elles sont poussées par l'action péristaltique
très-énergique du canal intestinal. Considérées depuis l'estomac jusqu'au rectum, ces
substances offrent des changemens très-remarquables, sur-tout chez les monodactyles.
Ainsi les matières contenues dans l'intestin
grêle du cheval forment un mucilage verdâtre, d'une saveur amère, tenant en suspension des parcelles d'alimens ; à mesure
qu'elles s'éloignent de l'estomac et qu'elles
approchent du cœcum, elles perdent insensiblement de leur viscosité, de leur amertume,
le mélange devient plus parfait, et proche du
cœcum elles commencent à prendre un caractère d'homogénéité. Les matières contenues dans ce dernier intestin sont sous forme
de purée verte, homogène, très-délayée,

d'une odeur qui est particulière, forte et herbeuse. Dans la portion cœco - gastrique du colon, le contenu devient successivement moins liquide, d'un vert plus pâle, acquiert une odeur plus forte et fétide ; ces caractères vont en augmentant dans la deuxième portion où les matières perdent leur fluidité, se séparent en tas, et forment les crotins qui, en s'approchant du rectum , acquièrent de la consistance, s'accumulent, et arrivent dans ce dernier intestin , le plus souvent unis quatre à cinq ensemble (1). D'après cet aperçu,

(1) Dans ces considérations sur l'action de l'intestin et les matières qu'il contient, nous ferons remarquer que c'est au milieu de ces substances chymeuses que se forment quelquefois des calculs de figure et de grosseur très-différentes. Généralement très-durs , pesans, diversement colorés , lisses et plus ou moins polis, ces corps sont formés de couches superposées qui offrent des crystaux lamelleux ou aiguillés ou spathiques. Il n'existe pas encore de travail bien complet sur l'histoire et la composition des calculs intestinaux qui se rencontrent rarement dans les animaux domestiques (1). D'après l'analyse chimique qui en

(1) Parmi le nombre d'animaux que je sacrifie depuis plus de quinze ans pour mes travaux anatomiques, je n'ai rencontré de calculs intestinaux que dans cinq à six sujets. Un de ces calculs , de la forme et de la grosseur d'un œuf de poule, est noir à l'extérieur et a une épingle de fer pour noyau ; je l'ai retiré du cœcum d'un cheval. Un second, beaucoup plus gros , que j'ai trouvé en avant du rectum, est composé de

l'on peut distinguer quatre élaborations différentes qui ont lieu dans l'intestin, et dont

a été faite, il paroît qu'ils sont essentiellement formés de
phosphate ammoniaco-magnésien, plus où moins pur, ou
plus ou moins mélangé.

On peut en distinguer trois variétés : les uns gros, quelquefois d'un volume énorme, connus sous le nom de
bézoards, se rencontrant ou dans le cœcum ou dans le
colon des monodactyles, sont sphéroïdes toutes les fois
qu'ils sont solitaires ; tandis qu'ils sont polyèdres quand
ils sont accolés plusieurs ensemble. D'autres, beaucoup
plus petits, sont ovoïdes ou aplatis sur deux sens et diversement alongés ; les uns et les autres sont formés de couches superposées autour d'un corps étranger apporté du
dehors, qui constitue le noyau central. Une dernière variété comprend des tas de petits corps calculeux que l'on
trouve en plus ou moindre quantité dans le cœcum : ils
ont une forme très-variée, mais ils sont parsemés de petites
cavités irrégulières, ou bien ils sont unis et ressemblent
à de petits cailloux.

Outre ces corps étrangers, on trouve aussi dans l'intestin ou dans l'estomac des concrétions ou amas de substances apportées du dehors, toutes formées, et qui n'ont
besoin, pour se réunir, que d'un corps agglutinant. Ces

deux portions géminées, sphéroïdes et réunies. J'ai recueilli, en dernier
lieu, dans le cœcum d'un autre cheval, un grand nombre de petits
calculs, ressemblant à de très-petites pierres, mais qui sont garnis de
trous irréguliers dans toute leur surface ; dernièrement j'en ai trouvé de
semblables dans le réseau d'une vieille vache, ils étoient implantés dans
le tissu des cellules de ce viscère, et avoient pour base des épingles ou
des parcelles de bois.

la première se passe dans l'intestin grêle , la seconde dans le cœcum , la troisième dans la portion cœco-gastrique du colon , et la dernière dans le reste du canal où l'on trouve les matières fécales. Ces diverses élaborations qu'éprouvent les substances chymeuses et qui suivent la chymification , déterminent la formation d'une matière qui est prise par les bouches inhalantes , et qui forme le *chyle*. D'où il résulte que le but direct de la digestion intestinale , est d'opérer la séparation de deux

---

concrétions, qu'il ne faut pas considérer comme des calculs, sont le produit ou des poils que l'animal avale en se léchant, ou des matières terreuses, plâtreuses qu'il mange dans quelques circonstances. Celles qui résultent de l'agglomération des poils , sont désignées sous le nom d'*égagropiles*; dans le mouton , on les appelle *gobes*. Elles se rencontrent dans la caillette des ruminans, dans le cœcum des monodactyles. Les concrétions formées de matières terreuses (presque toujours argileuses) ou plâtreuses, souvent mêlées avec d'autres corps , sont plus ou moins considérables , et se trouvent dans l'estomac des monogastriques , et dans le rumen des didactyles. Quelquefois les matières excrémentitielles elles-mêmes se pelotonnent, s'agglutinent, forment de semblables concrétions que l'on trouve dans le colon, proche du rectum. D'autrefois, mais très-rarement, des éponges avalées par les animaux, deviennent les élémens d'un corps étranger qui acquiert de la consistance.

substances, dont une fluide s'élève sous forme de rosée, passe dans les lymphatiques du mésentère, et va réparer les pertes; l'autre, est le résidu du chyme : en se dépouillant de la matière chyleuse, elle devient fétide, épaisse, constitue les excrémens qui, après s'être accumulés dans le rectum, sont expulsés au-dehors. La séparation de ces deux substances est le résultat du travail de l'intestin, de l'action des sucs intestinaux sur le chyme ; cette opération qui suit immédiatement celle qui a lieu dans l'estomac, et qui dure plus ou moins de temps, complette les phénomènes digestifs.

Le chyle, bien différent des matières qui le fournissent et dont l'absorption ne se fait que pendant la digestion intestinale, est une liqueur lactiforme, concrescible, douce au toucher, d'une odeur spermacée ; et qui, quoique blanche, montre une composition analogue à celle du sang. Comme lui, elle se sépare par le repos au bout de vingt à vingt-quatre heures, en deux parties, dont une concrète en forme le caillot, et l'autre fluide qui surnage, en constitue le sérum. D'après l'analyse, il paroît que le chyle contient un effluve odorant, une grande quantité d'eau, une petite quantité de fibrine, une matière colorante particulière, de l'albumine et différens sels.

Les matières fécales, dont la couleur et la consistance varient dans tous les animaux domestiques, ont pour caractère commun d'exhaler une odeur fétide, plus ou moins forte, et qui devient toujours plus pénétrante à mesure qu'elles s'approchent de l'anus. Ces matières accumulées dans le rectum où elles arrivent successivement, déterminent un sentiment de gêne qui porte l'animal à les expulser. Pour cet effet, il commence par se camper, c'est-à-dire qu'il prend une attitude qui donne au bassin une position favorable qui facilite le concours des forces contractiles du diaphragme et des muscles abdominaux inférieurs, pour vaincre la résistance opposée par l'anus et chasser les matières au-dehors.

TABLE SYNOPTIQUE

DES ORGANES DE LA DIGESTION.

Exposition des Parties.

Noms méthodiques.

Organes situés hors de l'abdomen.
- la bouche.
- le pharynx.
- l'œsophage.

Organes contenus dans l'abdomen.
- l'estomac.
- l'intestin.
- le mésentère.
- le foie.
- le pancréas.
- la rate.
- l'épiploon.

Phénomènes organiques.

Digestion — Alimens — Boissons — Faim — Soif — Gustation — Mastication — Déglutition — Chymification — Chylification — Chyle, son absorption — Excrémens, leur expulsion.

ORDRE DEUXIÈME.

Organes de la Respiration.

Destinés à l'exercice, à l'entretien d'une fonction qui a quelque analogie avec la digestion, ces organes élaborent le fluide atmosphérique, en tirent un principe nécessaire à la conservation de la vie, et font éprouver à la portion d'air qu'ils rejettent, des vibrations variées d'où dérivent les différens modes de voix que l'on remarque dans les animaux domestiques. Généralement peu nombreuses et s'étendant depuis le nez, le long du cou, jusque dans le thorax, ces parties forment des conduits qui communiquent au-dehors par les ouvertures nasales, se terminent dans un viscère mou, par des vésicules membraneuses qui servent à recéler l'air, à le digérer et à le rendre propre à passer dans le torrent de la circulation.

Les parties propres à la respiration sont, 1º. les narines et les différens sinus que l'on y remarque ; 2º. un grand canal aérien qui comprend le larynx , la trachée-artère et les bronches ; 3º. enfin les poumons.

A l'exposition de ces organes , nous ajouterons , comme l'on a coutume de le faire , la description du thymus et des thyroïdes , parties qui paroissent essentiellement liées à la considération des organes respiratoires ; ces derniers sont , pour la plupart , contenus dans la cavité du thorax.

Le *thorax* , qui est la deuxième cavité splanchnique et la moyenne en grandeur , est essentiellement formé par les côtes , les vertèbres du dos, le sternum, les muscles intercostaux et le diaphragme ; renferme le cœur avec ses annexes , les poumons, une portion de la trachée et de l'œsophage, enfin le thymus dans le fœtus.

Cette cavité conoïde offre quatre faces , dont une supérieure , l'autre inférieure , et deux latérales ; deux extrémités , distinguées en antérieure et en postérieure (1).

Faces. La supérieure , formée par les vertèbres du dos et la partie supérieure des côtes, constitue de chaque côté la région *dorso-costale* ; l'inférieure , répondant au sternum et

(1) Nous avons indiqué d'une manière précise la forme du thorax, tome I , page 135.

aux cartilages des côtes asternales, qui la composent essentiellement, comprend les deux régions *sterno-costales*, dont une droite et l'autre gauche ; les faces latérales, formées par les côtés et les muscles intercostaux, sont distinguées sous les noms de régions *costales*.

Extrémités. L'antérieure oblongue, perpendiculaire, et d'autant plus étroite que le thorax est plus aplati d'un côté à l'autre, forme l'entrée de cette cavité splanchnique. La postérieure qui constitue la base de la cavité du thorax est séparée de l'abdomen par le diaphragme (1), offre une surface très-oblique, bombée dans le milieu et dirigée de haut en bas et de derrière en devant.

La cavité thoracique est susceptible de s'alonger, de s'élargir, enfin de s'agrandir dans tous les sens ; ses mouvemens dépendent du mode d'articulation des côtes et de l'élasticité de leurs cartilages ; ils sont essentiellement opérés par les muscles qui concourent à former ses parois, ou qui s'attachent à quelques points de son étendue. Le thorax est tapissé de deux membranes que l'on nomme *plèvres*, qui, par leur adossement, forment une cloison qui sépare cette cavité en deux, et qui sou-

______

(1) Voyez la *Myologie*, tome I, page 329.

tiennent les diverses parties renfermées dans cette cavité.

De la Plèvre.

CARACTÈRE. Membrane séreuse, perspiratoire, fine, blanche, transparente, d'une texture lamelleuse et serrée ; qui forme deux sacs clos de toute part, de grandeur inégale, adossés l'un contre l'autre le long du plan médian du corps ; et qui, par sa disposition, tapisse de chaque côté la surface de la cavité du thorax, sépare cette cavité en deux, s'étend sur les poumons, les soutient, et entretient à leur surface une perspiration continuelle, très-abondante.

DIVISION. On distingue à la plèvre deux surfaces, dont une *adhérente* et l'autre *perspiratoire.*

La surface adhérente, qui est externe, lamineuse, plus ou moins liée aux parties contre lesquelles elle s'applique, soutient les vaisseaux propres à cette membrane. Par cette surface, la plèvre s'étend sur le diaphragme au centre aponévrotique duquel elle tient fortement, tapisse les régions dorso-costale, costale et sterno-costale, auxquelles elle adhère par un tissu lamineux, fin et abondant ; elle s'adosse contre la plèvre opposée , et vers la base des bronches , elle se replie sur le poumon , auquel elle sert de tunique. D'après cette disposition , l'on distingue à la plèvre plusieurs portions, savoir, la portion dorso-sternale , la portion diaphragmatique , la portion médiastine , la portion pulmonaire.

Ces diverses portions de la plèvre offrent quelques différences entr'elles , soit par rapport à leur densité , soit par rapport à leur mode d'adhérence et à leurs usages. Ainsi la portion pulmonaire, plus forte , plus épaisse, tient au poumon par un tissu lamineux abondant et élastique. La portion médiastine concourt avec la plèvre opposée à former la cloison qui sépare la cavité thoracique en deux. Cette cloison appelée *médiastin*, formée par l'adossement des deux plèvres, inclinée à gauche par son bord inférieur, divise inégalement le thorax, soutient entre ses lames le cœur et ses annexes , le thymus, une portion du canal aérien et de l'œsophage. Chez les grands quadrupèdes, le médiastin offre, dans le sac droit et en arrière du cœur, un grand repli qui, par son bord inférieur, soutient la veine-cave postérieure qui traverse ce sac, pour se rendre dans l'oreillette droite du cœur.

Toute la surface perspiratoire de la plèvre, douce, lisse au toucher, est vaporeuse, garnie de villosités, de pores exhalans et inhalans. Elle fournit une humeur séreuse qui entretient la souplesse de la membrane, et qui est reprise par les vaisseaux inhalans.

Usages. En relatant les propriétés caractéristiques de la plèvre, nous avons indiqué ses principaux usages ; nous ajouterons seulement que la plèvre, en isolant les deux lobes du poumon, les rend pour ainsi dire indépendans ; elle empêche que l'humeur accumulée dans un sac ne passe en même temps dans l'autre sac.

Des Narines.

Caractère. Cavités spacieuses, oblongues, anfractueuses, au nombre de deux, situées dans l'intérieur du nez au-dessus de la voûte du palais, séparées l'une de l'autre par une cloison médiane, cartilagineuse. Les narines communiquent avec l'arrière-bouche, avec les sinus, sont tapissées par une membrane folliculeuse, donnent passage à l'air, et servent à l'odorat.

Division. On distingue à chaque narine l'entrée, la cavité et le fond.

L'*entrée* de la narine est formée par deux lèvres à base cartilagineuse, posées l'une au-dessus de l'autre, et appelées les ailes du nez. Ces ailes, distinguées en supérieure ou interne, en inférieure ou externe, sont susceptibles de s'écarter l'une de l'autre à l'aide de diverses productions musculaires (1), et déterminent ainsi la dilatation ou le retrécissement de l'entrée de la narine.

La *cavité*, qui est l'espace compris entre l'entrée et le fond, offre deux côtés dont un externe et l'autre interne. Le côté externe inégal, sinueux est formé par les grands sus-maxillaires, par le nasal et par les deux cornets placés l'un au-dessus de l'autre. Ces cornets, qui sont comme appliqués sur les parois externes de la narine, partagent cette surface en trois gouttières remarquables, dont la supérieure se prolonge entre le nasal et le cornet antérieur jusqu'aux cellules ethmoïdales ; la gouttière mitoyenne, qui s'étend entre les deux cornets, communique dans les volutes de ces cornets, ainsi que dans les sinus ; enfin la dernière la plus grande, placée au-dessus de la voûte palatine, va se terminer

____

(1) Tome I, page 281.

à l'ouverture gutturale de la narine, et constitue une route directe de l'entrée de la narine à l'arrière-bouche. Ces gouttières forment autant de conduits particuliers qui dispersent la colonne d'air inspiré dans toute l'étendue de la narine, la distribuent dans les sinus, dans les volutes des cornets. Le côté interne de la cavité de chaque narine est formé par la cloison médiane qui est une surface ferme, unie, propre à réfléchir la colonne d'air inspiré, et à la rejeter sur le côté externe où elle est plus ou moins éparpillée.

Le *fond* de chaque narine répond au crâne, est formé par les cellules ethmoïdales et les palatins ; l'on y observe l'ouverture gutturale de la narine, qui se réunit avec celle du côté opposé et communique dans l'arrière-bouche ; en haut les cellules ethmoïdales qui offrent des volutes nombreuses, placées de champ les unes au-dessus des autres, et séparées par des petites gouttières où elles s'ouvrent deux à deux.

ORGANISATION. Les narines, cavités à parois osseuses, sont tapissées par une membrane folliculeuse, et sont formées par les sus-maxillaires, les cornets, les nasaux, l'ethmoïde, le frontal, les palatins et le vomer.

La cloison cartilagineuse qui sépare ces cavités, tient par sa base à la lame médiane de l'ethmoïde, d'où elle se prolonge entre le vomer et les nasaux jusqu'au bout du nez, où elle fournit à chaque lèvre une appendice qui en constitue la base. Cette cloison, ferme et épaisse, est engagée par son bord postérieur dans la gouttière du vomer, et bouche les ouvertures incisives; tandis que son bord antérieur évasé présente dans sa longueur une dépression dont les bords offrent deux lames élevées, et qui reçoit la crête résultant de la réunion des deux nasaux.

La membrane folliculeuse du nez, molle, épaisse, papillaire et essentiellement vasculaire, présente deux surfaces, dont une adhérente et l'autre libre. La première de ces faces tient par des filamens plus ou moins résistans aux parties qu'elle revêt; la surface libre ou vaporeuse qui est douce, et continuellement lubréfiée par une humeur muqueuse, est parsemée de follicules, de papilles innombrables; elle exhale, elle secrète une humeur muqueuse, qui devient plus ou moins consistante, ou plus ou moins fluide, suivant l'état organique de la partie, et elle est tapissée d'une lame épidermoïde mince, qui s'enlève par exfoliation ou par ébullition.

Les vaisseaux de cette membrane sont très-nombreux et très-anastomotiques. Les artères arrivent presque toutes par la base du nez , se divisent en ramuscules anastomotiques , innombrables , d'où émanent les séreux exhalans. Les veines plus grosses, plus nombreuses , forment dans plusieurs endroits des sinus qui vont se rendre par plusieurs gros rameaux dans la région sous-sphénoïdale. Les absorbans de la membrane nasale gagnent les ganglions lymphatiques sous-linguaux , ou bien se rendent dans ceux qui sont au pourtour de l'arrière-bouche. Lorsque ces absorbans transportent l'humeur morbifique fournie par la membrane nasale , ils déterminent l'engorgement des ganglions où ils aboutissent. Ces effets s'observent dans plusieurs maladies , comme la gourme et la morve , qui sont des affections particulières aux monodactyles.

Les nerfs qui aboutissent et se ramifient dans la membrane nasale , sont fort nombreux et de plusieurs ordres. On compte les filamens pulpeux du nerf ethmoïdal , les rameaux du nerf nasal , le nerf orbito-nasal , quelques filets rentrans du nerf sus-maxillaire , quelques filets du ganglion sphéno-palatin. Ces nerfs expliquent les diverses sympathies du nez avec le cerveau , avec l'œil, avec l'estomac , avec les poumons , avec les organes génitaux , etc.

VARIÉTÉS. Dans les *monodactyles* , les ailes du nez sont très-mobiles ; le canal lacrymal s'ouvre dans le milieu de la face interne de l'aile inférieure, à la jonction de la peau avec la membrane nasale. Dans l'angle formé par le prolongement sus-nasal et le petit sus-maxillaire, l'on observe une poche pyramidale formée par la peau , terminée en cul-de-sac, qui a son ouverture sous l'aile supérieure , et que l'on désigne ordinairement sous le nom de fausse narine. La communication de la narine avec les sinus du même côté se fait au moyen d'une ouverture transversale, étroite, qui se trouve à l'extrémité de la gouttière mitoyenne, sous le cornet sous-ethmoïdal.

Dans l'*âne* et le *mulet* , les narines sont plus étroites, plus resserrées que dans le cheval ; aussi rendent-elles la voix plus rauque , et sont-elles susceptibles de se boucher dans plusieurs circonstances où il y a inflammation nasale.

Dans les *didactyles* , le canal lacrymal s'ouvre entre l'aile externe et l'aile interne.

Dans le *bœuf,* les cavités nasales sont beaucoup plus spacieuses que dans tous les autres quadrupèdes domestiques. L'ouverture gutturale des deux narines forme une espèce de canal oblong, qui s'avance dans l'arrière-bouche et correspond à la glotte.

Dans le *cochon,* l'os du boutoir est soutenu entre les appendices cartilagineuses qui constituent la base des ailes, et qui ont la forme d'une plaque circulaire, percée dans le milieu. Le bout du nez, qui porte les ouvertures nasales qui sont étroites et rondes, forme un corps mobile, fungiforme, qui a pour base l'os précédent, et qui constitue une appendice appelée le *boutoir;* cette partie est un instrument de défense, l'instrument dont se sert l'animal pour fouger la terre, et pour soulever les différens corps qu'il veut retourner ou déranger.

Dans le *chien,* les volutes des cornets sont très-considérables.

Des Sinus.

On nomme sinus des os de la tête, de grandes cavités diverticulées, formées par l'écartement des lames de presque tous les os de la face. Ces cavités sont disposées régulièrement de chaque côté , sans communiquer ensemble ; elles sont séparées par des lames osseuses plus ou moins élevées , en compartimens irréguliers ; elles s'ouvrent dans les narines , recèlent de l'air qu'elles élaborent , et concourent au perfectionnement de la voix.

Les sinus ne se développent que lorsque les os sont formés et ont même acquis un certain accroissement ; ils ne paroissent que quelque temps avant la naissance , encore est-il des quadrupèdes qui naissent sans porter ces cavités.

Une fois formés , ils augmentent successivement avec l'âge , s'agrandissent aux dépens des tables osseuses , de l'expulsion des dents hors des alvéoles , et offrent divers changemens remarquables et importans à connoître. Dans le principe de leur développement , l'on observe au-dessus du nez et au niveau de l'angle nasal de l'œil , deux petites cavités disposées régulièrement de chaque côté et remplies d'un mucus plus ou moins épais. Peu-à-peu ces cavités deviennent libres , augmentent et se prolongent plus ou moins , suivant les animaux.

La membrane qui tapisse les sinus est bien une continuité de la nasale , mais elle en dif-

fère essentiellement par sa texture et ses propriétés. Cette membrane mince, blanche, séreuse, exhale le fluide vaporeux qui lubréfie
les sinus, et elle n'est ni aussi sensible, ni
aussi vasculaire que celle du nez.

Les sinus qui donnent plus d'étendue à la
tête, sans en augmenter le poids spécifique,
servent à la perfection de la voix; ils contribuent aussi à imprimer à l'air inspiré, des
qualités qui le rendent plus propre à être
élaboré dans les poumons.

Les sinus offrent des variétés importantes
à considérer; en général, ils sont beaucoup
plus spacieux chez les grands quadrupèdes
dont la tête a une grande étendue.

Dans les *monodactyles*, ils se prolongent
peu sur le crâne, mais ils sont très-grands
sur les côtés de la tête et en bas de l'œil; de là
ils s'étendent en arrière jusque dans le sphénoïde où, à un âge très-avancé, ils se réunissent avec ceux de l'autre côté. Dans la vieillesse, l'on remarque derrière les premières
molaires et au niveau de l'épine sus-maxillaire, un sinus particulier qui reste long-
temps séparé des autres par une cloison osseuse, et qui communique dans la narine par
une ouverture transversale, très-étroite, qui

I 4

lui est commune avec les autres sinus et qui est placée à l'extrémité de la gouttière mitoyenne de la narine, sous la base du cornet supérieur. Ce sinus paroît entre huit à neuf ans, augmente en raison de la pousse des dents hors des alvéoles, présente une cavité de forme irrégulière, qui est plus ou moins divisée. La lame osseuse, qui le sépare des sinus supérieurs, s'amincit, s'use peu-à-peu, commence par se perforer dans le milieu, et finit par se détruire en plus grande partie; de manière qu'il arrive une certaine époque de la vieillesse où ce sinus communique et ne fait plus qu'un avec les autres sinus (1). Au reste, cette lame osseuse n'est pas la seule qui éprouve cette altération ; toutes celles qui divisent les sinus en compartimens subissent les mêmes changemens et s'affaissent insensiblement.

Didactyles. Les sinus du bœuf sont très-étendus, se prolongent inférieurement au-dessus des molaires, dans la voûte du palais, autour de l'orbite, montent vers le chignon, se propagent dans les racines des cornes,

---

(1) Cette marche, que je crois avoir indiquée le premier est la même que celle qui s'observe dans la réunion des deux pièces de l'os du canon des didactyles.

s'étendent en arrière jusque dans les condyles de l'occipital ; ils présentent, dans leur formation et dans leur accroissement, à-peu-près la même marche que celle que nous avons indiquée dans le cheval , mais ils ont une disposition essentiellement différente. Dans le bœuf, on distingue cinq sinus de chaque côté, qui sont complettement séparés les uns des autres par des cloisons, osseuses ou en partie membraneuses, et qui ont chacun une ouverture particulière de communication avec la narine. Les deux plus grands de ces sinus sont le supérieur et l'inférieur; les trois autres, beaucoup plus petits , sont situés dans le front et au pourtour de l'orbite. Le sinus inférieur ou sus-maxillaire est divisé incomplettement par une grande lame qui soutient le conduit sus-maxillaire, en portion externe qui s'étend le long des dents molaires , et en portion interne qui se propage dans la voûte du palais ; ce sinus se prolonge dans le fond de l'orbite par une grosse éminence sphéroïde , formée d'une lame osseuse feutrée, et s'ouvre dans la narine par une ouverture large, oblongue, qui se trouve à la base des diverticulum du cornet sus-maxillaire. Le sinus supérieur ou épicranien offre une multitude de compartimens irréguliers, et s'ouvre dans la narine à côté des trois sinus sus-orbitaires. Les ouvertures de ces quatre sinus sont rondes et placées sous la grande volute de l'ethmoïde.

Les sinus du mouton offrent à-peu-près la même disposition, mais ils sont beaucoup moins étendus, ils ne se propagent pas derrière le front.

Du Larynx.

Organe essentiel de la voix, qui constitue l'extrémité supérieure du canal aérien, est attaché aux cornes de l'hyoïde, et résulte de l'assemblage de cinq cartilages principaux, disposés de manière à former une ouverture oblongue, appelée *glotte*. Ces cartilages, auxquels on a donné des noms qui indiquent leur forme ou leur position, sont le *cricoïde*, le *thyroïde*, les deux *aryténoïdes*, et l'*épiglotte*.

Le cartilage cricoïde, ainsi nommé à cause de sa ressemblance à un anneau, constitue la base du larynx, soutient les cartilages thyroïde et aryténoïde, et embrasse le premier cerceau trachéal auquel il tient par un ligament élastique. L'on peut distinguer à ce premier cartilage deux portions dont une antérieure, plus étroite, est semi-circulaire, l'autre large , ayant sa face externe bi-concave , est désignée sous le nom de chaton.

Le cartilage thyroïde , qui tire sa dénomination de la comparaison que l'on en a faite à un bouclier, est le plus grand de tous a la figure d'une grande plaque recourbée en arrière, dont les parties latérales plus ou moins prolongées, en forment les ailes , et sont fixées par leurs extrémités sur les côtés du chaton du cricoïde. Ce cartilage, qui est situé à la partie antérieure du larynx, au-dessous du corps de l'hyoïde et au-dessus du cricoïde dont il embrasse la portion semi-circulaire, détermine la forme antérieure du larynx, est attaché par des ligamens au corps de l'hyoïde et aux côtés du chaton du cricoïde ; dans ses mouvemens d'élévation ou d'abaissement sur le cricoïde , il dérobe ou découvre la glotte.

Les deux aryténoïdes , ainsi nommés d'après la ressemblance que l'on a cru leur trouver avec le bec d'une aiguière , sont les plus petits, offrent deux petites plaques pyramiformes, un peu renversées, attachées, l'une à côté de l'autre, au bord supérieur du chaton du cricoïde, et plus ou moins inclinées sur la glotte.

L'épiglotte qui, dans les grands quadru-pèdes, ressemble beaucoup à une feuille de laurier, est située à l'opposé des aryténoïdes sur l'autre extrémité de la glotte ; elle est fixée par sa base au bord supérieur du thyroïde, est recourbée en arrière et un peu inclinée sur la glotte. Ce cartilage, susceptible de s'élever et de s'abaisser, concourt avec les aryténoïdes à dilater ou à boucher la glotte.

Outre ces cartilages laryngiens, l'on trouve, autour des aryténoïdes et de l'épiglotte, trois autres petits cartilages, pisiformes, plus ou moins isolés, dont la forme, le volume et la position varient dans les divers quadrupèdes domestiques, et qui sont deux sus-aryténoïdiens et un sus-épiglottique.

Le larynx est susceptible de deux sortes de mouvemens, savoir, des mouvemens totaux dans lesquels tout le larynx est élevé ou abaissé, et des mouvemens partiels propres à chaque cartilage en particulier.

La disposition des cartilages laryngiens est telle qu'ils constituent une ouverture intérieure qui donne passage à l'air et que l'on nomme *glotte*. Cette ouverture oblongue, de forme pyramidale, ayant sa base sous les aryténoïdes et sa pointe sous l'épiglotte, offre deux lèvres et deux angles. Chaque lèvre large, épaisse, présente une base située près de l'angle sous-aryténoïdien, et un prolongement à bord arrondi qui se termine insensiblement à l'angle sous-épiglottique, et qui, dans quelques animaux, porte un repli membraneux, connu généralement sous le nom de corde vocale. Les angles forment des cavités plus ou moins enfoncées et propres à la réflexion de l'air ; la cavité de l'angle sous-aryténoïdien est généralement arrondie et la plus grande ; celle de l'angle sous-épiglottique est aiguë et plus ou moins enfoncée. Ces diverses parties de la glotte font éprouver à l'air chassé avec une certaine force par les poumons, des vibrations qui produisent la voix, qui est plus ou moins perfectionnée dans l'arrière-bouche, dans le nez, et même dans la bouche.

La glotte est pourvue d'une membrane folliculeuse, qui est bien une continuité de celle de l'arrière-bouche, mais qui en diffère par quelques propriétés ; cette membrane épaisse, papillaire, est douée d'une sensibilité extrême, et constitue les divers replis membraneux de la glotte.

Les vaisseaux et les nerfs du larynx sont fort nombreux ; les artères de chaque côté proviennent de la céphalique par plusieurs rameaux , dont les uns gagnent le larynx par le côté, d'autres par la partie postérieure, et quelques autres par le bord inférieur. Les veines suivent, accompagnent les artères et se dégorgent dans la jugulaire. Les nerfs viennent du pneumo-gastrique par deux cordons différens , dont l'un émane du pneumogastrique à sa sortie du crâne , et se porte directement sur le côté du larynx ; l'autre, que l'on nomme trachéal récurrent , remonte de la cavité thoracique , le long de la trachée, et gagne la partie postérieure du larynx.

Considéré dans tous les quadrupèdes domestiques , le larynx offre des variétés nombreuses , relatives à sa position qui est plus ou moins élevée, à sa consistance et à la forme de ses différentes parties.

Le larynx des *monodactyles* est généralement dur, élevé. La glotte qui est conoïde , assez spacieuse, porte deux ventricules latéraux, l'un à droite et l'autre à gauche. Chacun de ces ventricules constitue une poche membraneuse, sacciforme , enfoncée sous le muscle thyro-aryténoïdien , et ayant son ouverture placée au-dessus du milieu de la lèvre. La cavité de l'angle sous-épiglottique est séparée en deux par une cloison membraneuse, très-mince et posée en travers. La base de chaque lèvre forme une éminence circulaire.

Didactyles. La position et la conformation de leur larynx diffèrent peu de celles que présente le larynx des monodactyles ; la glotte beaucoup plus grande, est aussi plus simple ; elle n'offre ni ventricules latéraux, ni membrane transversale dans la cavité de l'angle sous-épiglottique.

Le larynx du *cochon* est alongé et a beaucoup de fermeté. Les lèvres de la glotte, pourvues d'un ruban ou corde vocale, constituent une ouverture oblongue, très-étroite ; elles sont placées très-bas et disposées obliquement, de manière que, par leur extrémité postérieure, elles tiennent à la base des cartilages aryténoïdes, tandis que leur extrémité antérieure se trouve fort éloignée de l'épiglotte. La cavité de l'angle postérieur se prolonge en forme de gouttière entre les deux cartilages aryténoïdes qui sont très-petits ; celle de l'angle antérieur communique dans une cavité spacieuse qui est sous le cartilage épiglottique. Ce dernier, très-grand, sur-tout fort large, constitue une espèce de pavillon qui embrasse les deux aryténoïdes, peut les recouvrir et resserrer considérablement le passage de l'air à travers la glotte. Ce même cartilage porte, à sa base et au-dessus de la commissure antérieure des lèvres, un grand ligament large, qui sert à le fixer d'une manière lâche, et qui, pour la production de la voix, se dilate, forme un grand ventricule dans lequel s'engouffre l'air et où il éprouve une réflexion particulière ; de manière que lorsque l'épiglotte est abaissée sur les aryténoïdes pour resserrer la glotte, la base de ce cartilage se trouvant alors soulevée, elle entraîne le ligament, et lui laisse la liberté de se dilater, en se portant en devant et en haut.

Dans le *chien*, le larynx est flexible, bien moins long que celui du cochon. La glotte offre deux cordes vocales qui sont élevées et à bord tranchant ; elle porte aussi deux ventricules latéraux formés d'une membrane trèsextensible, qui n'est cependant que la continuité de celle qui tapisse le restant de la glotte.

Le larynx du *chat* est encore plus flexible que celui du chien ; la glotte est plus diverticulée ; l'on peut y distinguer quatre replis qui forment autant de cordes plus ou moins élevées.

De

De la Trachée artère.

Caractère. Gros canal ferme, élastique, essentiellement composé d'une série de cerceaux cartilagineux interrompus derrière et attachés par une membrane les uns à la suite des autres, qui s'étend le long de la face trachélienne du cou, se continue d'une part avec le larynx, d'une autre part avec les bronches, et forme le corps ou partie moyenne du canal aérien.

Division. On peut distinguer, à la trachée-artère, une extrémité supérieure qui est attachée au larynx par un ligament élastique et par la membrane qui, du larynx, se prolonge dans la trachée ; une extrémité inférieure qui constitue la base de la trachée, et se divise pour former les bronches ; une surface antérieure arrondie, rugueuse et âpre ; enfin une surface postérieure, qui est flexible dans le milieu où correspondent les extrémités des cerceaux cartilagineux.

Depuis le larynx jusqu'aux bronches, la trachée se porte le long de la face antérieure du cou, au milieu des muscles, au devant des nerfs de l'œsophage, et des vaisseaux qui vont ou qui viennent de la tête. En pénétrant dans le thorax, elle passe à côté de l'œsophage qu'elle laisse à gauche, puis se continue en arrière jusqu'après la base du cœur où elle fournit les bronches. Dans son trajet, la trachée est entourée d'un tissu lamineux très-abondant, de manière qu'elle ne tient aux parties environnantes que d'une manière très-lâche.

ORGANISATION. Elle résulte principalement de la succession d'une multitude de cerceaux cartilagineux interrompus en arrière, et placés les uns au-dessus des autres ; on trouve aussi dans la trachée une membrane folliculeuse qui tapisse l'intérieur de ce canal, une grande quantité de tissu lamineux, des ligamens, des fibres charnues, des vaisseaux et des nerfs.

Les cerceaux ou segmens de la trachée dont le nombre varie, sont unis les uns aux autres par des ligamens très-courts et formés de fibres blanches qui se croisent en X. Ils sont plus épais à leur partie antérieure, qu'à leurs extrémités qui sont minces, larges, qui se chevauchent avec celles des cerceaux voisins, et sont fixées par un tissu lamineux très-abondant et très-élastique. Les extrémités de tous les cerceaux de la trachée ainsi tenues, ou rapprochées ou superposées, peuvent glisser librement les unes sur les autres, et permettre par-là l'alongement et le rétrécissement de ce canal. C'est sous ces extrémités que se trouve une membrane musculeuse, qui ne s'étend que le long de la partie flexible de la trachée et se termine à l'origine des bronches. Cette membrane, composée de fibres transversales et de quelques autres longitudinales, a la propriété de resserrer la trachée et d'en diminuer le diamètre. Outre les cerceaux cartilagineux que nous venons d'exposer, on trouve quelques autres segmens oblongs, minces, aplatis, placés en long, de distance en distance, sur la face postérieure de la trachée, depuis son entrée dans le thorax jusqu'aux bronches. Ces derniers cartilages dont le nombre, la forme et la grandeur varient, sont plus forts et plus nombreux dans les grands quadrupèdes; ils empêchent que la trachée, en pénétrant dans le thorax, ne décrive un angle aigu, et n'éprouve trop de rétrécissement.

La membrane folliculeuse, qui revêt l'intérieur de la trachée, est blanchâtre, légèrement plissée suivant sa longueur ; elle est une continuité de celle de la glotte, mais elle en diffère par sa couleur plus blanche et par sa sensibilité qui est bien moins grande. Cette membrane trachéale a une surface adhérente antérieurement aux cerceaux, et postérieurement à la membrane charnue; sa surface libre est exhalante et inhalante, elle sécrète un mucus qui, dans certains cas, devient très-épais.

Les artères trachéales sont des rameaux qui proviennent des céphaliques et des thyroïdiennes; les veines suivent les artères et se rendent dans les jugulaires; les lymphatiques se dégorgent dans le canal trachéal; les nerfs émanent du plexus bronchique formé par le pneumo-gastrique.

Usages. La trachée offre à l'air un passage libre et dans lequel il n'éprouve aucune compression, quels que soient l'attitude et les mouvemens de l'animal.

Des Bronches.

On désigne sous ce titre les ramifications fournies par la trachée à chaque poumon, qui vont toujours en se divisant, et dont les rameaux se terminent par des vésicules membraneuses, minces, agglomérées et réunies en lobules par un tissu lamineux très-abondant. Ces vésicules paroissent être enveloppées des ramuscules anastomotiques des vaisseaux pulmonaires qu'elles redressent en se dilatant; elles font éprouver au sang des changemens essentiels pour l'entretien de la vie.

Ces canaux bronchiques sont, comme la trachée, composés de portions cartilagineuses et d'une membrane intérieure qui est folliculeuse. Les cartilages sont des segmens semi - circulaires, plus ou moins grands et larges, terminés en pointe, dont les uns sont contigus aux autres, tandis qu'il en est de superposés, mais qui tous sont entourés d'un tissu lamineux très-abondant, qui les unit d'une manière lâche et élastique. Enfin ces segmens sont disposés de manière à former des canaux élastiques, également cartilagineux dans toute leur surface, et susceptibles d'alongement et de raccourcissement, sans pouvoir éprouver de diminution sensible dans leur diamètre. Cette disposition se remarque jusqu'à l'endroit où les rameaux bronchiques se terminent par les vésicules aériennes ; cependant les cartilages s'amincissent, deviennent plus petits et moins nombreux, en raison de la subdivision des bronches.

La membrane qui tapisse et concourt à former les canaux bronchiques est la continuité de celle de la trachée, et n'en diffère ni par sa texture, ni par ses propriétés.

Les bronches sont accompagnées dans leurs

divisions par une artère et une veine appelées bronchiques ; l'artère émane de la courbure de l'aorte postérieure ou de l'artère œsophagienne, elle rampe sur les ramifications bronchiques, et paroît fournir les matériaux de nutrition ; la veine suit l'artère dans son trajet, et va se dégorger dans l'oreillette droite du cœur par une très-petite branche.

Les bronches dispersent l'air dans le tissu des poumons, le conduisent dans les vésicules où il séjourne assez de temps pour être digéré. Ces canaux susceptibles de se prêter à tous les mouvemens de l'organe, sans éprouver aucun rétrécissement dans leur calibre, offrent des routes libres à l'air qui y entre et en sort continuellement.

Des Poumons.

CARACTÈRE. Les poumons, agens essentiels de la respiration, sont des organes mous, vésiculeux, renfermés l'un à droite et l'autre à gauche dans le thorax, essentiellement formés d'une trame lamineuse, qui soutient les ramifications de l'artère et de la veine pulmonaires, de la portion bronchique du canal aérien, et qui est parsemée d'un grand nombre de vaisseaux lymphatiques ou absorbans.

Dɪᴠɪsɪoɴ. Considérés dans leur réunion, les deux poumons ont une forme analogue à celle des cavités qui les contiennent. L'on peut reconnoître dans chacun, 1º. une base très-évasée , qui est coupée obliquement et qui s'applique à la convexité du diaphragme ; 2º. un sommet ou partie plus étroite , échancrée , prolongée au devant du cœur et ayant son extrémité arrondie ; 3º. une surface externe, libre , vaporeuse , qui , dans la plus grande partie de son étendue , correspond à la concavité des côtes , mais que l'on peut diviser en portion costale , portion diaphragmatique et portion médiastine.

Chacun des poumons est divisé en lobes par des scissures plus ou moins profondes. Le poumon droit , plus volumineux que celui qui est à gauche , porte à sa base et du côté du médiastin un lobule particulier qui remplit la cavité qui est derrière le cœur , et qui est formée par le repli qui soutient la veine-cave postérieure.

Les poumons sont fixés l'un à côté de l'autre , derrière la base du cœur avec lequel ils sont liés , par les bronches et les vaisseaux pulmonaires, et par la disposition même de la plèvre qui se replie sur eux , leur forme une tunique ou enveloppe première ; ces viscères sont libres dans tout le reste de leur étendue.

STRUCTURE. Les poumons sont essentiellement composés d'un tissu lamineux, qui, comme nous l'avons déjà indiqué, soutient un grand nombre de vaisseaux sanguins, lymphatiques et de canaux aériens. Cette substance pulmonaire est contenue en masse dans une capsule membraneuse qui est une production de la plèvre, qui se replie à la base des bronches pour gagner chacun de ces viscères. Cette membrane pulmonaire blanche, séreuse et perspirable, jouit de beaucoup de force et d'élasticité ; elle tient à la substance pulmonaire par un tissu lamineux, lâche et abondant.

Vaisseaux. Les sanguins sont de deux sortes : les uns très-petits suivent les ramifications des bronches et sont nommés *bronchiques* ; les autres très-rameux, formant une grande partie de la substance pulmonaire, sont désignés sous le nom de *vaisseaux pulmonaires.*

L'artère bronchique, qui est très-petite et qui ne paroît guère propre qu'à porter des matériaux de nutrition, émane de la courbure de l'aorte et suit, comme nous l'avons dit, les divisions des bronches. Les veines bronchiques accompagnent les artères, et se rendent dans l'oreillette droite du cœur.

Les vaisseaux pulmonaires très - gros font passer par le poumon tout le sang, tous les sucs chyleux et lymphatiques qui sont déposés dans l'oreillette droite du cœur, et les soumettent à l'impression de la force pulmonaire qui leur donne de nouvelles propriétés. L'artère pulmonaire, à sa sortie du ventricule droit, se courbe en arrière jusqu'à l'origine des bronches où elle se partage en deux troncs, un pour chaque poumon. Ces troncs, dont le droit est un peu plus gros, se ramifient dans le tissu pulmonaire, se terminent par des ramuscules fins, déliés, qui se répandent autour des vésicules aériennes, et donnent naissance aux radicules des veines pulmonaires. Celles-ci vont toujours en grossissant, en se réunissant de proche en proche, et se terminent par cinq à six grosses branches dans l'oreillette gauche du cœur où elles versent le sang élaboré par les poumons.

Les lymphatiques des poumons sont en très- grand nombre ; nulle partie en contient autant : aussi n'est - il point d'organe où il se fasse une absorption plus abondante que celle qui a lieu dans ces viscères. Ces lymphatiques se distinguent en superficiels et en profonds ; les premiers, qui naissent par des bouches inhalantes de la surface pulmonaire, transportent les fluides perspirés à la face interne de la plèvre, forment sous la membrane du poumon un réseau anastomotique de vaisseaux blancs qui se rendent par des rameaux plus ou moins gros dans les ganglions bronchiques ; les lymphatiques profonds naissent des cellules, des vacuoles, des aréoles du tissu pulmonaire, d'où ils sortent par rameaux plus ou moins petits, qui gagnent aussi les ganglions bronchiques. Les lymphatiques superficiels et profonds ont entre eux des anastomoses innombrables, et se réunissent à la sortie des poumons.

Les *nerfs*, qui portent la sensibilité aux poumons, sont des rameaux fournis par le pneumo - gastrique, et émanent du plexus bronchique.

Les *canaux aériens* sont les ramifications bronchiques que nous avons exposées précédemment, et d'où proviennent les vésicules pulmonaires qui constituent des groupes spongieux, plongés dans un tissu lamineux, abondant et élastique.

La couleur des poumons qui dépend de la

nature des fluides qu'il contient, varie singulièrement : dans le fœtus, elle est violette ;
dans un adulte bien portant, elle est d'un rose
pâle ; dans la vieillesse et certaines affections,
les poumons deviennent tuberculeux et prennent diverses couleurs.

Variétés. Dans le fœtus et avant la respiration, les poumons sont très-compacts et
d'une pesanteur spécifique telle que, plongés
dans l'eau, ils vont au fond ; tandis que,
quand ils ont été distendus par l'air, ils
surnagent.

Dans les *didactyles*, le poumon droit est
partagé en cinq lobes, et le gauche en deux.

Dans le *chien*, le poumon droit est divisé
en cinq lobes isolés, et qui ne tiennent ensemble que par les vaisseaux et les bronches ;
il en est de même pour le poumon gauche qui
n'offre que deux lobes.

Dans le *cochon*, le poumon droit a trois
lobes, et le gauche n'en a que deux.

Usages. Les poumons sont des agens continuellement en activité, exécutent alternativement deux mouvemens opposés, dont un
d'expansion, de dilatation, et l'autre de resserrement, de contraction. Dans le premier cas,
ils attirent dans leur intérieur deux fluides

essentiellement différens, les élaborent et leur
font éprouver divers changemens indispensa-
bles à l'entretien de la vie. Dans le deuxième
cas, les poumons font pression sur ces fluides,
en expulsent une partie qui fait ainsi place à
l'abord de nouveaux fluides.

Du Thymus.

Corps molasse, d'un blanc rougeâtre, d'une
texture lobulée qui approche de celle du pancréas, situé en avant du cœur entre les deux
lames du médiastin, et dont les usages sont
inconnus. Le thymus plus gros dans le fœtus,
diminue après la naissance et finit par disparoître entièrement. Cette partie, que l'on
désigne dans les boucheries sous les noms de
fagoüe et de *ris*, reçoit beaucoup de vaisseaux, présente une multitude de lobules agglomérés et unis par un tissu lamineux qui se
déchire facilement. Quelques anatomistes rapportent avoir trouvé dans sa substance un suc
lactiforme, que j'ai rencontré une seule fois
dans un fœtus de jument.

Dans les *monodactyles*, il est d'une couleur
plus rouge, et a beaucoup d'épaisseur.

Dans les *didactyles*, il tire plus sur le blanc
et est alongé.

Des Thyroïdes.

Corps oblongs, glandiformes, au nombre de deux, d'un rouge brun, d'une texture assez ferme, ayant l'apparence d'une châtaigne alongée, situés un de chaque côté à l'extrémité supérieure de la trachée sous le cartilage thyroïde, et attachés par du tissu lamineux, par des vaisseaux et par des nerfs. Ces corps, que l'on désigne mal-à-propos sous le nom de glandes, dont les usages et la structure intime sont inconnus, reçoivent beaucoup de vaisseaux et de nerfs, se développent de bonne heure et sont plus gros dans le fœtus.

Dans le *cheval*, ces corps sont réunis sur le devant de la trachée, chacun par un ligament qui, en partant de la glande, se dirige en bas, s'amincit, et se réunit avec le ligament opposé entre deux cerceaux.

Phénomènes organiques.

Tous les organes respiratoires exercent leur action sur le fluide dans lequel l'animal est plongé, et lui font éprouver des modifications qui constituent différens phénomènes ; mais dont les principaux, les plus importans se passent dans les poumons, concourent à l'entretien de la vie et composent essentiellement l'histoire de la respiration. Les modifications qu'éprouve l'air, soit dans le nez, soit en passant à travers le larynx, offrent différentes considérations qui nous conduiront à parler de la voix des quadrupèdes domestiques.

D'après ce court aperçu, l'ordre qui paroît le plus naturel à suivre dans le développement des phénomènes qui dérivent de l'action successive et simultanée des organes respiratoires, est d'examiner en premier lieu, ce que c'est que la respiration, en quoi elle consiste, comment elle commence et s'entretient; de passer ensuite à la considération de l'air, d'indiquer les changemens qu'il subit, en entrant et en séjournant dans les poumons; d'exposer en dernier lieu ce qu'il importe de connoître sur la voix des animaux domestiques.

La RESPIRATION est une fonction par laquelle l'air atmosphérique entre et sort alternativement des poumons, où il éprouve des changemens nécessaires à la conservation de la vie.

Cette fonction, qui commence à la naissance et finit à la mort, est composée de deux mouvemens principaux, dont l'un qui permet l'entrée de l'air dans les poumons est nommé *inspiration*, et l'autre par lequel l'air est expulsé au-dehors, s'appelle *expiration*. Ces deux mouvemens alternatifs une fois développés, s'excitent mutuellement, deviennent naturels, et subsistent tant que l'animal jouit de la vie. La première inspiration que fait l'animal en sortant de l'utérus, est de toutes les inspirations qui se succèdent, la plus grande, la plus élevée, celle qui admet une plus grande quantité d'air dans les poumons; et l'expiration la plus forte, qui produit le plus grand resserrement de la cavité thoracique, est la dernière, celle qui a lieu à la mort et termine la vie.

Pendant l'inspiration, la cavité thoracique s'agrandit par la contraction du diaphragme qui s'aplatit du côté de l'abdomen, et comprime les viscères qui y sont contenus, par l'action des muscles qui déplacent plus ou moins les côtes et les portent en avant; dans ce même temps, les poumons se dilatent et admettent une certaine proportion d'air, suivant le degré d'élévation où ils parviennent. D'où il résulte que l'inspiration, qui est toujours plus ou moins longue et qui s'opère peu-à-peu, reconnoît pour cause essentielle la dilatation des poumons et la contraction de tous les muscles capables d'agrandir la cavité du thorax ; tandis que l'expiration , qui est un mouvement plus ou moins prompt , n'est souvent que l'effet du relâchement des muscles inspirateurs , du rétablissement brusque des côtes dans leur état naturel. Mais , le plus ordinairement, l'expiration est exécutée par la contraction des muscles abdominaux inférieurs , qui refoulent du côté de la cavité thoracique les viscères abdominaux , ainsi que le diaphragme qui , se trouvant alors relâché , cède un peu à la pression qu'exercent ces muscles. Ce mouvement alternatif du diaphragme et des muscles abdominaux inférieurs constitue un balancement régulier, une véritable oscillation qui aide les fonctions des organes abdominaux et entretient celle des poumons.

Ainsi, la respiration se compose de deux mouvemens inégaux, alternatifs, qui laissent entr'eux un intervalle très-court , qui est souvent appréciable, mais que l'on peut saisir facilement par la pensée. Le mouvement d'inspiration , qui est l'effet de l'action des muscles et des poumons , est plus ou moins lent

et

et parvient à un degré plus ou moins élevé : aussi distingue-t-on trois modes dans l'inspiration ; savoir, l'inspiration douce et paisible ; l'inspiration forte ; enfin l'inspiration forcée, celle où la dilatation des poumons est portée à son plus haut point. L'expiration qui, le plus souvent, n'est que l'effet du relâchement des parties qui ont produit l'inspiration précédente, et qui d'autrefois dépend d'agens musculaires, est plus ou moins brusque, plus ou moins forte, plus ou moins traînée et modifiée, suivant les causes qui la déterminent ; elle est généralement plus courte, plus subite que l'inspiration.

Ces deux mouvemens d'inspiration et d'expiration éprouvent des variations infinies, qui sont continuelles, qui ont lieu même dans l'état de santé, mais qui sont plus grandes et plus remarquables dans les maladies. Non seulement l'ordre dans lequel se succèdent ces mouvemens, se trouve interverti par toutes les impressions fortes, de quelque nature qu'elles soient ; et même dans l'état le plus tranquille, il éprouve des irrégularités très-grandes. Car, si l'on considère un animal bien portant, dans un état parfait de tranquillité et à l'abri de l'impression de tous les objets capables de le distraire, l'on remarque qu'au bout de cinq à six respirations douces, légères et à-peu-près égales, il fait une forte et profonde inspiration.

Cet état si variable de la respiration et des organes qui la constituent, exige l'attention la plus scrupuleuse, tant pour le choix et l'acquisition des animaux, que pour la connoissance de leurs maladies. On peut l'apprécier essentiellement par les mouvemens d'élévation et d'abaissement alternatifs, qui se manifestent aux flancs des quadrupèdes, et qui sont des effets de l'entrée et de l'expulsion de l'air hors des poumons; on peut aussi reconnoître cet état par les mouvemens des orifices du nez, qui se dilatent et se resserrent plus ou moins vîte et plus ou moins fortement; par la colonne de l'air expiré qui est plus ou moins chaud, plus ou moins chargé de vapeurs; enfin par une forte pression exercée avec les doigts sur la trachée, le plus près possible du larynx; pression qui détermine une irritation qui porte l'animal à tousser, et qui par conséquent peut servir d'indice pour juger de la force ou de la foiblesse, de l'état sain ou malade des poumons, suivant la manière avec laquelle s'exécute la toux. On observe que les chevaux et autres monodactyles , dont les organes respiratoires sont dans un état parfait d'intégrité , et qui ne toussent que par suite d'une irritation passagère , comme celle dont nous venons de parler , font , à la suite de chaque toux , une expiration accompagnée d'une espèce d'ébrouement traîné. Par ce mouvement , connu dans le vulgaire sous le nom de *rappel* , il semble que l'animal chasse , et se débarrasse de la cause irritante qui avoit déterminé la toux.

A la suite des courses fatigantes , et principalement dans les temps des grandes chaleurs , la respiration des animaux devient considérablement accélérée ; les mouvemens qui la constituent se font précipitamment, sont courts et prompts. En général , tous les individus sont sujets à ce mode de respiration qui dure plus ou moins , suivant les cas et les circonstances ; on dit alors qu'ils soufflent, qu'ils respirent de court, etc.; mais, si en respirant, ils ont la bouche ouverte et la langue plus ou moins pendante, l'on dit qu'ils *halèlent*. Les monodactyles sont les seuls quadrupèdes domestiques, qui ne peuvent pas respirer de cette manière , à cause de la disposition du voile du palais , qui ne permet pas à l'air de passer par

la bouche. Les animaux ne halètent ordinairement qu'en été et quand il fait des chaleurs un
peu fortes ; il n'y a que le chien qui halète
quelquefois en hiver, lorsqu'il est bien fatigué
et qu'il est dans un lieu chaud. Le bœuf respire
ainsi lorsque dans sa marche ou dans ses travaux, il éprouve de la fatigue et sur-tout
beaucoup de chaleur ; il en est de même du
cochon que l'on fait voyager ; le mouton ne
halète le plus ordinairement que lorsqu'après
avoir beaucoup mangé il revient des champs
et qu'il est enfermé dans une bergerie où l'air
n'a pas de circulation ; le chien est de tous
les animaux domestiques celui qui halete, et
le plus souvent, et le plus fortement ; la moindre fatigue, sur-tout en été, l'excite à ce genre
de respiration. Mais de tous les animaux haleteurs, le bœuf est celui qui, pendant cette
respiration, perd le plus de salive : circonstance remarquable, qui concourt à aggraver
les accidens fâcheux qui surviennent quelquefois à la suite des longs voyages que l'on fait
soutenir à ces didactyles.

Après ces considérations sur les mouvemens de la respiration, nous examinerons
quelles sont les causes essentielles de cette
fonction. Pour résoudre cette question , il

suffira d'indiquer les phénomènes qui ont lieu à la naissance. En sortant de l'utérus, l'animal plongé tout-à-coup dans un fluide différent, éprouve une impression qui se propage aux organes intérieurs. L'irritation causée par la présence de l'air sur la membrane papillaire du nez, est subitement transmise aux poumons, aux muscles inspirateurs, et devient ainsi la cause première de la respiration.

Le premier mouvement d'inspiration, qui d'abord est pénible, douloureux, et admet dans les poumons une certaine quantité d'air, est bientôt suivi d'une forte expiration accompagnée d'ébrouement plus ou moins convulsif, qui est déterminé par le besoin pressant qu'éprouve l'organe pulmonaire, d'expulser les fluides qui le surchargent et qui l'irritent.

Admis dans les poumons par l'effet de la dilatation du thorax, par le défaut de résistance qu'opposent ces organes qui cèdent à son propre poids, l'air parvient aux vésicules membraneuses qui terminent le canal aérien. Son entrée dans ces vésicules produit le redressement des vaisseaux pulmonaires qui reçoivent tout-à-coup une grande quantité de sang, et éprouvent par-là une sorte d'engorgement. Mais bientôt le sentiment de gêne et de douleur, occasionné par la présence de l'air, détermine un effet prompt et violent qui l'expulse au dehors, et fait cesser ainsi cet état qui avoit precédé. Cependant l'impression première de l'air se répétant, les mouvemens d'inspiration et d'expiration se rétablissent, se succèdent alternativement; et la respiration qui, dans les premiers instans de la vie, est plus ou moins pénible, devient bientôt une fonction facile, qui même s'exécute avec un certain degré de plaisir.

L'*air*, ou le fluide que les animaux respirent, est pesant, diaphane, incolore, élastique, dilatable et compressible. Placé près de la terre, il gravite sans cesse vers son centre, participe à tous ses mouvemens, et forme autour d'elle une enveloppe mobile, dans laquelle sont plongés tous les corps qui la recouvrent, et à laquelle l'on a donné le nom d'atmosphère.

Les principes constituans de l'air sont l'oxigène, l'azote et l'acide carbonique, combinés avec le calorique à l'état gazéiforme. Sur cent parties d'air, le gaz oxigène paroît en composer vingt-deux à vingt-sept, le gaz azote soixante-treize, le gaz acide carbonique est estimé pouvoir y entrer pour deux à trois parties. Ces substances mélangées forment le fluide respirable qui entretient la vie des animaux, mais elles ne peuvent pas être respirées séparément. L'azote et l'acide carbonique tuent les animaux plongés dans leur atmosphère. L'oxigène peut à la vérité se respirer seul pendant quelque temps ; mais étant d'une nature trop stimulante, ce gaz paroît user promptement la vie ; il ne pourroit être respiré seul, pendant long-temps, sans exposer les animaux à de grands inconvéniens.

On rencontre dans l'air plusieurs autres substances qui ne peuvent pas être regardées comme principes constituans de ce fluide, parce qu'elles n'y existent qu'accidentellement. Ainsi l'atmosphère peut se trouver surchargée de gaz et de vapeurs de différente nature ; elle contient des corpuscules légers qui se meuvent sans cesse dans son sein ; dans plusieurs circonstances, elle devient le véhicule d'une foule de principes délétères que l'on n'a pas encore pu apprécier, et elle porte plus ou moins loin les germes destructeurs de la vie des animaux. Ce mélange de substances étrangères altère de différentes manières les qualités de l'air, et le rend plus ou moins préjudiciable à l'animal qui le respire.

L'air, avant d'arriver dans les poumons, parcourt des cavités vaporeuses, des surfaces muqueuses où il éprouve des changemens remarquables qui le rendent plus propre à être travaillé par l'organe où il est distribué. Il s'engage d'abord dans les cavités nasales qui en dispersent une partie dans les volutes et les diverticulum avec lesquels elles communiquent. Il dépose sur la membrane papillaire qui revêt ces cavités, les molécules odorantes dont il étoit chargé, et détermine la perception des odeurs Les narines agissent sur l'air, presque de la même manière que la bouche sur les alimens ; elles élèvent sa température, lui fournissent des fluides vaporeux qui le pénètrent ; elles lui impriment les premiers caractères d'animalisation, et le disposent ainsi à des élaborations ultérieures. Des narines, l'air passe dans l'arrière-bouche, dans le larynx, dans la trachée, où il continue à se raréfier de plus en plus, à se charger des différens fluides qui s'exhalent de la surface des parties, et arrive dans les poumons, plus ou moins échauffé et plus ou moins mélangé.

Pour donner une idée précise de ce qui se passe dans l'organe pulmonaire, de ce que devient l'air et des changemens qu'il éprouve,

il est nécessaire de rappeler que l'air atmosphérique pur, qui n'a pas été respiré, ne précipite pas l'eau de chaux, qu'il ne rougit pas
les couleurs bleues végétales et qu'il entretient la combustion ; tandis que l'air expiré,
qui a séjourné quelques secondes dans les
poumons, précipite l'eau de chaux, rougit
la teinture de tournesol, ne peut servir qu'im-
parfaitement à la combustion et à de nouvelles
respirations. Dans l'air expiré, la proportion
d'oxigène n'est plus de vingt-trois à vingt-sept
centièmes, elle est plus ou moins réduite,
celle de l'acide carbonique se trouve au contraire considérablement accrue. Si l'on prend
une certaine quantité d'air pur, que l'on en
évalue bien au juste le volume, et qu'on y
fasse respirer un animal jusqu'à ce qu'il ne
puisse plus y exister, on trouve une diminution bien sensible dans la totalité du volume,
une augmentation très-considérable d'acide
carbonique, et une diminution très-grande
d'oxigène.

Il est aisé par ces rapprochemens de se
convaincre des altérations que l'air éprouve,
et de juger même de leur nature. Mais comment se font ces changemens et quelle en est
la cause essentielle ? Pour la solution de cette

question qui a donné lieu à des explications plus ou moins ingénieuses, nous nous en tiendrons à ce qui paroît plus probable, plus conforme aux lois de l'organisation. L'air dans les poumons y subit une véritable digestion ; comme les alimens il est élaboré par l'organe qui le recèle, il est transformé de manière à fournir une partie qui est absorbée par les vaisseaux inhalans, et qui va grossir le nombre des matériaux propres à réparer les pertes. Mais donnons quelque développement à ce mode d'action des poumons, qui est si contraire au systême de la combustion, et voyons comment se fait cette absorbtion de l'air.

S'il est vrai que l'air que respire un animal, diminue bien sensiblement de volume, il est, par cela même, certain que l'animal l'use, qu'il le mange en quelque sorte. D'après des expériences exactes, il est bien constaté que la proportion du gaz azote diminue et devient sensiblement moins considérable ; il est donc hors de tout doute qu'une partie de cet air inspiré ne soit absorbée, ne passe dans le sang avec les sucs chyleux et lymphatiques. Au reste, avancer que l'absorbtion de l'air se fait dans les poumons par les pores dont sont criblées les vésicules et non par les vaisseaux inhalans, c'est admettre dans ces viscères une organisation différente des autres parties, c'est avancer que les poumons suivent des lois toutes particulières, c'est assimiler la respiration à une vraie imbibition.

Dispersé dans les cellules aériennes où il continue à se raréfier, l'air se divise par l'agitation qu'il éprouve en une infinité de petites bulles dont s'empare le mucus pulmonaire. Dans cet état de ténuité extrême, les lymphatiques profonds l'absorbent, le conduisent, à travers les ganglions bronchiques, dans le canal thoracique qui le dépose avec les sucs chyleux et lymphatiques dans l'axillaire droite, qui se termine dans la veine-cave antérieure. Ce chyle aéré revient avec le sang veineux dans les poumons où de nombreux points de contact mettent ces deux fluides dans un rapport intime, et facilitent la combinaison qui doit avoir lieu entr'eux. Dans ce même temps, le sang éprouve une dépuration très-grande; il se dépouille des fluides perspirés, essentiellement aqueux, mais qui contiennent du mucus, de l'albumine, et qui sont saturés d'acide carbonique. Ces actions qui sont simultanées, développent une grande chaleur, font passer le sang de l'état veineux à l'état artériel, se propagent et continuent à s'exercer dans tout le systême artériel, vont répandre et entretenir par-tout la chaleur et la vie.

Toutes ces considérations prouvent que le poumon est l'agent essentiel de tous les phénomènes, qui se passent dans le sang et dans l'air pendant la respiration ; que cet organe est une vaste enceinte où l'air est continuellement absorbé, où le sang se dépure et passe à l'état artériel ; que c'est un grand foyer de la chaleur animale qui continue à se développer dans tous les autres points du corps, tant par les combinaisons continuelles qui se font dans le sang , que par la conversion des fluides perspirés en liqueurs. Ce dégagement uniforme de calorique dans l'intérieur et autour des artères , dans les tissus aréolaires, vacuolaires, par-tout enfin où il se fait une perspiration , entretient la température uniforme et constante qui s'observe dans l'économie animale , quel que soit l'état de l'atmosphère. Il se passe donc dans les poumons trois grandes opérations remarquables qui sont simultanées, continuelles et plus ou moins élevées, suivant l'état organique de ces parties.

1°. L'air y est digéré et continuellement absorbé ; 2°. le sang s'y dépouille des matières
hétérogènes, y acquiert des qualités vitales, et
passe de l'état veineux à l'état artériel; 3°. enfin,
tous les sucs chyleux étant mis en rapport
immédiat avec le sang, l'action pulmonaire
met en activité leur combinaison, développe
ainsi une grande chaleur qui se propage dans
toutes les parties du corps. Ainsi l'action des
poumons est loin d'entretenir une combustion
qui suppose constamment la destruction du
corps qui brûle ; elle tend, au contraire, à
renouveler les forces, à préparer les élémens
de nutrition, et constitue une fonction essentiellement conservatrice de la vie.

Concluons maintenant que les usages principaux de la respiration sont d'entretenir la
vie des animaux, en donnant au sang des propriétés vitales et en favorisant sa circulation ;
de concourir à l'entretien de la chaleur animale ; d'imprimer à tous les viscères abdominaux un mouvement alternatif qui favorise
leur action. La respiration sert aussi à la production de la voix qui offre des variétés très-
grandes dans les animaux domestiques, et que
nous allons examiner très-succinctement.

La *voix* est l'effet des collisions variées

qu'éprouve l'air dans certaines expirations. Elle est d'abord formée dans le larynx, modifiée ensuite dans l'arrière-bouche, dans le nez et dans la bouche. Elle offre chez les animaux des nuances sans nombre ; dans quelques-uns, elle est flexible, plus ou moins agréable à l'oreille ; chez d'autres, elle ne constitue qu'une espèce de cri, qui quelquefois imprime un sentiment désagréable.

Chaque animal domestique a sa voix particulière : ainsi le *hennissement* est le partage du cheval ; le *braiement* est la voix produite par l'âne ; le *mugissement* est la voix que fait entendre le bœuf ; le *bêlement* appartient au mouton ; le *grognement* est le cri que rend le cochon ; le *jappement* est la voix du chien ; le *miaulement* est propre au chat.

Le hennissement est une voix fière, élevée, composée d'une succession de sons entrecoupés, que le cheval rend pendant une expiration qu'il fait par petites secousses. On peut regarder les poches gutturales comme les instrumens qui forment essentiellement cette voix, qui prend naissance dans le larynx, et qui est plus ou moins modifiée par les narines et les sinus.

Le braiement, qui est produit de la même

manière que le hennissement , est une voix plus forte, perçante, très-désagréable, qui paroît venir principalement du nez , et qui dépend de la conformation particulière des narines qui sont très-resserrées.

Le mugissement est un cri profond, très-sonore, qui commence par un ton grave, augmente progressivement jusqu'à la fin. Il est le produit d'une expiration prolongée et terminée avec force. Il paroît dépendre essentiellement de la conformation des narines qui sont fort larges et qui se prolongent du côté du larynx par leur ouverture gutturale qui est étroite; elle tient aussi à la disposition des sinus qui sont fort étendus , et qui ont de grandes ouvertures de communication avec les narines.

Le bêlement beaucoup moins élevé , bien moins perçant que le mugissement qui a quelque chose d'effrayant , est un cri simple, prolongé , qui n'a rien de désagréable et qui paroît dépendre de toute la bouche et du nez, ainsi que de la mollesse du larynx.

Le grognement est un cri court, profond , qui paroît venir du larynx , et qui est fort désagréable lorsqu'il est élevé.

Le jappement est composé de cris convulsifs

qui partent du larynx, et qui sont un peu modifiés par la bouche et le nez.

Le miaulement est une voix ordinairement douce, prolongée du larynx et terminée dans la bouche.

Ces voix si différentes entr'elles, éprouvent, chacune en particulier, des variations très-grandes et subordonnées aux impressions que ressent l'animal. La voix de chaque quadrupède peut servir de miroir où se peignent son caractère, ses passions. Dans les animaux où elle provient essentiellement du larynx, elle sert à signaler la douleur; tandis que, chez ceux où elle ne peut pas se former par le larynx seul, et où elle dépend plutôt de l'arrière-bouche et du nez, la patience, la tristesse, quelques cris particuliers qui ne tiennent pas de la voix et qui sont les effets des fortes expirations, sont les signes qui manifestent les tourmens et les douleurs qu'ils éprouvent.

TABLE

TABLE SYNOPTIQUE

DES ORGANES DE LA RESPIRATION.

Exposition des Parties.

Noms méthodiques.	*Noms anciens.*

Organes propres de la respiration.
{ les narines. . . . .
les sinus. . . . . .
le larynx. . . . .
la trachée-artère.
les bronches. . .
les poumons. . .

Organes ajoutés en appendices.
{ le thymus. . . .
les thyroïdes. . . . les glandes thyroïdes.

Phénomènes.

Respiration — Inspiration et Expiration — Mouvemens des flancs — Développement de la respiration — Son entretien — Air atmosphérique — Sa composition — Ses mélanges — Son passage dans les narines, dans le larynx et dans la trachée — Son abord dans les poumons — Son absorbtion — Son mélange avec le sang — Chaleur animale — Sa formation — Son entretien — Voix — Hennissement — Braiement — Mugissement — Bêlement — Grognement — Jappement — Miaulement.

ORDRE TROISIÈME.

Organes de la circulation.

Ces organes très-nombreux, destinés à la progression générale des liqueurs, comprennent, 1°. le cœur avec ses annexes ; 2°. les artères ; 3°. les veines ; 4°. enfin les lymphatiques. Différens entr'eux par leur texture, leur conformation et leurs propriétés, ils sont disposés de manière que le cœur est le viscère central, le foyer d'où partent les artères qui distribuent le sang dans toutes les parties du corps ; où aboutissent les veines qui rapportent le sang qui n'a pu servir aux sécrétions ; et où se rendent indirectement les lymphatiques qui transportent de la circonférence au centre tous les sucs lymphatiques et chyleux.

ARTICLE PREMIER.

Du Péricarde et du Cœur.

1°. *Le Péricarde.*

CARACTÈRE. Sac membraneux, perspirable, bi-lamellé, d'un tissu dense, qui contient dans sa cavité le cœur avec une portion des gros

vaisseaux, situé entre les deux lames du médiastin, et attaché supérieurement sur les gros
vaisseaux qui s'élèvent de la base du cœur, et
inférieurement au sternum.

DIVISION. Deux faces, l'une extérieure adhérente, et l'autre intérieure vaporeuse ; deux
extrémités, dont une supérieure et l'autre
inférieure.

Faces. L'adhérente tient par un tissu lamineux, plus ou moins graisseux et très-abondant, aux lames du médiastin ; l'autre face,
qui est inhalante et exhalante, fournit l'humeur péricardine qui entretient la souplesse
du cœur, et dont l'accumulation constitue
l'hydropisie du péricarde.

Extrémités. La supérieure est fixée aux
vaisseaux ; l'inférieure est implantée au sternum
jusques contre le diaphragme, par des brides
ligamenteuses, fortes et résistantes.

STRUCTURE. Le péricarde est formé d'une
membrane blanche, épaisse, qui est composée de deux lames, dont l'externe fibreuse,
résistante, constitue une espèce de sac cylindrique, qui s'étend depuis les gros vaisseaux jusque sur le sternum, et qui fournit
les filamens, les brides, qui fixent le péricarde, le tiennent tendu et attaché par ses deux

extrémités. La lame interne , essentiellement différente de la première , est très-fine , séreuse , beaucoup plus étendue ; elle se replie de l'extrémité supérieure de la cavité du péricarde , sur les gros vaisseaux , ainsi que sur le cœur , et forme la tunique extérieure de ces parties.

Les vaisseaux et les nerfs portent le nom de *péricardins ;* ils viennent des parties environnantes et n'offrent point de disposition particulière.

Usages. Le péricarde est une poche essentielle au cœur , qui le maintient dans une situation telle qu'il puisse se mouvoir librement , sans gêner les viscères circonvoisins , ni heurter trop fortement contre les parois du thorax , et qui entretient une vaporisation très-grande , nécessaire à la souplesse de l'organe. Cette humeur sécrétée par le péricarde , est essentiellement aqueuse , ordinairement jaunâtre , et se trouve presque toujours accumulée , en plus ou moins grande quantité , après la mort (1).

____

(1) Cette accumulation n'est le plus souvent qu'un effet de la mort de l'animal , et rarement la cause de la maladie qui l'a précédée.

2º. *Le Cœur.*

Caractère. Organe central et essentiel de la circulation ; viscère musculeux, conoïde, quadriloculaire, renfermé dans le péricarde, maintenu perpendiculairement dans le milieu de la cavité thoracique entre les deux lames du médiastin, et étant, par sa pointe, un peu incliné du côté gauche et en arrière.

Attaché seulement par les gros vaisseaux qui s'élèvent de sa base, le cœur est libre dans la poche qui le contient ; il offre dans son intérieur deux grandes cavités oblongues, adossées l'une à l'autre, appelées *ventricules,* qui poussent le sang dans les artères ; il porte, à sa base, deux autres cavités très-étendues, de forme et de grandeur inégales, que l'on nomme *oreillettes,* qui servent de sinus ou réservoir aux veines, et transmettent le sang dans les ventricules.

Division. Une partie moyenne ; deux extrémités, dont une supérieure qui est la base et sur laquelle sont apposées les oreillettes, et l'autre inférieure qui en est la pointe ; quatre cavités intérieures que nous avons déjà indiquées, et qui sont les deux ventricules et les deux oreillettes.

M 3

La *partie moyenne* est un peu déprimée de droite à gauche et de devant en arrière ; de manière que l'on peut y distinguer deux faces, dont une antérieure ou droite et l'autre postérieure ou gauche. Chacune de ces faces offre dans le milieu une scissure spiroïde. Celle qui est à droite est un peu plus contournée que celle qui est à gauche ; l'une et l'autre de ces scissures s'étendent de la base du cœur vers sa pointe, en avant et au-dessus de laquelle elles se réunissent ; elles donnent passage aux vaisseaux, aux nerfs qui pénètrent la substance de l'organe, et elles partagent le cœur en deux masses qui correspondent aux deux ventricules.

Extrémités. La base répond au corps de la cinquième à sixième vertèbre du dos dont elle est distante de plusieurs centimètres ; elle porte quatre appendices, dont deux charnues situées à droite sont appelées les oreillettes ; les deux autres qui se trouvent à gauche, qui sont maintenues l'une à côté de l'autre, comprennent les deux gros troncs artériels qui émanent des ventricules, savoir l'aorte qui est accolée au ventricule gauche, et le tronc pulmonaire qui tient au ventricule droit. Entre ces appendices et la masse ventriculaire, s'observe une scissure circulaire très-profonde , qui donne passage aux vaisseaux et aux nerfs du cœur , et que l'on nomme *coronaire.*

Les oreillettes occupent tout le côté droit et même la partie postérieure de la base du cœur; elles sont posées l'une en avant de l'autre , se distinguent en droite et en gauche ; la première qui est antérieure, beaucoup plus grande, est alongée de devant en arrière , offre à chacune de ses extrémités un prolongement conoïde, reçoit les deux veine-caves , les cardiaques , les bronchiques. L'oreillette gauche , qui occupe la partie postérieure de la base du cœur , forme une masse arrondie , évasée , et est le réservoir où se rendent les veines pulmonaires par cinq à six branches.

Cavités intérieures. Les deux ventricules adossés l'un contre l'autre , séparés par une cloison musculeuse , très-épaisse , que l'on nomme *septum median ,* se distinguent en ventricule droit ou antérieur ou pulmonaire, et en ventricule gauche ou postérieur ou aortique. Chaque cavité ventriculaire , ayant une forme conique et disposée suivant la masse charnue qui la contient , communique par sa base avec une oreillette et avec un des deux troncs artériels ; de manière que chaque ventricule a son oreillette et son artère. Ainsi l'oreillette droite et l'artère pulmonaire appartiennent au ventricule droit ; tandis que l'oreillette gauche et l'aorte dépendent du ventricule gauche. D'après cette disposition, le cœur est réellement double ; il comprend d'un côté les cavités droites qui servent à la circulation du sang veineux, et de l'autre côté les cavités gauches qui reçoivent et poussent le sang artériel.

La capacité de chaque ventricule paroît être la même, mais leur forme est bien différente ; le ventricule gauche plus long, et de forme pyramidale, se prolonge jusque dans la pointe du cœur ; tandis que le droit plus évasé se termine au-dessus et en avant de la pointe du cœur, au niveau de la réunion des deux scissures spiroïdes : ce dernier ventricule est comme appliqué et contourné sur le gauche, de manière que ses parois formées par le septum sont convexes.

La surface des ventricules est inégale, tuberculeuse dans quelques points de son étendue, parsemée d'aréoles ou cavités irrégulières qui sont très-multipliées vers la pointe du cœur. Toutes ces aréoles, plus ou moins profondes, sont séparées les unes des autres par des espèces de colonnes charnues plus ou moins épaisses. Dans le ventricule gauche, les cavités qui sont à sa pointe, ont beaucoup de profondeur, et rendent les parois de cette partie fort minces. Dans le ventricule droit, on remarque que ces cavités sont très-nombreuses à la pointe, ainsi que sur les deux bords latéraux de la surface convexe.

Chaque ventricule porte plusieurs cordes tendineuses ou charnues, qui s'étendent d'un côté à l'autre, dont les plus petites, au nombre de deux à trois, occupent la pointe des ventricules ; tandis que les plus grandes se trouvent dans le milieu ou vers la base de la cavité, et sont ou au nombre de deux, ou bien il n'y en a qu'une seule, comme dans le ventricule droit du cheval. Dans ce dernier ventricule, les brides ou colonnes s'étendent en travers d'un côté à l'autre ; tandis que, dans le gauche, elles vont obliquement de haut en bas. Ces brides qui sont fortes, résistantes, implantées dans les parois des ventricules, s'opposent à l'écartement trop considérable de ces parois.

Les deux ouvertures qui sont à la base de chaque ventricule et dont la plus grande aboutit dans l'oreillette, et l'autre dans l'artère, sont pourvues de valvules qui naissent du tendon qui recouvre la base de la substance ventriculaire. Elles sont disposées de manière à établir un rapport constant et régulier de communication de l'oreillette avec son ventricule, et de celui-ci avec l'artère à laquelle il donne naissance. Ainsi, les valvules placées à l'ouverture de l'oreillette, sont fixes du côté de l'oreillette, et flottantes du côté du ventricule dans lequel elles se prolongent. Ces valvules forment, à chacune de ces ouvertures, une espèce d'anneau tendineux, attaché à la circonférence de l'ouverture, prolongé du côté du ventricule par des découpures ou franges, d'une inégale grandeur, qui constituent autant de valvules, et qui s'attachent par des brides ou cordes tendineuses, résistantes, dans les parois ventriculaires. Ces cordes s'implantent, ou à des tubercules, ou bien dans des cavités : dans le ventricule droit, elles s'attachent presque toutes à des éminences élevées et dont quelques-unes sont pyramidales ; au contraire, dans le ventricule gauche, elles s'implantent plutôt dans des cavités qu'à des éminences. La membrane perspirable qui tapisse le ventricule, s'étend sur ces valvules que l'on désigne communément sous les noms de *tri-cuspides* , de *triglochines* , mais que l'on peut appeler *ventriculaires*. Elles sont au nombre de trois pour le ventricule gauche , de quatre pour le droit , dont deux grandes et deux petites ; elles font fonction de soupapes , empêchent que le sang , une fois parvenu dans le ventricule , puisse rétrograder et revenir dans l'oreillette. Les valvules qui se trouvent au passage du ventricule au tronc artériel , sont disposées en sens inverse aux précédentes ; elles sont fixes du côté du ventricule , et flottantes du côté de l'artère. Ces dernières valvules que l'on nomme *sigmoïdes* , *semi-lunaires* , mais mieux *artérielles* , sont au nombre de trois à chaque ouverture. Elles constituent , comme les valvules ventriculaires, une sorte d'anneau attaché à la circonférence de l'ouverture , et prolongé du côté de l'artère par trois franges qui sont dépourvues de cordes , mais qui sont implantées par leurs bords latéraux dans les parois de l'artère ; elles sont recouvertes par la membrane perspirable du ventricule , et elles s'opposent au reflux du sang de l'artère dans le ventricule. Cette disposition des cavités du cœur entretient le cours régulier du sang qui passe des oreillettes dans les ventricules, d'où il est poussé dans les troncs artériels qui le projettent dans toutes les parties du corps.

Les deux oreillettes dont la droite constitue le sinus des veine-caves, des veines cardiaque et bronchique, tandis que l'oreillette gauche forme celui des veines pulmonaires, sont adossées l'une contre l'autre et séparées par une cloison qui, dans le fœtus, offre une ouverture par le moyen de laquelle la veine-cave postérieure verse chez le jeune sujet, dans l'oreillette gauche, presque tout le sang qui la parcourt ; mais dans le sujet adulte, cette ouverture s'oblitère, et l'on voit à sa place une dépression semblable à une cicatrice. Ces cavités, analogues à la conformation extérieure des oreillettes que nous avons précédemment indiquée, diffèrent entr'elles par leur forme, leur grandeur, et les vaisseaux qu'elles reçoivent. La surface intérieure de ces oreillettes, sur-tout de la gauche, est anfractueuse, parsemée de petites aréoles irrégulières, plus ou moins nombreuses et profondes, qui, comme dans les ventricules, sont séparées les unes des autres par des brides ou colonnes charnues.

Structure. Le cœur est un organe musculeux, formé de fibres charnues minces, déliées, disposées en faisceaux, réunies par un tissu lamineux abondant, mais fin, court et assez serré. Cette substance charnue très-contractile, généralement plus rouge et plus ferme que celle des autres muscles, est pourvue, à sa surface externe, d'une tunique fine, perspirable, formée par la lame interne du péricarde ; les cavités intérieures, ainsi que les valvules du cœur, sont aussi tapissées d'une membrane mince, séreuse, qui entretient la perspiration des surfaces sur lesquelles elle s'étend.

Dans les ventricules, cette substance charnue est plus rouge et plus épaisse que dans les oreillettes ; à la base de ces ventricules, elle porte un tendon sur lequel sont apposés les oreillettes et les deux troncs artériels, et auquel s'attache le bord fixe des valvules, tant artérielles que ventriculaires ; de manière que les oreillettes, les deux troncs aortiques et pulmonaires, ainsi que l'anneau que forment les valvules, ne sont qu'accolés à la masse ventriculaire, n'y tiennent que par un tissu lamineux très-dense, court et très-résistant.

Les parois du ventricule gauche sont beaucoup plus épaisses que celles du ventricule droit ; ce qui indique, dans ce premier ventricule, une force bien plus considérable : mais le septum median qui sépare les deux ventricules , qui est concave dans le ventricule gauche et convexe dans le droit , est de toutes les parois ventriculaires la partie la plus épaisse.

En examinant attentivement dans un cœur cuit la disposition des fibres des ventricules , on remarque qu'extérieurement ces fibres se portent toutes de la base vers la pointe , en décrivant des spirales dirigées de gauche à droite ; que , vers la pointe , elles se contournent en tourbillons , deviennent intérieures , puis remontent jusqu'au tendon coronaire où elles s'insèrent ; de manière que chaque faisceau charnu peut être considéré comme formant une spirale attachée par ses deux extrémités au tendon coronaire. Ces fibres ne sont pas également contournées dans toute l'épaisseur des parois des ventricules , celles qui occupent le milieu sont généralement les plus spiroïdes , les extérieures sont beaucoup moins obliques , et celles qui forment la surface des ventricules sont presque droites.

Chaque ventricule a des fibres qui lui sont propres , il ne tient à l'autre ventricule que par l'entrelacement de quelques faisceaux qui passent de l'un à l'autre, par l'adossement, l'interposition d'autres faisceaux qui se mélangent sans se confondre, sans s'étendre et se prolonger dans les parois de l'autre ventricule. L'on peut s'assurer de cette disposition dans un cœur bien cuit et où l'on sépare facilement les deux ventricules l'un de l'autre, en ne déchirant que les faisceaux communs qui s'étendent d'un ventricule à l'autre, et qui passent essentiellement dans la scissure de la face droite.

Les fibres charnues des oreillettes ont, comme celles des ventricules, leurs extrémités accolées au tendon coronaire des ventricules, mais elles se prolongent différemment et affectent diverses directions.

Ainsi les ventricules et les oreillettes forment deux masses charnues distinctes, accolées et attachées l'une à l'autre, sans que leurs fibres se mêlent, se continuent des ventricules dans les oreillettes, et leur soient communes. Cette disposition remarquable indique pourquoi les oreillettes peuvent se contracter, tandis que les ventricules se relâchent.

Les vaisseaux et les nerfs propres à la substance du cœur sont désignés par le nom de *cardiaques*. Les artères émanent par deux grosses branches du tronc aortique près de sa naissance au tendon coronaire , se contournent dans la scissure du même nom où elles s'anastomosent ; puis elles gagnent les scissures spiroïdes , à l'extrémité desquelles elles se réunissent , fournissent de distance en distance des rameaux qui pénètrent les parois des ventricules et des oreillettes. Les veines cardiaques accompagnent les artères et se rendent par une branche dans l'oreillette droite ; les lymphatiques suivent le trajet des veines et vont gagner les ganglions qui se trouvent à la base du cœur.

Les nerfs qui portent au cœur la sensibilité proviennent du plexus cardiaque.

VARIÉTÉS. Dans le *fœtus*, le septum médian des oreillettes est traversé par une ouverture ovale qui , du côté de l'oreillette gauche , offre une grande valvule disposée de manière à retenir le sang dans cette cavité et à l'empêcher de passer dans l'oreillette droite. A l'embouchure de la veine-cave postérieure , l'on remarque une grande valvule qui se prolonge vers le septum des oreillettes et dirige la colonne de sang dans l'ouverture de ce septum. Le tronc pulmonaire est réuni à la courbure de l'aorte postérieure par un gros vaisseau de communication , que l'on appelle canal artériel.

Monodactyles.

Monodactyles. Le ventricule gauche n'offre le plus souvent qu'une grande colonne charnue, qui est plus ou moins divisée par une de ses extrémités. Le ventricule droit très-anfractueux porte dans son milieu une colonne tendineuse transversale.

Didactyles. La surface extérieure des ventricules présente trois scissures dont une antérieure, une gauche et l'autre droite qui est la plus contournée, la plus profonde. Le ventricule gauche offre deux colonnes principales. Le ventricule droit du bœuf porte dans le milieu une très-grosse colonne charnue, transversale, un peu inclinée obliquement de haut en bas et de dedans en dehors ; en bas de celle-ci et plus près de la pointe du cœur, se trouve une autre colonne qui est tendineuse, grêle et bifurquée à une de ses extrémités. Le ventricule droit du mouton présente de même deux colonnes , mais la charnue qui a une de ses extrémités divisée et qui affecte une direction très-oblique, est placée en haut vers l'ouverture artérielle de ce ventricule.

Dans le *chien,* le cœur est plus court; sa pointe est comme déprimée, et ses fibres sont plus contournées. Les piliers où s'attachent

2.   N

les valvules ventriculaires sont épais et fort élevés. Le ventricule droit porte dans son milieu une bride tendineuse transversale, ayant une de ses extrémités divisée en trois petites branches.

Usages. Le cœur, viscère central de la circulation, reçoit le sang apporté par les veines, et le projette dans les artères qui le distribuent dans toutes les parties du corps. Cet organe, qui est le premier formé, jouit d'un mouvement continuel de dilatation et de contraction alternatives, à l'aide duquel il exécute la fonction à laquelle il est destiné. Mais sa contraction et sa dilatation ne se font pas en même temps dans toutes ses parties : pendant que les oreillettes se resserrent, les ventricules se relâchent ; et lorsque ceux-ci entrent en contraction, alors les oreillettes se dilatent. C'est pourquoi, dans le temps que les oreillettes se remplissent, les ventricules se vident ; et lorsque ceux-ci admettent le sang, les oreillettes s'en déchargent. Nous aurons lieu d'exposer, d'une manière plus détaillée, les usages du cœur ; il suffit ici de les indiquer.

Article II.

Des Artères.

Les artères sont des vaisseaux fermes, compacts, très-contractiles, qui émanent des ventricules du cœur; qui, par leurs divisions et sous-divisions successives en branches, en rameaux, en ramuscules toujours plus fins, forment un systême ou une série de canaux cylindriques, continus, plus ou moins rameux et flexueux, qui reçoivent le sang des ventricules du cœur, le distribuent dans toutes les parties avec un mouvement de diastole et de systole alternatives.

Les artères émanent des ventricules du cœur par deux gros troncs accolés au tendon coronaire, et qui sont le tronc pulmonaire et le tronc aortique. Le premier, qui est situé à gauche du tronc aortique, provient du ventricule droit, et va se distribuer dans les poumons; le second, le plus compact, vient du ventricule gauche, et se ramifie dans toutes les parties du corps.

En s'éloignant du cœur, les artères vont en décroissant, seulement par les divisions et sous-divisions nombreuses qu'elles forment; car leur diamètre, d'une division à l'autre, est toujours égal et cylindrique ; elles suivent une direction ou droite, ou plus ou moins anguleuse ; elles forment des courbures, des anses, des arcades, des inflexions plus ou moins grandes, deviennent quelquefois rétrogrades, s'abouchent, contractent entr'elles des anastomoses ou communications plus ou moins nombreuses et variées, qui sont d'autant plus multipliées que les vaisseaux sont plus petits, que les parties auxquelles ces vaisseaux se distribuent sont susceptibles de mouvemens plus fréquens ou plus grands (le cerveau, les muscles). Les artères, dont les divisions se font presque par-tout à angle aigu, offrent, dans leur cavité et à leurs bifurcations, une crête ou avance angulaire, formée par la membrane interne.

Les artères se terminent par des ramuscules capillaires, minces, fins, déliés comme un cheveu, dont les uns s'anastomosent avec les radicules des veines et y transmettent la partie rouge du sang ; tandis que les autres, plus tenus, incolores, constituent un ordre particulier de vaisseaux appelés *séreux*, qui n'admettent que la partie séreuse, la plus fluide du sang, se terminent ou par des villosités ou par des pores très-fins, à la surface des membranes, dans les cavités splanchniques, aréolaires, folliculaires, etc., et y exhalent continuellement une vapeur, qui, suivant sa nature, son mode d'élaboration, devient la matière des sécrétions, des excrétions diverses et de la nutrition. Ces séreux jouissent d'un mouvement vermiforme qui leur est particulier, et qui, dans l'état de santé, n'est ni sensible, ni apparent; ils éprouvent, dans certains cas, une astriction ou resserrement, un raccourcissement, qui font refluer la liqueur qu'ils contiennent. D'autres fois ils deviennent rouges, admettent la partie colorante du sang, et éprouvent une tension, une inflammation plus ou moins grande. Enfin, ces vaisseaux sont le siége d'une foule de phénomènes, aussi importans à connoître en santé qu'en maladie.

Les artères sont composées de trois membranes superposées, intimement unies, mais essentiellement distinctes par leur texture et leurs propriétés. De ces trois membranes, la première, la plus extérieure, forme une gaîne lamineuse, parsemée d'un grand nombre de nerfs et de quelques ramuscules vasculaires. Cette membrane contient l'artère et l'affermit; elle entretient sa perspiration extérieure et soutient les nerfs de son tissu. La seconde membrane ou la moyenne qui est épaisse, fibreuse, jaunâtre, élastique, et que l'on nomme *musculeuse* ou *fibreuse*, constitue le corps, la trame essentielle de l'artère, et est composée de plusieurs plans de fibres circulaires, intimement rapprochés, entre lesquels se trouvent quelques fibres longitudinales. Cette membrane compacte, peu dilatable et peu extensible, se rompt, se déchire facilement dans le cadavre; tandis que, pendant la vie, elle se contracte fortement et est l'agent de la systole. La troisième membrane ou l'interne est mince, séreuse, adhère par une de ses faces à la membrane précédente, et y est accolée par un tissu lamineux très-fin; tandis que son autre face, lisse et vaporeuse, entretient l'exhalation, la perspiration de la cavité de l'artère.

Les artères ont des vaisseaux qui leur sont propres; elles reçoivent une grande quantité de nerfs qui concourent à former la première tunique, et proviennent essentiellement des nerfs composés, sur-tout du trisplanchnique.

Les artères transportent le sang du cœur dans tous les tissus; elles offrent aux organes les matériaux des sécrétions diverses, trans-

mettent le superflu du sang dans les veines ;
par leur battement continuel et très-variable,
elles entretiennent et augmentent même les
qualités vitales que le sang acquiert en passant par les poumons.

ARTÈRE PULMONAIRE.

Cette artère qui émane du ventricule droit
du cœur, porte aux poumons tout le sang
qui revient du corps et qui est déposé dans
l'oreillette droite ; elle y distribue ce fluide,
de manière qu'elle l'expose à l'impression immédiate de la force organique de ces viscères,
et le transmet dans les veines pulmonaires
qui le rapportent au cœur.

Après sa naissance, l'artère pulmonaire se
recourbe en arrière vers les bronches où elle se
partage en deux troncs secondaires de grosseur
inégale, dont un pour le poumon droit, et
l'autre pour le poumon gauche ; chacun de ces
troncs secondaires se divise et se subdivise,
dans le tissu de l'organe, en une infinité de
branches, de rameaux, de ramuscules, qui
vont toujours en décroissant, et dont les capillaires répandus sur les vésicules bronchiques,
fournissent les exhalans de ces vésicules et

s'anastomosent avec les radicules des veines pulmonaires. En passant contre l'aorte postérieure, le tronc primitif pulmonaire est fixé à la courbure de cette artère par un gros ligament cylindrique qui, dans le fœtus, constitue un grand vaisseau par lequel l'artère pulmonaire se dégorge dans l'aorte postérieure, et y transmet la plus grande partie du sang qu'elle reçoit du ventricule droit.

A O R T E (1).

L'aorte est le tronc commun et primitif des artères qui se distribuent dans toutes les

____

(1) Cette artère qui se ramifie dans toutes les parties du corps, offre, dans ses divisions, des variétés très-nombreuses, dépendantes essentiellement de la forme, de l'étendue et du volume des parties, non seulement dans les animaux de classe différente, mais aussi, et même fréquemment, dans les individus de la même classe. Il faut remarquer que ces différences si nombreuses ne résident essentiellement que dans les points de départ des sous-divisions, qui sont plus ou moins grosses, suivant les parties ; que, chez tous les quadrupèdes domestiques, le type des principales et grandes divisions est le même ; que les artères de chaque partie affectent, dans tous, la même disposition essentielle. C'est pourquoi l'exposition que nous donnons du système aortique est plus

parties du corps , y portent le sang nécessaire à la réparation des pertes et à l'entretien de la vie. Cette artère , dont les parois
sont denses , épaisses , très-compactes , naît
du ventricule gauche du cœur , d'où elle s'é-
lève perpendiculairement en s'approchant du
corps des vertèbres du dos ; et après un trajet
de quelques centimètres (dont le nombre varie
suivant la grandeur des animaux) , elle se
divise en deux portions d'une grosseur fort
inégale ; la plus petite , qui se dirige antérieurement , constitue l'*aorte antérieure* ; tandis
que la plus considérable , qui se recourbe en
arrière , porte le nom d'*aorte postérieure.*

Immédiatement après son origine , le tronc
aortique fournit les deux artères *cardiaques* ,
l'une droite et l'autre gauche , qui s'étendent

---

particulièrement puisée dans les grands animaux , comme
les monodactyles ; et quoique nous n'ayons pas indiqué
les variétés qui ont lieu chez les autres quadrupèdes,
parce que ce travail que nous avions entrepris et qui est
même fort avancé, nous a paru beaucoup trop long, mi-
nutieux et de peu d'utilité pour la pratique vétérinaire;
cependant nous avons eu soin de ne pas omettre les plus
essentielles, celles qui offrent une disposition remarquable, ou peuvent donner lieu à quelque application
utile.

dans la scissure coronaire de ce viscère , s'a-
nastomosent , et donnent des ramifications
dont les unes pénètrent le tissu des oreillettes,
et les autres suivent les scissures spiroïdes et
se plongent , par divers rameaux , dans la
substance des ventricules.

DE L'AORTE ANTÉRIEURE.

Cette première bifurcation du tronc aortique donne des artères à la tête , au cou ,
aux membres antérieurs , à la partie antérieure et inférieure du thorax , ainsi qu'aux
parois inférieures de l'abdomen : généralement très-courte , elle se dirige en avant ,
sous la trachée-artère , entre les deux lames
du médiastin ; et après un trajet , qui est
d'autant moins étendu que les animaux sont
plus petits (1) , elle se partage en deux troncs
d'une inégale grosseur , dont l'un droit beaucoup plus gros est appelé *brachio-céphalique,*
et l'autre gauche est désigné sous le nom de
tronc *brachial gauche.*

§. I. Le TRONC BRACHIO-CÉPHALIQUE,

---

(1) Ce tronc antérieur n'existe pas dans le chien et
le chat , et les troncs brachiaux émanent du tronc primitif de l'aorte.

ainsi nommé à cause des ramifications qu'il fournit au membre antérieur et à la tête, est plus long, plus considérable que le tronc *brachial gauche*. Après sa naissance, il se dirige contre la face interne de la première côte, sur le bord antérieur de laquelle il se courbe en dehors, traverse le muscle costo-trachélien, puis se courbe de nouveau, pour se porter en arrière sous le membre antérieur ; et après avoir fait une troisième inflexion pour gagner le bras, il se termine en formant l'artère *brachiale*. Dans son trajet, ce tronc fournit successivement sept artères principales de diverses grosseurs, qui, le plus ordinairement, naissent dans l'ordre suivant ; savoir, la *dorso-cervicale*, la *trachélo-occipitale*, le TRONC CÉPHALIQUE, la *sus-sternale*, la *sterno-musculaire*, la *trachélo-musculaire*, la *cervico-scapulaire*, enfin l'artère BRACHIALE.

(A) La *dorso-cervicale*, grosse branche principalement destinée pour les muscles du garot et du cou, passe entre les deux premières côtes, en dehors desquelles elle se bifurque. Avant sa bifurcation, elle donne un rameau *médiastin*, qui envoie des ramifications à l'extrémité de la trachée et à l'œsophage, la *première intercostale*, puis une branche qui se dirige en arrière et fournit les trois à quatre *intercostales suivantes* : ces artères intercostales rampent au côté interne du bord postérieur des côtes , fournissent des rameaux aux muscles du même nom , à la plèvre; et vers la partie inférieure des espaces intercostaux, elles se terminent par des rameaux anastomotiques avec l'artère sus - sternale. Par sa bifurcation l'artère dorso - cervicale fournit 1°. l'artère *dorso-musculaire*, qui se plonge et se ramifie dans les muscles du garot; 2°. la *cervico-musculaire*, qui se dirige sur la face interne du muscle dorso-occipital , monte contre la tête , donne dans son trajet divers rameaux musculaires , quelques-uns au ligament cervical , et se termine derrière l'occipital par des rameaux anastomotiques avec l'artère occipitale.

(B) La *trachélo-occipitale* , branche de moyenne grosseur , passe par les trous trachéliens des vertèbres du cou , monte vers la tête jusque sur l'apophyse trachélienne de l'atloïde où elle se termine. Le long des trous trachéliens , elle donne des *rameaux* aux muscles environnans ; un *rameau* à chaque trou intervertébral sur lequel elle passe ; ce rameau gagne la face inférieure du prolongement rachidien ; sur l'atloïde, elle se divise en deux rameaux remarquables, dont l'un se distribue dans les muscles, et l'autre s'anastomose avec l'artère occipitale.

(C) Le TRONC CÉPHALIQUE, dont les ramifications forment toutes les artères de la tête, se dirige en avant sous la trachée, et après un très-court trajet se partage en deux grosses branches qui constituent les artères céphaliques, dont une droite et l'autre gauche. Ces artères que l'on nomme communément *carotides*, et qui sont entièrement destinées pour la tête, se portent, l'une à droite et l'autre à gauche, sur le côté de la trachée, en gagnant successivement sa face postérieure ; elles montent jusqu'au niveau du larynx et de la première vertèbre du cou où elles fournissent trois principales divisions. Depuis leur naissance jusqu'au larynx, les artères céphaliques envoient successivement divers rameaux, dont le nombre et la grosseur sont variables, aux muscles environnans, à l'œsophage, à la trachée, au tissu lamineux circonvoisin ; à la hauteur du larynx, et avant leur division, elles donnent la *thyroïdienne*, artère assez considérable, qui envoie un rameau au larynx et se ramifie dans le tissu de la thyroïde ; puis elles fournissent trois branches terminales , savoir , l'artère *occipitale*, la *cérébrale antérieure*, la *faciale*.

1°. L'*artère occipitale*, qui est une branche moyenne , s'élève obliquement de bas en haut contre l'apophyse trachélienne de l'atloïde, qu'elle traverse pour se ramifier derrière l'occipital. Dans son trajet , elle donne un très-petit rameau *méningien inférieur*, qui aboutit aux méninges par l'hiatus sous-occipital ; un rameau *mastoïdien*, qui passe par le trou de ce nom , pénètre dans le crâne et forme les artères méningiennes latérales ; un rameau *rétrograde*, qui passe par le trou postérieur de l'apophyse trachélienne de l'atloïde et forme l'anastomose remarquable de l'artère occipitale avec la trachélo-occipitale. Arrivée sur la face supérieure de cette même apophyse , à la faveur du trou antérieur , elle donne un rameau *occipito-musculaire*, qui se divise dans les muscles , fournit des ramuscules anastomotiques avec l'artère cervico-musculaire ; puis elle se contourne dans le trou supérieur de l'atloïde , pénètre dans le crâne et forme l'artère *cérébrale postérieure*. Cette dernière artère , flexueuse et très-anastomotique, aboutit au cerveau par le grand trou de l'occipital, se porte sous le bulbe du prolongement rachidien jusqu'au mésencéphale, et donne successivement des artères au prolongement rachidien et au cervelet : arrivée sous le prolongement rachidien, elle s'anastomose avec la cérébrale postérieure opposée; de cette réunion partent trois rameaux, dont un *rétrograde* se dirige en arrière sous le prolongement rachidien, va s'anastomoser avec les rameaux rachidiens fournis par la trachélo-occipitale; les deux autres rameaux se portent sous le bulbe du prolongement rachidien, jusque contre le mésencéphale, où ils se réunissent de nouveau, s'anastomosent en même temps avec les mésencéphaliques, fournissent les *cérébelleuses latérales* et *postérieures*, les *choroïdiennes* postérieures du cervelet et les *cérébrales* postérieures.

2°. La *cérébrale antérieure* (carotide interne) dont la grosseur est en raison du volume du cerveau, est une branche profonde, anastomotique et très-rameuse, uniquement destinée pour le cerveau, qui se dirige obliquement de haut en bas, jusque sous le crâne où elle pénètre par un des

trous du ligament de l'hiatus sous-occipital ;
en arrivant dans le crâne, elle se recourbe
en avant sur le sphénoïde, fait ensuite une
seconde inflexion pour se diriger en dedans
et s'anastomoser avec la cérébrale opposée ;
après quoi, elle fournit diverses ramifications
qui percent les méninges, se dirigent les unes
en avant, les autres en arrière, et constituent les artères suivantes : (a) la *mésencé-*
phalique, qui se porte en arrière sous le mésencéphale, s'anastomose avec la cérébrale
postérieure et donne les *choroïdiennes anté-*
rieures du cervelet, les *cérébelleuses anté-*
rieures, des ramuscules *méningiens* ; (b) la
lobaire postérieure, qui se ramifie sur la
partie postérieure des lobes, et donne l'artère choroïdienne du cerveau ; (c) les *lobaires*
latérales, qui sont deux ou trois rameaux
destinés uniquement pour les lobes du cerveau ; (d) la *lobaire antérieure*, artère plus
considérable que les précédentes, qui donne
d'abord un gros rameau *oculaire*, qui sort
du crâne avec la branche sus-maxillaire de
la cinquième paire de nerfs, et fournit à l'œil
les artères *iriennes*, *choroïdiennes* et *centrale*
de la rétine, et s'anastomose avec l'oculaire ;
un second rameau qui rampe dans le fond

de

de la scissure des lobes et constitue l'artère *mé-solobaire* ; enfin plusieurs rameaux qui se répandent sur la partie antérieure des lobes.

3°. La *faciale* (carotide externe), qui est la plus considérable des trois branches de la céphalique , fournit des artères aux parties superficielles et profondes de la tête , se dirige de bas en haut sous la parotide et sous le muscle stylo-maxillaire , jusqu'en bas du condyle de l'os maxillaire , où elle s'enfonce du côté de la région gutturale et des mâchoires. Dans son trajet , cette artère fait deux inflexions remarquables ; elle donne successivement plusieurs ramifications , dont les plus nombreuses et les moins étendues comprennent les rameaux divers qui se plongent dans la glande maxillaire et la parotide , mais dont les plus importantes constituent les artères *glosso-faciale , maxillo-musculaire , oriculaire postérieure , temporale* , et *gutturo-maxillaire.*

(a) La *glosso-faciale* , qui est une artère longue et rameuse , gagne la cavité glossienne , s'étend en avant sous le côté de la langue , d'où elle remonte sur le chanfrin où elle se termine par des rameaux cutanés. En se recourbant de la cavité glossienne , pour

2.   O

se répandre sur la face , elle passe dans la scissure oblique qui termine la convexité du bord postérieur de l'os maxillaire , et elle monte le long du bord antérieur du muscle zygomato-maxillaire. Dans la cavité glossienne , cette artère fournit successivement 1º. la *laryngienne* ; 2º. la *pharyngienne supérieure* ; 3º. la *staphyline* ; 4º. divers rameaux *musculaires* et *parotidiens* ; 5º. la *sous-linguale* , artère flexueuse , qui se porte entre les muscles de la langue jusqu'à la pointe, en fournissant de distance en distance des rameaux qui se plongent dans le tissu musculeux de cette partie ; 6º. la *linguale* , qui donne des rameaux à la glande sous-linguale , puis se répand sous la membrane papillaire de la langue. En se contournant sur la scissure de l'os maxillaire, la glosso-faciale devient très-superficielle, et rampe ainsi sous la peau du chanfrin : arrivée au niveau du muscle alveolo-labial , elle se partage en deux petites branches, dont une se dirige sur le bord inférieur du muscle précédent, jusque dans la lèvre inférieure où elle se perd ; l'autre branche se porte sur le nez, fournit des ramuscules cutanés , divers rameaux aux muscles sur lesquels elle passe, et un rameau qui se recourbe dans le nez par l'orifice de la narine.

(b) La *maxillo - musculaire ,* qui est une artère assez considérable , gagne le bord postérieur de l'os maxillaire au-dessus de sa convexité , où elle se divise pour se ramifier dans les muscles zygomato-maxillaire et sphéno-maxillaire.

(c) L'*oriculaire postérieure ,* artère peu considérable , se dirige sous les muscles oriculaires postérieurs jusque derrière la conque, sur laquelle elle s'élève et rampe jusqu'à sa pointe. Dans ce trajet , elle donne un ou deux rameaux *parotidiens ;* un petit rameau *tympanique ,* qui gagne la cavité de ce nom ; un rameau qui pénètre dans l'intérieur de la conque ; enfin divers autres rameaux aux muscles , au tissu graisseux et à la peau.

(d) La *temporale ,* qui est très-courte dans les monodactyles , fournit l'*oriculaire antérieure* qui se porte sous les muscles antérieurs de l'oricule , et donne divers rameaux musculaires , ainsi que des ramuscules cutanés ; la *sous-zygomatique ,* artère superficielle assez considérable, qui rampe sur le muscle zygomato-maxillaire au-dessous de l'épine zygomatique, se perd dans ce muscle par des rameaux qu'elle donne successivement.

(e) La *gutturo-maxillaire*, qui est la continuité de la faciale, se contourne sur la face
interne du condyle maxillaire, se dirige ensuite sous le sphénoïde, passe dans le **trou**
sous-sphénoïdal, se prolonge dans le fond
de l'orbite jusque dans la fosse qui est un peu
plus avant, et où se trouvent réunis plusieurs
trous, auxquels elle envoie des divisions par
lesquelles elle se termine.

Depuis son origine jusqu'à l'orbite, elle
fournit les *temporales profondes* d'où émanent, 1°. une artère au muscle sphéno-
maxillaire ; 2°. une autre grosse artère *musculaire*, qui se contourne dans la fosse temporale et se ramifie dans le muscle temporo-
maxillaire.

Plus loin, la gutturo-maxillaire donne divers rameaux *staphylins* qui se portent dans le
voile du palais, dans ses muscles et dans le
tissu circonvoisin ; enfin l'artère *maxillo-dentaire*, qui est peu considérable, passe dans le
conduit maxillaire, fournit les ramuscules
dentaires inférieurs, ainsi que les *médullaires*
de l'os maxillaire.

Dans le fond de l'orbite l'artère gutturo-
maxillaire donne successivement, 1°. la *surcilière*, qui s'élève le long des parois internes

de l'orbite, passe par le trou surcilier, et se termine par des ramuscules sous la peau du front; cette première artère envoie, dans son trajet, quelques rameaux au tissu graisseux qui se trouve dans la fosse temporale; 2°. l'*oculaire* qui, après avoir donné divers rameaux aux muscles de l'œil, à la glande lacrymale, aux paupières et au tissu graisseux de l'œil, fournit un rameau anastomotique avec la lobaire antérieure, forme ensuite une anse, se recourbe, pénètre dans le nez par le trou orbitaire, et va former les artères ethmoïdales; 3°. la *sus-maxillo-dentaire*, qui, avant de gagner le conduit maxillaire, laisse échapper un petit rameau qui se porte vers le réservoir lacrymal, fournit des artères à ce réservoir, ainsi qu'au conduit du même nom; le long du conduit sus-maxillaire, elle donne les ramuscules dentaires supérieurs; enfin, sortie du conduit, elle se termine par des ramuscules fins dans les parties environnantes; 4°. l'*alvéolaire*, qui se ramifie dans les muscles et dans les follicules alvéolaires; 5°. la *nasale*, qui pénètre dans la narine par le trou nasal et se ramifie dans la membrane du nez; 6°. la *palato-labiale*, la plus considérable de toutes, qui passe dans le conduit palatin, se continue dans la scissure palatine jusque contre les dents incisives où elle s'anastomose avec la palatine opposée : l'artère qui provient de cette réunion passe par le trou incisif et va se perdre dans le tissu de la lèvre supérieure. Dans son trajet, la palatine fournit successivement divers petits rameaux au tissu du palais ; quelques-uns de ces rameaux traversent la voûte osseuse du palais et vont dans le nez.

(D) La *sus-sternale* (thorachique interne) est une grosse branche qui naît du tronc brachio-céphalique, proche de la première côte, le long de laquelle elle descend jusqu'auprès du sternum où elle se courbe en arrière, rampe sur la face interne de l'articulation des cartilages des côtes avec le sternum, s'étend ainsi jusqu'aux parois de l'abdomen au côté du prolongement du sternum ; là elle se partage en deux branches par lesquelles elle se termine dans les parois inférieures de l'abdomen. Le long du sternum elle donne un ou deux rameaux *thymiques* ; les rameaux *médiastins* inférieurs ; des rameaux aux muscles sterno-costaux, qui s'anastomosent avec les artères intercostales ;

contre le prolongement abdominal du sternum, elle fournit, 1°. une artère musculaire qui rampe sur la face supérieure du muscle sterno-pubien, donne successivement des rameaux musculaires, et s'anastomose par des ramuscules avec la sus-pubienne ; 2°. la petite branche qui s'étend sous le cercle cartilagineux de l'abdomen, laisse échapper divers rameaux musculaires, et s'anastomose avec les intercostales postérieures et avec la circonflexe de l'ilium.

(E) La *sterno-musculaire* (communément thorachique externe), artère peu considérable, naît quelquefois de la sus-sternale, et va se ramifier dans les muscles qui s'implantent sur la face externe du sternum.

(F) La *trachélo-musculaire* (cervicale inférieure), qui est une artère courte et destinée pour les muscles, se porte en avant de l'entrée du thorax, se divise bientôt en plusieurs rameaux, dont les uns se plongent dans les muscles implantés au prolongement trachélien du sternum ; les autres se ramifient dans le tissu graisseux circonvoisin, ainsi que dans les ganglions lymphatiques ; quelques autres vont dans les muscles de la face cervicale du cou, qui s'attachent aux apophyses trachéliennes des dernières vertèbres de cette région.

(G) La *cervico-scapulaire*, qui est une artère peu considérable, s'étend le long du bord antérieur du scapulum, et se termine en fournissant successivement divers rameaux aux muscles environnans.

(H) La BRACHIALE, très-grosse branche, qui est la continuité du tronc brachio-céphalique, se porte contre le bras où elle se termine en formant l'artère *humérale ;* donne, dans son trajet,

1°. Une artère *thoracique*, qui se dirige en arrière, envoie des rameaux aux muscles costo-trochinien., costo-sous-scapulaire et sous-cutané thoracique.

2°. Les *scapulo-humérales*, qui comprennent les rameaux qui gagnent l'articulation scapulo-humérale, se ramifient tout autour et se contournent par-dessus.

3°. La *sous-scapulaire*, grosse branche qui se dirige vers le bord postérieur du scapulum et fournit (a) un rameau *articulaire*, qui se contourne sur l'articulation scapulo-humérale ; (b) un rameau *musculaire*, qui se porte en arrière sous les muscles scapulo-olécraniens auxquels il donne plusieurs divisions, et va se terminer dans le muscle sous-cutané thoracique (c); une grosse artère *sus-scapulaire*, qui se contourne sur le bord postérieur du scapulum et se perd dans le muscle sous-acromio-trochitérien ; (d) un rameau qui monte.vers l'angle dorsal du scapulum , et laisse échapper des ramifications qui se plongent dans les muscles environnans.

4°. *L'humérale*, qui est une continuité de la brachiale, s'étend obliquement sur la face interne de l'humérus jusqu'au pli de l'avant-bras , où elle se termine par deux branches qui constituent les artères *cubitales*. Jusqu'à sa bifurcation elle donne (a) les *musculaires* du bras, qui se distinguent en antérieures et en postérieures ; les premières comprennent deux à trois rameaux qui se portent sur la face antérieure de l'humérus , dont le plus gros se contourne sous le muscle coraco-cubital , et fournit des ramuscules anasto-motiques avec la récurrente de l'épitroklée : les musculaires postérieures sont essentielle-ment formées par une petite branche qui se dirige vers l'olécrane et fournit divers ra-meaux musculaires. (b) Les *collatérales* du pli de l'avant-bras , dont le nombre est très-variable , mais qui comprennent, 1°. des rameaux musculaires antérieurs qui remontent sous le muscle coraco - cubital et s'anastomosent avec la musculaire antérieure du bras ; 2º. un rameau médullaire qui pénètre dans le canal médullaire de l'humérus ; 3º. l'artère épicondylienne qui se ramifie autour du condyle , et fournit plusieurs ramuscules anastomotiques et articulaires.

Parvenue en bas de l'articulation de l'avant-bras avec le bras, l'artère humérale forme, par sa division, les artères *cubitales* que l'on distingue en antérieure et en postérieure.

L'artére cubitale antérieure (*radiale* dans les petits quadrupèdes) se contourne sur la face antérieure du cubitus, descend sous les muscles apposés sur cette face , jusqu'au genou où elle se termine par plusieurs ramifications. Dans son trajet sur le cubitus , elle fournit, 1º. divers rameaux à l'épitroklée, dont un récurrent s'anastomose avec les musculaires du bras ; 2º. une artère circonflexe et anastomotique , qui se contourne sur le côté externe du cubitus , passe dans l'ouverture qui est entre le cubitus et la partie inférieure de l'olécrâne , s'anastomose avec un rameau de la cubitale postérieure , d'où résulte l'arcade cubitale et d'où s'échappent divers ramuscules musculaires ; 3º. plusieurs artères dont le nombre est variable, mais qui se plongent dans les muscles cubitaux antérieurs.

Arrivée sur le genou, la cubitale antérieure fournit diverses petites artères par lesquelles elle se termine ; plusieurs de ces rameaux se continuent sur le canon, il en est même qui vont s'anastomoser vers l'arcade sésamoïdienne formée par les artères plantaires.

L'artère cubitale postérieure, branche beaucoup plus grosse que la cubitale antérieure, descend le long du bord interne du cubitus, sous les muscles ; parvenue au pli du genou, elle passe dans l'arcade carpienne, et puis forme les artères *plantaires*. Vers son origine, cette artère donne des rameaux *articulaires* ; diverses artères *musculaires* ; le rameau *circonflexe* et anastomotique, qui concourt à former l'arcade cubitale : à la partie inférieure du cubitus, elle fournit une grosse artère qui, après avoir donné la *médullaire* du cubitus, se ramifie dans le pli du genou : un peu plus bas elle se bifurque, fournit les deux artères plantaires, dont une moins grosse est nommée *petite plantaire*, ou *plantaire interne*, l'autre *grande plantaire*, ou mieux *plantaire externe*. La première devient d'abord superficielle, règne ainsi sur l'extrémité inférieure de l'avant-bras, et sur le côté interne du pli du genou. Mais parvenue sur le canon, elle s'enfonce, descend sur l'os interne de cette région, se porte jusqu'au-dessus des sésamoïdes, où elle se réunit avec la grande plantaire. Dans son trajet, cette artère plantaire donne divers rameaux *musculaires*, d'autres rameaux qui se répandent sur la face prémétacarpienne.

La *grande plantaire*, ou la *plantaire externe*, se porte le long du bord interne du canon, sous les tendons des deux grands fléchisseurs des doigts, jusqu'auprès des grands sésamoïdes, au-dessus desquels elle s'enfonce et s'anastomose avec la plantaire interne. Dans son trajet, elle laisse échapper divers rameaux qui pénètrent les muscles et les ligamens environnans ; contre les sésamoïdes, elle se bifurque, fournit deux branches dont l'interne se prolonge sur le côté des sésamoïdes, et constitue l'artère latérale interne du doigt ; la branche qui se porte derrière les sésamoïdes s'anastomose avec la petite plantaire.

La réunion des deux plantaires forme l'arcade sésamoïdienne d'où partent , 1°. l'artère latérale externe du doigt; 2°. deux rameaux *circonflexes*, *anastomotiques*, dont un externe et l'autre interne, qui se contournent sur les côtés de la partie inférieure du canon, gagnent la face prémétacarpienne, sur laquelle ils forment des divisions anastomotiques, dont quelques-unes pénètrent la peau, d'autres se répandent sur l'articulation du boulet avec le canon ; ces deux rameaux qui embrassent l'extrémité inférieure des os du canon, constituent l'arcade prémétacarpienne; 3°. deux ou trois artères *rétrogrades*, qui remontent sur la face postérieure du canon, rampent sur les os, leur fournissent les artères *médullaires*, laissent échapper divers rameaux qui pénètrent les muscles, les ligamens, et donnent des ramifications à la face antérieure du canon, ainsi qu'au pli du genou.

Chaque *artère latérale* passe sur le côté des grands sésamoïdes, descend ainsi jusqu'au sabot où elle se termine par des ramifications nombreuses, et donne successivement les divisions dans l'ordre qui suit; savoir, le long du premier phalangien des rameaux *circonflexes* et *anastomotiques*, qui embrassent l'os du pâturon, se ramifient tout autour, et constituent l'arcade préphalangienne du pâturon ; au niveau de l'articulation des deux premiers phalangiens, une grosse artère qui gagne la sole du sabot et se plonge dans le coussinet plantaire ; le long du second phalangien, des rameaux *circonflexes* et *anastomotiques*, qui se comportent comme sur le premier phalangien, et y forment de même l'arcade préphalangienne de la couronne ; sur le côté du petit sésamoïde, l'artère latérale se bifurque ; l'une de ses branches se contourne sur la face antérieure du dernier phalangien, y forme des divisions et sous - divisions innombrables et anastomotiques avec la branche opposée ainsi qu'avec la branche inférieure ; celle-ci un peu plus grosse, se dirige à la face inférieure de l'os du sabot, se plonge, par le trou qui est à la face inférieure du dernier phalangien, dans l'intérieur de l'os, y forme des ramifications infinies qui sortent par les trous de la face antérieure de ce même os, se répandent sur cette face, en fournissant des ramuscules toujours plus fins, qui s'anastomosent avec la branche antérieure, et constituent le réseau d'anastomoses capillaires qui sécrètent la corne.

§. II. LE TRONC BRACHIAL GAUCHE, destiné pour le membre gauche, pour le côté gauche du cou, du garot et de la partie antérieure des parois du thorax, fournit, après un court trajet et presqu'en même temps, (a) la *dorso-musculaire,* d'où émanent les deuxième, troisième et quatrième intercostales , et un rameau médiastin ; (b) la *cervico-musculaire,* qui donne la première intercostale ; (c) la *trachélo-occipitale ;* (d) la *sus-sternale :* après avoir donné ces artères, ce tronc se recourbe en dehors en traversant le muscle costo-trachélien , et fournit jusqu'auprès du bras la *sterno-musculaire ;* la *trachélo-musculaire ;* la *cervico-scapulaire ;* enfin l'artère *brachiale.* Quant au reste, ces artères se comportent et offrent les mêmes ramifications que les artères du même nom, qui proviennent du tronc brachio-céphalique, et que nous avons exposées précédemment.

Variétés des artères diverses qui sont des divisions de l'aorte antérieure (1).

Dans le *bœuf* et autres *didactyles ,* on observe que , toute proportion égale d'ailleurs,

______

(1) Dans cet article, nous ne ferons qu'indiquer les différences les plus importantes, les plus remarquables,

les artères formées par les ramifications de l'aorte antérieure, sont généralement moins grosses que dans les monodactyles, tandis que le contraire a lieu pour les veines. Ce systême artériel du bœuf présente de nombreuses différences ; mais les plus essentielles à connoître, celles qui nous ont paru devoir être indiquées, sont les suivantes :

Le tronc BRACHIO-CÉPHALIQUE, plus rameux, qui, pour gagner le bras, se contourne au bord inférieur du muscle costo-trachélien, donne ses divisions dans l'ordre qui suit ; savoir, la *céphalique gauche*, la *dorso-cervicale*, la *céphalique droite*, la *sus-sternale*, la *trachélo-musculaire*, la *sterno-musculaire*, la *cervico-scapulaire*, enfin l'artère *brachiale*.

Les artères *céphaliques* qui n'ont point de tronc commun et qui émanent toutes deux du tronc précédent, se terminent en fournissant la *glosso-faciale*, la *faciale* et l'*occipitale*.

La *faciale*, en montant vers l'articulation maxillo-temporale, fournit l'artère *sous-zygo-*

___

qu'offrent les artères, sans rappeler la disposition qui leur est commune avec la description que nous en avons donnée : nous ne parlerons pas non plus des artères qui ne présentent aucune variété essentielle.

matique

matique qui descend sur le milieu du muscle zygomato-maxillaire, et se trouve écartée de l'épine zygomatique, au-dessous de laquelle rampe cette même artère, dans les monodactyles. Derrière le condyle maxillaire, la *faciale* se termine par une bifurcation d'où dérivent la *temporale* et la *gutturo-maxillaire*.

La *temporale,* beaucoup plus considérable et plus longue que dans les monodactyles, donne la *tympanique* qui gagne la cavité de ce nom; ensuite l'*oriculaire antérieure*, artère assez grosse, sur laquelle l'on peut tâter le pouls, et qui fournit des ramifications aux muscles temporo-maxillaire et oriculaires antérieurs.

La *gutturo-maxillaire*, parvenue sous le sphénoïde, fournit la *cérébrale antérieure*, petite artère qui pénètre dans le crâne par l'hiatus sous-occipital. Elle donne aussi deux artères *oculaires*, dont la première, plus grosse que l'autre et plus considérable que dans les monodactyles, envoie une division qui remonte dans le crâne par le trou sous-sphénoïdal, et va s'anastomoser avec la cérébrale antérieure. La seconde artère *oculaire* est un rameau qui provient de la gutturo-maxillaire en bas de l'orbite, et se ramifie dans les muscles de l'œil.

La *surcilière* provenant de l'oculaire , est une artère considérable qui , à sa sortie du trou surcilier , forme deux branches , dont la supérieure monte vers la racine de la corne ; tandis que l'autre descend du côté du chanfrein.

L'artère *occipitale* , beaucoup plus petite que dans le cheval , pénètre dans le crâne par un des trous condyliens , et donne , avant d'y entrer , deux rameaux , dont le premier qui est le plus petit se divise dans les muscles qui sont à la face trachélienne de l'atloïde ; l'autre division se contourne derrière l'occipitale et se ramifie dans les muscles de cette partie. Arrivée dans le crâne , cette artère occipitale se réunit avec celle du côté opposé , constitue les artères *cérébrales postérieures,* offre les mêmes divisions et les mêmes anastomoses que dans les monodactyles.

L'artère *dorso-cervicale* est une artère considérable qui passe en avant de la première côte et fournit la *trachélo-occipitale.* Cette dernière pénètre dans le canal rachidien entre la deuxième et la troisième vertèbre du cou , monte au côté du prolongement rachidien , jusqu'au grand trou de l'occipital où elle se réunit avec l'artère occipitale. Dans le canal rachidien, cette artère donne de gros rameaux qui sortent par les trous placés sur les côtés des deux premières vertèbres, se ramifient dans les muscles et s'anastomosent avec le rameau supérieur de l'artère occipitale.

DE L'AORTE POSTÉRIEURE.

Beaucoup plus considérable et plus étendue que l'aorte antérieure, elle fournit des artères au thorax, à tous les viscères abdominaux, aux membres postérieurs, aux parois de l'abdomen et du bassin. A son origine, elle se courbe en arrière et en haut, gagne le côté gauche du corps des vertèbres du dos, pénètre dans l'abdomen par une ouverture que lui offrent les piliers du diaphragme, se continue, comme dans le thorax, sous le côté gauche du corps des vertèbres des lombes, jusqu'à l'entrée de la cavité pelvienne, où elle se termine par quatre grosses branches, qui sont les troncs primitifs des artères qui se distribuent au bassin et aux membres postérieurs. On distingue à l'aorte postérieure deux portions remarquables par leur étendue et leur trajet; l'une antérieure est nommée *thoracique*, l'autre postérieure est appelée *abdominale*.

§. I. *A son trajet dans le thorax*, l'aorte postérieure donne plusieurs artères peu considérables ; savoir, l'*œsophagienne*, la *bronchique*, les *intercostales postérieures*.

1°. L'*œsophagienne*, petite artère destinée pour la portion gastrique de l'œsophage, naît de la face inférieure de la courbure de l'aorte, se dirige en arrière, se partage en deux gros rameaux qui suivent, accompagnent l'œsophage jusqu'à son insertion, où ils se ramifient sur l'estomac et s'anastomosent avec les rameaux de la gastrique ; cette artère donne les *médiastines supérieures* et les rameaux qui pénètrent l'œsophage.

2°. La *bronchique*, autre petite artère qui vient à côté de la précédente, et qui quelquefois émane de l'œsophagienne elle-même, suit les divisions des bronches sur lesquelles elle rampe.

3°. Les *intercostales postérieures*, plus grosses que les deux précédentes, dont le nombre varie (dans tous les quadrupèdes, les quatre à cinq premières intercostales émanent des divisions de l'aorte antérieure), mais qui sont disposées régulièrement de chaque côté, proviennent de la partie latérale de l'aorte. Chaque artère gagne un espace intercostal , rampe dans la scissure du bord postérieur de la côte , jusqu'à la partie inférieure où elle se rapproche de la partie moyenne de l'espace intercostal , et où elle s'anastomose avec des rameaux qui proviennent, soit de la sus-sternale , soit des premières lombaires. Ces artères intercostales donnent à leur origine des ramuscules au tissu de l'aorte, un rameau *rachidien,* des rameaux *musculaires.*

§. II. *A son trajet dans l'abdomen,* l'aorte postérieure fournit un grand nombre d'artères , très-différentes par leur grosseur, leur direction et leur distribution ; ces artères sont les *sous-diaphragmatiques,* la COELIAQUE , la GRANDE MÉSENTÉRIQUE , les *surrénales,* les *adipeuses,* les *rénales,* les *grandes testiculaires,* la *petite mésentérique,* les *lombaires,* les CRURALES , les PELVIENNES.

(A) Les *sous-diaphragmatiques* sont deux petites artères qui viennent de l'aorte, à son passage à travers les piliers du diaphragme, ou bien à son entrée dans l'abdomen , et qui se ramifient dans les piliers de ce muscle. Très-souvent cette artère est impaire ; quelquefois elle vient par trois rameaux de l'aorte ; d'autres fois, comme dans le chien, elle est fournie par la cœliaque, ou par la grande mésentérique.

(B) La COELIAQUE, grosse artère impaire, très-courte dans les herbivores, destinée pour l'estomac, le foie, la rate, le pancréas et l'épiploon, émane de la face inférieure de l'aorte, et fournit trois branches remarquables, qui sont la *splénique*, la *gastrique*, l'*hépatique*.

1°. La *splénique*, branche moyenne de la cœliaque, se dirige du côté gauche et en bas, rampe dans la scissure de la rate au-delà de laquelle elle se porte dans l'épiploon, et va former l'artère épiploïque gauche. Vers son origine, elle donne un ou deux *rameaux pancréatiques*; plus bas, une branche à la base de la rate; le long de la scissure de cet organe, elle laisse échapper deux ordres de vaisseaux, 1°. des rameaux *spléniques* très-courts qui se plongent dans son tissu; 2°. les artères *spléno-gastriques* qui gagnent la grande courbure de l'estomac, et se ramifient sur ses faces; au-delà de la rate, elle fournit les *épiploïques gauches* d'où proviennent les *épiplo-gastriques gauches*, et des rameaux anastomotiques avec l'artère épiploïque droite.

2°. La *gastrique*, qui est la plus petite des

trois branches et qui est uniquement destinée pour l'estomac, va se terminer sur la petite courbure de ce viscère. Cette artère fournit (a) des *rameaux* qui se répandent sur les faces de l'estomac, s'anastomosent avec les spléno-gastriques ; (b) des *rameaux* qui embrassent l'orifice œsophagien, s'anastomosent avec les épiplo-gastriques gauches et avec l'œso-phagienne ; (c) d'autres *rameaux* qui gagnent le pylore et s'unissent avec la pylorique.

3°. L'*hépatique*, plus grosse que les deux branches précédentes, se dirige oblique-ment de gauche à droite et de derrière en devant vers le foie, passe sur le pancréas, au-dessus du pylore, s'enfonce dans la scis-sure du foie par trois gros rameaux, et se ramifie dans sa substance. Dans son trajet jusqu'au foie, cette artère hépatique donne 1°. des *rameaux pancréatiques* ; 2°. la *pylo-rique*, qui embrasse le pylore et s'anastomose avec la gastrique ; 3°. l'*épiploïque droite*, qui fournit les *épiplo-gastriques droites* et les *rameaux anastomotiques* avec l'épiploïque gauche ; 4°. une artère *intestinale*, qui suit la portion gastrique de l'intestin grêle ; 5°. enfin les artères de la vésicule biliaire.

(C) La GRANDE MÉSENTÉRIQUE, gros tronc

impair, d'un volume et d'une longueur inégaux dans toutes les classes de quadrupèdes,
vient de la face inférieure de l'aorte, à une
petite distance et en arrière de la cœliaque,
en avant ou entre les artères surrénales et
adipeuses; elle fournit des artères à la plus
grande partie du canal intestinal, et forme
quelquefois un tronc sinueux et très-gros (1).
Cette artère se divise en branches d'autant
plus nombreuses que l'intestin est plus long
et plus gros; elle fournit d'abord quelques
rameaux au pancréas, aux plexus et aux ganglions qui l'entourent; puis elle donne les
méso-cœcales, les *méso-coliques* de la portion
cœco-gastrique du colon, les *branches* nombreuses qui gagnent la portion moyenne de
l'intestin grêle, et forment les arcades de
cet intestin. Des branches de cette artère
s'anastomosent avec l'artère intestinale de la
portion gastrique de l'intestin grêle, et d'autres avec la petite mésentérique. La grande
mésentérique fournit l'*ombilico-mésentérique*

---

(1) Dans les vieux chevaux, on trouve souvent des
vers filiformes accumulés, en grand nombre, dans le tronc
de la grande mésentérique; ces vers sont désignés par les
naturalistes, sous le nom d'*ascarides lombricales*.

qui paroît n'avoir d'usage que dans l'embryon, mais que l'on retrouve encore dans le fœtus.

(D) Les *surrénales* sont deux petites artères, qui naissent de chaque côté, du pourtour de la grande mésentérique, qui se ramifient dans les capsules surrénales, et laissent échapper quelques ramuscules adipeux.

(E) Les *adipeuses* comprennent différens rameaux qui naissent de l'aorte, tout au pourtour de la grande mésentérique, et se terminent dans le tissu graisseux environnant.

(F) Les *rénales*, grosses artères paires, courtes, viennent, l'une de chaque côté, de l'aorte, se portent transversalement en dehors, gagnent la scissure du rein et se ramifient dans son tissu. Ces artères fournissent souvent des rameaux adipeux et surrénaux.

(G) Les *grandes testiculaires*, qui sont deux artères longues, grêles, flexueuses et destinées pour les testicules, viennent après les rénales, l'une d'un côté et l'autre de l'autre; elles sont quelquefois fournies par la petite mésentérique, sortent de l'abdomen par l'anneau spermatique, et vont gagner les testicules dans lesquels elles se terminent.

Chaque artère testiculaire forme, le long du cordon spermatique, des flexuosités qui deviennent plus nombreuses en approchant du testicule, et qui sont entrelacées d'autres vaisseaux. (Dans la femelle, ces artères parviennent à l'ovaire.)

(H) La *petite mésentérique*, qui est une grosse branche impaire, mais qui est bien moins considérable que la grande mésentérique, émane de la face inférieure de l'aorte, à côté et quelquefois en avant des testiculaires, fournit des artères à la seconde portion du colon, ainsi qu'au rectum, s'anastomose en avant avec la grande mésentérique, et vers l'anus, avec l'artère périnéale.

(J) Les *lombaires*, au nombre de cinq à six de chaque côté, partent des parties latérales de l'aorte, se ramifient dans l'épaisseur des muscles des lombes et du flanc, fournissent des rameaux anastomotiques avec les dernières intercostales d'une part, et de l'autre avec l'artère circonflexe de l'ilium. Vers leur origine, elles donnent des ramuscules *rachidiens*, puis se divisent successivement en rameaux, dont les uns très-profonds s'enfoncent dans l'épaisseur des muscles et s'étendent dans le muscle ilio-spinal.

(K) Les **pelviennes** (1), artères très-grosses, très-rameuses, au nombre de deux dont une droite et l'autre gauche, qui proviennent de la bifurcation de l'aorte postérieure, donnent des vaisseaux aux organes contenus dans le bassin et aux muscles qui l'entourent. Chaque pelvienne, après un trajet très-court, fournit des artères dont la naissance varie selon la forme et la grandeur du bassin ; mais qui, chez les grands quadrupèdes, se séparent le plus ordinairement dans l'ordre qui suit, savoir, la *bulbeuse*, la *sous-sacrée*, la *sous-pubio-fémorale*, les *fessières*.

1º. L'artère *bulbeuse*, qui est la première et la plus petite des divisions du tronc pelvien, se dirige sur le côté du bassin jusqu'au bulbe de l'urètre où elle se plonge. Dans ce trajet, elle donne (a) l'artère *ombilicale*, qui, dans le fœtus, rapporte le sang au placenta, et qui s'oblitère après la naissance ; (b) l'artère *vésico-prostatique*, qui va se ramifier dans les vésicules séminales, dans la grande pros-

---

(1) Quoique ces artères ne naissent de l'aorte qu'après les troncs cruraux, nous les décrivons avant, afin de conserver l'ordre que nous avons suivi pour l'exposition de l'aorte antérieure, qui a été terminée par la description des artères des membres antérieurs.

tate, et qui, chez la femelle, constitue l'artère *vaginale*; (c) des rameaux *vésicaux* qui embrassent la vessie; (d) des rameaux aux parties inférieures de l'anus, qui s'anastomosent avec la petite mésentérique. Cette artère bulbeuse forme l'artère *vulvaire* de la femelle, qui se termine dans les lèvres de la vulve.

2°. L'artère *sous-sacrée* qui quelquefois, mais très-rarement, est impaire, se porte en arrière sous le côté du sacrum, jusque dans la queue, et fournit (a) des rameaux *rachidiens* qui pénètrent dans le canal du sacrum; (b) la *fémoro-poplitée* qui comprend une ou deux grosses artères, qui traversent le ligament sacro-iskiatique, descendent entre les muscles poplités et donnent des rameaux aux muscles de l'angle de la fesse, aux muscles de la cuisse et au nerf fémoro-poplité; (c) un rameau qui se divise autour de l'anus, et fournit des ramuscules cutanés; (d) la *coccygienne*, artère longue, grêle, qui en est la terminaison, qui rampe sur les os coccygiens au-dessous des muscles sacro-coccygiens inférieurs, se prolonge jusqu'au bout de la queue, en donnant des vaisseaux à tous les muscles de cette partie.

3°. L'artère *sous-pubio-fémorale* forme une

grosse branche qui sort du bassin par le trou sous-pubien, va se terminer dans le corps caverneux du penis, et fournit, dans le bassin, l'*iliaco - musculaire*, grosse artère qui naît souvent de la crurale, se plonge dans les muscles de la surface iliaque et se continue dans les muscles fémoraux antérieurs ; hors du bassin, elle donne (a) des ramuscules aux muscles sous - pubio - trokantériens ; (b) une branche aux muscles de la face interne et postérieure de la cuisse, qui s'anastomose avec des rameaux de la fémorale ; enfin (c) l'artère *souspelvienne*, qui, chez le mâle, se plonge dans la racine du penis et gagne le corps caverneux, et qui, chez la femelle, se termine dans le clitoris. Cette artère sous-pelvienne fournit des rameaux qui s'avancent le long du penis et s'anastomosent avec la scrotale ; des ramuscules *cutanés*, pour le périné et les parties environnantes ; quelques autres rameaux *musculaires* qui descendent dans les muscles de la fesse

4°. Les artères *fessières* comprennent deux ou trois grosses branches musculaires, très-courtes, qui sortent du bassin par des trous particuliers que leur offre le ligament sacroiskiatique ; ces artères se plongent, et se ramifient dans les muscles de la croupe et de la fesse.

(L) Les CRURALES, artères paires, longues, très-grosses, très-rameuses, qui viennent de l'aorte immédiatement avant les pelviennes, fournissent des vaisseaux aux membres abdominaux, aux parois inférieures de l'abdomen, et contractent différentes anastomoses avec les pelviennes, et avec la sus-sternale, qui est une division de l'aorte antérieure. Chaque crurale, après son origine, se porte obliquement sur le côté de l'entrée du bassin, passe sous l'arcade inguinale, descend ensuite obliquement sur le côté interne du fémur, vers le milieu duquel elle se contourne jusqu'à la face poplitée de l'articulation de la cuisse avec la jambe, où elle se partage en deux branches, qui se continuent sur le tibia, et forment les artères tibiales. Dans ce trajet, cette artère fournit un grand nombre de vaisseaux dont il importe de bien saisir la disposition ; pour y parvenir plus facilement, l'on y distingue une portion *iliaque*, une *inguinale* et une *fémorale*.

1°. La *portion iliaque*, qui s'étend depuis l'aorte jusqu'à l'arcade inguinale, fournit

(a) des rameaux aux muscles sur lesquels elle passe ; (b) la *circonflexe de l'ilium*, artère assez grosse, rameuse, qui vient de la crurale à une petite distance de son origine, se dirige en dehors vers le flanc et se partage en deux branches, dont une gagne l'angle de la hanche, se ramifie au pourtour, et donne des rameaux au muscle ilio-aponévrotique ; tandis que l'autre branche, plus longue, se dirige en avant dans l'épaisseur des parois abdominales, forme plusieurs divisions, dont les unes vont s'anastomoser avec les artères intercostales, d'autres avec des rameaux de l'artère sus-pubienne, et quelques autres avec les lombaires ; (c) la *petite testiculaire*, artère très-grêle, longue, qui naît quelquefois de l'aorte, qui d'autres fois, mais très-rarement, est fournie par la circonflexe de l'ilium, et qui descend dans le cordon spermatique où elle se divise, jusqu'au testicule. (Cette artère se nomme *utérine* dans la femelle.)

2°. La *portion inguinale* bornée à l'aîne, donne (a) la *sus-pubienne*, artère assez grosse, qui se dirige en avant sur le muscle sterno-pubien, au côté de la ligne médiane des parois de l'abdomen, et qui s'anastomose avec des ramuscules de la sus-sternale et de la circonflexe de l'ilium ; (b) l'*inguinale*, petite artère qui se ramifie dans le tissu lamineux et les ganglions lymphatiques de l'aîne ; (c) la *scrotale*, qui naît à côté de l'inguinale (assez souvent ces deux dernières artères sont des divisions de la sus-pubienne), donne des rameaux au scrotum, divers ramuscules cutanés, s'anastomose avec la sous-pelvienne, et constitue l'artère *mammaire* de la femelle.

3°. La *portion fémorale*, qui s'étend depuis la partie inférieure de l'aîne jusqu'au pli de la jambe, donne successivement un grand nombre d'artères qui se ramifient dans les muscles qui entourent le fémur, et qui forment de fréquentes anastomoses entr'elles et avec celles qui proviennent de la *sous-pubio-fémorale*. Parmi toutes ces divisions, on distingue (a) la *grande musculaire* de la cuisse, grosse artère qui se plonge entre les muscles situés au côté interne de la cuisse, descend jusqu'au milieu de sa longueur où elle se termine : cette grande musculaire donne la *sous-trokantinienne* et la *sous-trokantérienne*, qui se contournent, fournissent des rameaux musculaires, s'anastomosent avec la fessière, et la sous-pubio-fémorale ; plus bas, cette même musculaire

(241)

musculaire donne différens rameaux poplités qui s'anastomosent avec des rameaux de la fémoro-poplitée et de la sous-pubio-fémorale. (b) Les *petites musculaires de la cuisse* qui se ramifient dans les muscles circonvoisins, mais dont le nombre et la grosseur sont très-variables. (c) Les *articulaires poplitées* du pli de la jambe, qui comprennent quatre à cinq branches de grosseur différente, qui se contournent, se ramifient au pourtour de l'articulation, et dont quelques rameaux remontent à la face poplitée de la cuisse, et vont s'anastomoser avec des rameaux de la grande musculaire.

Parvenue en bas du pli de la jambe, la fémorale se termine, comme nous l'avons déjà indiqué, par deux branches remarquables qui se prolongent dans les parties inférieures, et qui se distinguent par les noms d'artère *tibiale postérieure* et de *tibiale antérieure*.

La *tibiale postérieure* descend sous les muscles de la face poplitée de la jambe, le long du tibia, jusqu'au calcanéum où elle forme des rameaux, dont les uns se contournent au pourtour du jarret, les autres descendent un peu plus bas, et d'autres se distribuent dans la peau. Dans ce trajet, elle donne des rameaux *musculaires ;* la *médullaire* du tibia, qui pénètre dans le canal de cet os ; la *péronière ,* qui suit le péroné de la jambe et fournit des rameaux aux muscles circonvoisins. Parvenue à la partie inférieure de la jambe, elle se divise en deux branches, dont la plus petite gagne la face externe du jarret, sur laquelle elle se répand et s'anastomose avec la tibiale antérieure ; l'autre branche interne se dirige sous les tendons, au côté interne de la face postérieure du jarret, descend sur le canon, et se termine par divers rameaux *musculaires* et *cutanés.*

La *tibiale antérieure ,* beaucoup plus grosse que la postérieure , se contourne de derrière en devant, passe entre le péroné et le tibia , gagne la face antérieure de la jambe ; de-là elle descend un peu obliquement de dehors en dedans sous les muscles, règne sur le côté externe du pli du jarret, se continue jusque vers le milieu du canon, où elle se contourne entre le métatarsien latéral externe et celui qui est à côté, se plonge sous les muscles de la face plantaire du canon, et forme la grande *plantaire* ou *plantaire* externe.

Le long de la jambe , la tibiale antérieure fournit divers rameaux *musculaires* , dont quelques - uns remontent vers la rotule et s'anastomosent avec les artères articulaires poplitées ; au pli du jarret, elle laisse échapper quelques rameaux *articulaires* et cutanés ; et elle fournit une branche remarquable, circonflexe , qui s'enfonce entre les os du jarret et la tête du péroné externe , forme la *petite plantaire* ou *plantaire interne :* celle-ci descend le long du bord interne de la face postérieure du canon sous les tendons , jusqu'au-dessus des sésamoïdes , où elle se réunit avec la grande plantaire , et donne divers rameaux. Sur le canon , l'artère tibiale antérieure fournit quelques ramuscules *cutanés* et *musculaires.*

La *grande plantaire* , ou *plantaire externe* , qui est la continuité de la tibiale antérieure , se porte sur le côté externe du canon jusqu'à la partie inférieure de cette région où elle se réunit avec la petite plantaire , descend ensuite jusque proche des sésamoïdes , forme l'arcade sésamoïdienne , d'où proviennent les deux *latérales* de chaque doigt , les *circonflexes* de l'arcade pré-métacarpienne , et les *récurrentes* de la face postérieure

du canon. Au reste, ces diverses ramifications, formées par les plantaires, se comportent entièrement comme celles du pied
antérieur.

Variétés des artères fournies par l'aorte postérieure.

Chez les *didactyles*, ce système artériel
offre plusieurs différences dans les points de
départ, et même dans les divisions des artères
du bassin; l'on remarque aussi quelques variétés semblables dans les artères testiculaires, sus-pubiennes, inguinales, scro-
tales, etc.; mais toutes ces différences sont
généralement de peu d'importance : les plus
remarquables, les plus essentielles à connoître, et les seules que nous exposerons dans
ces animaux, sont celles que présentent les
artères qui se distribuent aux estomacs.

La *cœliaque* des didactyles, beaucoup
plus grosse, plus longue que dans les monodactyles, et de même plus considérable que
la grande mésentérique qui se trouve tout
auprès, fournit ses trois divisions dans l'ordre
suivant; savoir, l'artère *hépatique*, l'artère
splénique, et l'artère *gastrique*.

(a) L'*hépatique* va directement au foie , donne les artères *pancréatiques* et les *épiploïques* de la portion hépato - gastrique de l'épiploon.

(b) La *splénique*, artère moins grosse que la précédente, se divise en deux branches , dont une gagne la base de la rate et se ramifie dans sa substance ; l'autre branche s'étend le long de la scissure supérieure du rumen , se continue postérieurement dans la scissure qui est entre les deux prolongemens sacciformes de ce viscère , sur la face inférieure duquel elle va se perdre. Dans son trajet , cette seconde branche donne les artères épiploïques supérieures du rumen , les ramifications diverses qui se répandent sur la surface supérieure du même estomac , celles qui se ramifient dans les prolongemens sacciformes postérieurs , ainsi que des divisions qui deviennent épiploïques inférieures, et s'anastomosent avec les ramifications épiploïques fournies par l'artère gastrique.

(c) La *gastrique*, bien plus considérable que les deux premières artères , naît souvent par deux branches , gagne la face postérieure du feuillet, se porte le long de la grande courbure de cet estomac jusqu'à la base de la

Q 3

caillette où elle va se perdre. A son origine, cette artère fournit une grosse branche qui va se ramifier sur la face supérieure de l'extrémité antérieure du sac gauche du rumen, autour de l'orifice œsophagien ; au-dessus du réseau, elle donne une seconde branche qui gagne la petite courbure du réseau, se recourbe en arrière sous le rumen, et va former les artères épiploïques inférieures du rumen, qui s'anastomosent avec la spléno-gastrique fournie par la splénique ; le long du feuillet, elle laisse échapper divers rameaux dont le plus grand nombre se plonge dans les parois de ce troisième estomac, tandis que d'autres gagnent le rumen ; vers la base de la caillette, elle se termine par des ramifications dont les unes pénètrent les parois de ce viscère, d'autres deviennent épiploïques, et s'anastomosent avec les autres ramifications épiploïques.

Les artères plantaires et latérales des pieds postérieurs offrent les mêmes différences que dans les pieds antérieurs ; mais elles sont généralement moins grosses.

Article III.

Des Veines.

D'une texture moins complexe que celle des artères, les veines sont des vaisseaux mous, peu contractiles, par-fois variqueux, généralement valvuleux, qui naissent des artères capillaires par des radicules fins, déliés, qui par leur réunion vont toujours en grossissant, et rapportent de la circonférence au centre, avec des propriétés particulières, la portion de sang qui n'a pu servir aux sécrétions.

Ces vaisseaux dont les parois sont généralement minces, extensibles, dilatables, offrent plus de densité, plus de force dans le jeune âge ; tandis qu'elles sont plus amples, plus fragiles dans la vieillesse, où les artères deviennent rigides et s'ossifient très-souvent (1). Plus amples et beaucoup plus nombreuses que les artères, les veines suivent,

______

(1) Ces différens états du système veineux et artériel font que les jeunes animaux sont plus exposés aux hémorrhagies artérielles qu'aux veineuses, et les vieux sont plus sujets à perdre du sang par les veines que par les artères.

accompagnent le plus ordinairement ces vaisseaux, sont apposées par-dessus ou à côté, en sont séparées par un tissu lamineux plus ou moins abondant, et quelquefois par des muscles. Depuis leur naissance jusqu'à leur terminaison, elles vont toujours en se réunissant de proche en proche, forment dans leur trajet des enlacemens divers, contractent entr'elles de fréquentes anastomoses, offrent diverses cavités dont les unes constituent des *sinus*, et les autres accidentelles sont appelées *varices*. Dans certains organes, comme les mammelles et les muscles, les veines sont très-nombreuses, et forment deux ordres distincts. Les unes profondes suivent le trajet des artères; les autres superficielles rampent sur la surface externe de la partie : c'est pour cela que la peau, qui est accolée presque par-tout à des masses musculeuses qui exécutent de grands et de fréquens mouvemens, offre un si grand nombre de veines sous-cutanées qui ne sont point compagnes d'artères.

Toutes les veines aboutissent d'une manière plus ou moins immédiate dans les oreillettes du cœur. Elles sont formées d'une seule membrane dont l'épaisseur, la force

et la résistance ne sont pas les mêmes par-
tout, et qui offre deux lames superposées,
intimement unies, mais essentiellement différentes.

La première de ces lames, qui est externe,
composée de fibres longitudinales, et dont
quelques veines paroissent dépourvues, présente une assez grande épaisseur dans les
veines-caves où elle a une apparence musculeuse, et semble se contracter et contribuer aux
mouvemens dont ces veines sont susceptibles.
La lame interne, fine, séreuse, entretient
l'exhalation interne de la veine, forme divers
replis intérieurs dont le nombre, la forme,
la disposition varient, et que l'on nomme
valvules. Ces replis, qui manquent dans
beaucoup de veines, sont disposés obliquement, ont un bord fixe, et un autre libre
constamment tourné du côté du cœur, de
manière à favoriser la progression du sang
veineux vers ce viscère.

Assez rarement disposées trois à trois,
plus souvent deux à deux, et quelquefois
solitaires, ces valvules sont généralement plus
rapprochées, plus nombreuses dans les petits
vaisseaux, et sur-tout dans ceux qui viennent
des muscles ; elles sont très-écartées dans les

grosses veines; elles manquent dans les veines-caves, dans les veines pulmonaires et dans tout le systême de la veine-porte, dans les veines du cerveau, etc. Quoique la grandeur de ces valvules soit proportionnée au diamètre des vaisseaux où elles se trouvent, il arrive cependant que, dans quelques circonstances, ces replis, trop petits pour oblitérer exactement la veine, permettent le reflux du sang qui rétrograde plus ou moins, suivant que les digues valvuleuses lui opposent plus ou moins de résistance.

Douées d'une tonicité très-forte, les veines ne jouissent que d'un mouvement obscur ; elles sont susceptibles d'une contraction lente qui resserre leur diamètre. Elles se dilatent et se gonflent par l'affluence, la raréfaction des liqueurs, effets produits par l'élévation de la température, l'exercice, etc. ; tandis qu'elles se resserrent et deviennent moins apparentes par le repos, par l'application sur la peau de tous les corps capables de produire une astriction, etc.

Les veines - caves jouissent d'un mouvement continuel, très - sensible de dilatation et de resserrement, lequel paroît dépendre essentiellement du reflux qu'éprouve le sang, lors de la contraction de l'oreillette droite.

Dans les veines jugulaires des grands quadrupèdes, il se passe deux mouvemens opposés qui se manifestent dans des circonstances différentes, et dont l'un a lieu de la tête au thorax, tandis que l'autre suit un ordre inverse et se fait du cœur vers la tête. Le premier de ces mouvemens, qui s'observe le plus ordinairement après le repas, après l'acte de la rumination, est opéré par un afflux subit de sang qui se fait vers le cœur, après certaines inspirations profondes, fortes, prolongées, et qui déterminent le dégorgement du sang accumulé dans les poumons. Le mouvement contraire, celui par lequel le sang reflue dans les jugulaires, se manifeste dans les douleurs violentes, prolongées, lorsque les animaux se sentant liés, font de violens efforts pour se débarrasser, ou pour éviter l'instrument qui les blesse.

En général, les veines sont plus amples et même plus nombreuses dans les ruminans que dans les autres herbivores; tandis que les artères y sont moins grosses.

On peut rapporer toutes les veines du corps, à trois genres distincts par leur dis-

position particulière, par leurs propriétés,
et même par la nature du sang qui les
parcourt. Le premier genre comprend les
veines pulmonaires, le second la veine-porte,
et le troisième toute la série des veines qui
se terminent directement dans l'oreillette
droite, et qui constituent deux gros troncs
appelés veines-caves.

PREMIER GENRE.

Les Veines pulmonaires.

Ces veines, dépourvues de valvules, à parois épaisses, fortes et élastiques, forment
un système étendu, qui, dans l'ordre de la
circulation, correspond à l'artère pulmonaire ; elles émanent des capillaires artériels
répandus autour des vésicules bronchiques,
suivent, dans leurs réunions successives en
rameaux, en branches toujours grossis-
sans, la distribution des artères qu'elles accompagnent, se rendent dans l'oreillette
gauche par cinq à six branches, et y versent
le fluide qu'elles reprennent des artères, et
qui revient des poumons avec des propriétés
nouvelles.

DEUXIÈME GENRE.

La Veine-Porte.

On comprend sous ce titre un systême veineux particulier aux viscères digestifs contenus dans l'abdomen, une série de veines qui viennent par des ramifications, de la rate, de l'estomac, de l'intestin, du pancréas, forment ensuite un gros tronc qui se plonge dans le foie, s'y divise à la manière des artères, et s'y termine par des ramuscules anastomotiques avec les veines sus - hépatiques. Ces vaisseaux qui, ainsi que les veines pulmonaires, sont dépourvus de valvules, et ont des parois fortes, résistantes, apportent au foie un sang très-noir, épais, peu coagulable, qui ne circule que lentement, et qui contient les matériaux d'où provient la bile.

On peut distinguer dans la veine - porte trois portions, savoir : les branches, le tronc, les racines.

§. I. Les branches qui comprennent les ramifications qui reçoivent le sang de la rate, de l'estomac, de l'intestin et du pancréas, sont au nombre de trois principales ; savoir, la splénique, la grande mésentérique, la petite mésentérique.

(A) *La Splénique*, grosse veine flexueuse, vient de la scissure de la rate, se porte transversalement à droite et se termine entre le pancréas et la grande mésentérique. Cette veine qui, par ses ramifications, correspond à l'artère cœliaque, reçoit les veines *épiploïques gauches*, les *spléniques*, les *gastriques* et quelques *pancréatiques*.

(B) La *grande mésentérique*, très - grosse veine, qui par ses divisions, correspond à l'artère du même nom, est formée par les ramifications qui viennent de l'intestin grêle, du cœcum, de la portion cœco-gastrique du colon, reçoit en outre la *gastro-splénique droite*, la *gastro-duodenale*, la *gastrique droite*, quelques *pancréatiques*, et va se terminer à côté de la splénique par deux à trois branches.

(C) La *petite mésentérique*, qui est la moins grande des trois branches, correspond à l'artère de ce nom, se termine quelquefois dans la veine splénique, et reçoit les ramifications qui viennent du rectum et de la dernière portion du colon.

§. II. Le *tronc*, ou portion moyenne, formé par la réunion des branches précédentes, ainsi que par quelques rameaux pan-

créatiques et pyloriques, est situé obliquement de gauche à droite sous les piliers du
diaphragme, s'étend depuis l'artère mésentérique antérieure, traverse le pancréas, et
se termine dans la grande scissure du foie
par un sinus oblong qui fournit les racines.

§. III. Les racines de la veine-porte proviennent par cinq à six grosses branches du
sinus sous-hépatique, se ramifient dans la
substance du foie en formant des branches,
des rameaux qui vont toujours en diminuant, se terminent par des anastomoses avec
les radicules des veines sus-hépatiques et fournissent les exhalans de la bile qui est reprise
par les excréteurs. Ces veines sont entourées
d'une capsule membraneuse, ont des parois
épaisses, se ramifient à la manière des artères, et distribuent dans le foie le sang qui
fournit les matériaux de la bile.

TROISIÈME GENRE.

Les Veines - caves.

Elles composent un systême bien plus
étendu que celui des veines précédentes, qui
est généralement valvuleux, plus dilatable,
qui a des ramifications plus multipliées, en

forme souvent d'isolées qui rampent sur la surface des parties ; système qui, de ses radicules, allant toujours en grossissant, constitue deux très-gros troncs qui par leur disposition correspondent aux portions antérieure et postérieure de l'aorte, se terminent dans l'oreillette droite du cœur, y versent le sang qui a été distribué dans toutes les parties par les divisions de cette artère, mais qui n'a pu servir aux différentes sécrétions.

Ces troncs, que l'on distingue sous le nom de *veine-cave antérieure* et *veine-cave postérieure*, n'ont point de valvules, diffèrent entr'eux par leur longueur, leur direction, leur mode de ramification et leur insertion dans l'oreillette droite, où se rendent aussi la veine *cardiaque* et quelquefois la veine *bronchique*.

De la *Veine-Cave antérieure*.

Cette veine, très-grosse, est située à droite et au-dessous de l'aorte antérieure à laquelle elle correspond, s'étend depuis le milieu de la première côte, entre les deux lames du médiastin, jusqu'à la partie antérieure de l'oreillette droite, où elle se termine, et où son embouchure est posée, vis-à-vis l'ouverture de cette oreillette dans le ventricule. Elle

est

est formée par la réunion successive de plusieurs grosses veines qu'elle reçoit généralement dans l'ordre qui suit ; savoir , les deux
TRONCS BRACHIAUX, les deux CÉPHALIQUES OU
JUGULAIRES , les deux veines *trachélo-occi-
pitales* , les deux *dorso-cervicales* , la *sous-
lombo thoracique* , les *thymiques.*

(A) Les TRONCS BRACHIAUX , distingués en
droit et en *gauche* , sont de grosseur inégale ,
essentiellement formés par la réunion successive des veines qui viennent des membres
et des parois externes du thorax. Chaque
tronc brachial qui, dans l'ordre de la circulation , correspond au tronc artériel du
même côté , constitue une grosse veine flexueuse , profonde , qui commence proche du
bras à la terminaison de l'artère brachiale
qu'elle accompagne , se porte à côté du tronc
artériel , se recourbe comme lui et se termine
au sommet de la veine-cave antérieure. Dans
son trajet , ce tronc veineux reçoit diverses
ramifications dont le nombre varie , mais
dont l'ensemble peut se distinguer en deux ordres ; savoir, 1°. les veines qui proviennent
du membre et forment l'origine de ce tronc ;
2°. les veines qui viennent des autres parties et

2.   R

se dégorgent successivement dans toute son étendue.

§. I. Très-multipliées , et remarquables par leur volume , les veines du membre sont de deux ordres ; les unes profondes suivent les artères dans leur trajet , les autres superficielles rampent sous la peau. Les premières plus grosses, plus nombreuses, ont entr'elles et avec les superficielles des anastomoses fréquentes , plus ou moins remarquables ; elles tirent leur origine des ramuscules qui s'élèvent de l'intérieur du sabot et qui, dans leur réunion successive , forment les deux veines latérales du doigt, dont une est externe et l'autre interne. Pour saisir plus facilement la disposition de toutes ces veines profondes , nous les considérerons, en remontant , successivement au pied , à l'avant-bras et au bras.

1°. Les veines du pied sont les *latérales* et les *plantaires* qui en font continuité (a). Chaque veine *latérale* s'élève du côté du sabot, suit l'artère du même nom , rampe sous la peau, monte jusqu'au-dessus des grands sésamoïdes où elle se réunit avec celle du côté opposé, et d'où émanent les veines plantaires. A son origine , elle reçoit les veines qui viennent de l'intérieur du sabot, celles qui forment

l'arcade pré-phalangienne de la couronne ;
le long du paturon , divers rameaux collatéraux et les veines de l'arcade pré - phalangienne de cette région ; sur les sésamoïdes ,
plusieurs veines qui forment sur la face postérieure de ces os, un plexus anastomotique ,
très-remarquable. Il faut aussi observer que
cette veine latérale reçoit plus ou moins directement les veines cutanées environnantes ,
et qu'au-dessus des sésamoïdes elle donne
naissance à la cutanée du canon. (b) Les deux
veines *plantaires* qui proviennent de l'anastomose des latérales , suivent les artères plantaires, se distinguent comme elles en externe
qui est plus grosse, et en interne plus profonde;
elles montent jusqu'au pli du genou où elles
s'unissent; elles reçoivent les ramifications qui
accompagnent les divisions artérielles. Proche
du pli du genou, elles offrent plusieurs grosses veines flexueuses , circonflexes, qui proviennent des parties environnantes.

2°. Les veines profondes de l'avant-bras
portent les mêmes noms que les artères dont
elles sont compagnes , sont presque toujours
au nombre de deux pour une artère, et se
distinguent en veine *cubitale antérieure* et
en veine *cubitale postérieure*. (a) La veine

cubitale postérieure comprend constamment deux branches qui suivent l'artère du même nom ; elle provient des plantaires, s'étend jusqu'au bras où elle forme l'origine de la veine humérale, et reçoit dans son trajet toutes les ramifications qui accompagnent celles de l'artère. Cette veine contracte une ou deux anastomoses remarquables avec les veines superficielles, elle a aussi des rameaux anastomotiques avec la cubitale antérieure.

(b) La veine *cubitale antérieure*, peu considérable, naît, par des ramuscules, des muscles cubitaux antérieurs, présente les mêmes divisions que l'artère qu'elle accompagne, mais elle ne reçoit point de veines cutanées ; elle se dirige vers la face interne de l'articulation scapulo-humérale où elle se réunit avec la veine cubitale postérieure.

3o. Les veines profondes du bras sont l'*humérale*, la *sous-scapulaire*, la *sus-scapulaire* ; ces veines, dont les ramifications suivent celles des artères, se réunissent l'une à côté de l'autre, forment une veine considérable qui constitue l'origine du tronc brachial.

(a) La veine *humérale*, qui est une continuité des veines cubitales, a peu de longueur, forme le principe du tronc brachial ; elle reçoit diverses ramifications ; savoir, les veines collatérales de l'articulation scapulo-humérale et des muscles tant antérieurs que postérieurs ; enfin toutes les divisions qui suivent celles de l'artère humérale, ainsi qu'une grosse branche qui provient de la veine cutanée antérieure de l'avant-bras.

(b) La veine *sous - scapulaire*, formée par la réunion des veines qui proviennent des muscles sous - scapulaires, des muscles du bras, et qui accompagnent les divisions de l'artère, se réunit à la veine humérale.

(c) La veine *sus-scapulaire* est formée par les ramifications qui viennent du bord antérieur du scapulum, et qui émanent des muscles sus-scapulaires ; elle se réunit quelquefois à la veine sous - scapulaire, mais d'autres fois elle va se terminer dans le tronc brachial.

Les veines *superficielles* du membre rampent plus ou moins immédiatement sous la peau, occupent essentiellement la face interne de l'avant-bras, se distinguent en *antérieure, médiane* et *postérieure ;* la première se termine partie dans la veine humérale, et partie dans la jugulaire ; les deux autres

R 3

vont plus ou moins directement dans le tronc brachial.

(a) La veine sous-cutanée *antérieure*, qui est la plus grosse, la plus étendue, la plus superficielle, et par conséquent la plus remarquable, est apposée sur toute la longueur du cubitus ; cette veine, que l'on peut désigner sous le nom de *cutanée* de l'avant-bras et du bras, naît, par une petite branche, de l'anastomose des deux veines latérales, d'où elle monte sur le milieu de la face interne du canon, le long de l'interstice qui est entre les os et les tendons fléchisseurs, passe sur le côté interne du genou ; parvenue à la partie inférieure de l'avant-bras, elle se dirige insensiblement de derrière en devant, jusqu'au côté interne du pli de l'avant-bras, d'où elle se porte sur le bord antérieur du bras jusqu'auprès du thorax où elle s'enfonce sous les muscles, et va se terminer dans la jugulaire.

Depuis son origine jusqu'à sa terminaison, cette veine reçoit une multitude de ramifications dont le nombre est fort variable, et qui proviennent en grande partie de la peau ; elle contracte avec les deux autres veines superficielles, ainsi qu'avec les profondes, des anastomoses remarquables. Sur le canon, elle reçoit divers ramuscules *cutanés* et *pré-plantaires;* sur le genou, des ramuscules *articulaires* antérieurs et postérieurs ; au-dessus du genou, elle envoie à la *médiane sous-cutanée* un gros rameau anastomotique très-remarquable ; le long de l'avant-bras, elle reçoit quatre à cinq rameaux cutanés, quelques ramuscules musculaires, ainsi qu'une petite branche remarquable qui provient de la face précarpienne du genou, monte sur la face antérieure de l'avant-bras, rampe sous la peau, et est formée essentiellement par des veines cutanées et quelques musculaires; au pli de l'avant-bras, cette veine cutanée fournit une grosse branche qui s'enfonce sous le bras et va se dégorger dans la veine humérale; enfin sur le bras et jusqu'à sa terminaison, elle reçoit diverses veines musculaires et cutanées dont le nombre n'est presque jamais constant.

(b) La veine sous-cutanée *médiane,* moins superficielle, moins grosse que la précédente, s'étend sur le milieu de l'avant-bras, rampe essentiellement sur les muscles, entre lesquels elle est un peu enfoncée ; elle naît des veines plantaires, par des rameaux circonflexes qui s'élèvent du pli du genou ; elle se dirige en haut et va se réunir à la veine cubitale postérieure profonde.

Au-dessus du genou, elle fournit un gros rameau anastomotique qui va joindre la veine sous-cutanée postérieure. Presque toutes les veines, tant grosses que petites qu'elle reçoit, proviennent des muscles.

(c) La veine sous-cutanée *postérieure* règne le long du bord postérieur de la face interne de l'avant-bras, devient superficielle à mesure qu'elle s'approche du coude, provient par des ramuscules profonds, des muscles cubitaux postérieurs, vient aussi de la veine précédente par le rameau anastomotique qu'elle en reçoit ; à la face interne du coude, elle s'enfonce et va se terminer dans l'humérale, ou bien dans le tronc brachial. Cette veine qui, avant sa terminaison, s'anastomose, au moyen d'une petite branche, avec la veine cubitale postérieure, reçoit dans son trajet diverses ramifications musculaires, ainsi que les veines *collatérales* du coude.

§. II. Parmi les veines qui se dégorgent dans le tronc brachial, à la suite de toutes celles qui proviennent du membre, l'on distingue la *cutanée thoracique*, la *cervico-sca-*

pulaire , la *sterno-musculaire* , la *sus-sternale*.

(a) La veine *cutanée thoracique* est située en arrière du bras, apposée en travers sur la partie inférieure du thorax, se porte depuis le milieu du cercle cartilagineux des côtes, s'enfonce sous le milieu du bras et se dégorge dans le tronc brachial à côté de la veine humérale. Cette veine est formée par deux branches dont les radicules émanent de la surface inférieure de l'abdomen, et qui s'anastomosent avec les veines cutanées qui vont dans la veine sus-sternale, ou qui se dirigent en arrière et se rendent dans le tronc crural ; jusqu'à sa terminaison , elle reçoit diverses veines collatérales, une ou deux veines considérables qui viennent des parois du thorax et s'étendent sous le bras.

(b) La veine *cervico-scapulaire* a des ramifications qui suivent celles de l'artère du même nom ; elle se termine dans le tronc brachial à côté de la veine précédente ; souvent elle comprend deux à trois veines qui se terminent l'une à côté de l'autre.

(c) La veine *cervico-scapulaire* suit les divisions de son artère, comprend assez ordinairement deux veines qui se terminent à côté de la précédente.

(d) La veine *sterno-musculaire* est formée par les ramifications qui proviennent des muscles situés sous le sternum, et se dégorge à la suite des précédentes.

(e) La veine *sus-sternale* résulte de la réunion successive des ramifications qui suivent les divisions de l'artère sus-sternale, se porte avec elle jusqu'auprès de son embouchure, et se dégorge souvent à la terminaison du tronc brachial, d'autres fois dans la veine-cave antérieure. Cette veine qui rapporte le sang des parois inférieures de l'abdomen, reçoit une branche cutanée abdominale, plus grosse dans la femelle que dans le mâle. De manière que la veine sus-sternale comprend, 1°. les ramifications profondes qui accompagnent les artères ; 2°. les veines superficielles qui s'anastomosent avec la cutanée thoracique et la cutanée abdominale. Cette veine qui se termine dans la veine-cave antérieure, établit des communications multipliées, très-remarquables, avec les divisions de la veine-cave postérieure ; lesquelles communications sont autant de routes diverses que peut prendre le sang, lorsqu'il éprouve de la difficulté à circuler dans une des deux veines-caves.

(B) Les JUGULAIRES sont deux grosses veines, situées une de chaque côté du cou, qui correspondent aux artères céphaliques et se distinguent en droite et en gauche : chacune de ces veines essentiellement formée par les ramifications qui rapportent le sang de la tête, s'étend depuis le niveau du larynx, le long de l'intervalle qui est entre les vertèbres et la face postérieure de la trachée, jusqu'à l'entrée du thorax où elle se termine dans la veine-cave antérieure, à côté du tronc brac...; quelquefois les deux jugulaires se terminent dans le tronc brachial gauche. Chaque jugulaire offre à son origine trois branches qui sont la *veine faciale*, la *glosso-faciale* et la *cérébrale antérieure*.

1°. La veine *faciale*, la plus considérable des trois branches, bien moins profonde et beaucoup plus grosse que l'artère du même nom, est une continuité de la gutturo-maxillaire, s'étend depuis le condyle maxillaire, à travers la parotide, jusqu'en bas de l'atloïde où elle forme le principe de la jugulaire. Dans ce trajet, elle reçoit diverses ramifications, dont les principales constituent les veines *gutturo - maxillaire*, *temporale*, les *oriculaires*, les *parotidiennes*, la *maxillo-musculaire*, l'*occipitale*.

(a) La *gutturo-maxillaire*, grosse veine, très-rameuse, qui suit les divisions de l'artère gutturo-maxillaire, provient de la réunion successive des veines *palato-labiale*, *nasale*, *alvéolaire*, *sus-maxillo-dentaire*, *oculaire*, *surcilière*, *temporales profondes*, *maxillo-dentaire*, *cérébrale supérieure*. Toutes ces veines, excepté la dernière, sont compagnes d'artères connues sous les mêmes dénominations, ont les mêmes ramifications, seulement il en est qui sont au nombre de deux pour une artère. La veine *cérébrale supérieure* est une grosse branche qui provient des sinus du cerveau, commence au côté de la protubérance falciforme du couvercle du crâne, règne dans le conduit temporal, et gagne la veine gutturo-maxillaire derrière l'articulation maxillo-temporale.

(b) La *temporale* est formée par la veine sous-zygomatique, par l'oriculaire antérieure qui reçoit les *temporales superficielles*, et qui quelquefois se rend dans la faciale, mais lui donne toujours une branche.

(c) Les *oriculaires* sont plusieurs veines dont le nombre est variable, dont les unes viennent de la partie antérieure de l'oricole, d'autres de la partie postérieure ; ces veines

sont les unes profondes , les autres superficielles ; quelques-unes se réunissent avec des
rameaux parotidiens , avant de se terminer
dans la faciale.

(d) Les *parotidiennes* comprennent, non
seulement les divisions diverses qui s'élèvent
du tissu de la parotide pour se dégorger dans
la faciale , mais encore quelques ramifications qui proviennent de la glande sous-
maxillaire.

(e) Les *maxillo-musculaires* sont formées
par des ramifications qui proviennent des
muscles zygomato-maxillaire et sphéno-maxillaire ; elles s'élèvent du bord postérieur de
l'os maxillaire , reçoivent quelques rameaux
parotidiens , et se rendent dans la faciale par
deux à trois branches.

(f) L'*occipitale* comprend les divisions
qui suivent et répondent à celles de l'artère
occipitale. Elle reçoit , 1º. les *cérébrales postérieures* , ramifications nombreuses, dont
les unes viennent des sinus sous-occipitaux ,
d'autres du plexus choroïde du cervelet ,
quelques autres du prolongement rachidien ;
2º. diverses ramifications musculaires ; 3º. enfin , les veines méningiennes latérales. Par
ces divisions , la veine occipitale contracte

des anastomoses avec les veines cérébrales
antérieures et supérieures, avec la trachélo-
occipitale, et avec la cervico-musculaire.

2°. La veine *glosso-faciale*, qui est aussi
fort étendue, mais moins considérable et
moins rameuse que la faciale, prend naissance sur le chanfrein par des ramifications
cutanées ou musculaires, se contourne dans
la cavité glossienne en accompagnant l'artère
du même nom, et se termine dans la jugulaire en bas de la faciale. Jusqu'à sa terminaison, elle reçoit les divers rameaux *sous-
cutanés* de la face, la *linguale*, la *sous-linguale*, la *staphyline*, les *pharyngiennes*,
les *laryngiennes supérieures*, ainsi que les
veines diverses qui viennent de la glande
sous-linguale, des ganglions lymphatiques,
des muscles environnans; mais qui toutes
suivent, accompagnent des divisions artérielles.

3°. La veine *cérébrale antérieure* provient
des sinus sus-sphénoïdaux du cerveau, ainsi
que des plexus divers qui sont sous le sphénoïde, suit l'artère du même nom, et se termine dans la jugulaire à côté de la *glosso-
faciale*. Cette veine qui communique avec les
cérébrales supérieures et postérieures, reçoit

les veines méningiennes inférieures, et proche de sa terminaison , la veine *thyroïdienne.* Celle-ci est formée par des ramifications qui viennent de la thyroïde , de la partie inférieure du larynx , du pharynx , et de la glande maxillaire.

Le long du cou , la jugulaire reçoit des rameaux divers qui viennent des muscles environnans , de la trachée-artère , de l'œsophage ; à sa partie inférieure et proche de sa terminaison , la *cutanée* du bras avec deux à trois veines musculaires.

(C) Les TRACHÉLO - OCCIPITALES sont deux grosses veines qui répondent aux artères du même nom. Elles se distinguent en droite et en gauche , proviennent par des ramifications nombreuses, très-anastomotiques, du prolongement rachidien à compter de son bulbe jusqu'au dos, et se terminent dans la veine-cave antérieure, proche de la première côte. Chaque veine trachélo - occipitale passe dans les trous trachéliens des vertèbres du cou avec l'artère, reçoit les veines qui s'élèvent du prolongement rachidien , ainsi que des rameaux musculaires dont le nombre est variable , s'anastomose, dans le canal rachidien , avec la trachélo - occipitale opposée et avec les veines cérébelleuses ; en dehors du canal et sur les vertèbres, elle contracte plusieurs réunions avec la veine *occipitale* et avec la *cervico-musculaire.*

(D) Les DORSO-CERVICALES, situées l'une à droite et l'autre à gauche, ont peu d'étendue, se trouvent entre les deux premières côtes de chaque côté, et se rendent dans la veine-cave antérieure, à côté de la trachélo-occipitale. Chacune de ces veines qui résulte de la réunion de la *cervico-musculaire* avec la *dorso - musculaire,* et qui reçoit les deux premières intercostales avec une branche *costale,* rapporte le sang des muscles, du cou, du dos et des premières côtes.

(a) La veine *cervico - musculaire* qui accompagne l'artère du même nom, prend naissance derrière l'occipital, par des ramifications qui proviennent des muscles, dont quelques-unes s'anastomosent avec la veine occipitale et avec la trachélo - occipitale : en descendant vers le thorax, cette veine cervico-musculaire reçoit différentes veines collatérales qui s'élèvent soit des muscles, soit du ligament cervical.

(b) La veine *dorso-musculaire* comprend les ramifications qui proviennent des parties
latérales

latérales du garot et qui suivent, en conver-
geant, les divisions de l'artère dorso-musculaire.

(c) Les deux premières *intercostales* se
rendent dans la veine dorso-musculaire, à
son passage entre les deux premières côtes.

(d) La veine *sous-costale*, branche assez
considérable, est formée par trois à quatre
veines *intercostales;* à compter de la troisième
des côtes, elle monte le long de la face interne
de l'articulation de ces dernières avec les vertèbres du dos, gagne la veine cervico-musculaire tout près de son embouchure, et se termine quelquefois dans la veine-cave. Du côté
droit l'on trouve deux veines *sous-costales* posées l'une en avant de l'autre ; l'antérieure a la
disposition que nous venons d'indiquer ; mais
la postérieure, qui est formée par les cinq à
six intercostales qui suivent celles qui se rendent dans la costale antérieure, se termine le
plus souvent dans la veine-cave antérieure,
se jette quelquefois dans la dorso-cervicale ;
d'autres fois elle se bifurque, et va par une de
ses branches dans la veine sous-lombo-thoracique : cette dernière veine est désignée, chez
l'homme, sous le nom de petite *prélombo-
thoracique.*

2.   S

(E) La sous-lombo-thoracique (azygos), veine impaire, très-remarquable, est essentiellement formée par les intercostales postérieures, se trouve sous le côté droit des vertèbres du dos, prend naissance à la région sous-lombaire par des ramuscules fins, règne à côté du canal thoracique et de l'aorte postérieure : parvenue au niveau de la base du cœur, elle se courbe en bas, gagne la veine-cave antérieure dans laquelle elle verse le sang qu'elle rapporte des parois du thorax et de la région sous-lombaire ; assez souvent, elle se termine dans l'oreillette droite, à côté de la veine-cave antérieure. Au moyen des ramuscules qui viennent des muscles sous-lombaires et des piliers du diaphragme, la sous-lombo-thoracique s'anastomose avec les veines lombaires qui se jettent dans la veine-cave postérieure ; chez les tétradactyles, cette veine offre quelquefois des rameaux anastomotiques avec la veine surrénale. Dans le thorax et jusqu'à sa courbure, elle reçoit à ses côtés les *intercostales*, à partir de la quatrième ou cinquième côte droite, et de la neuvième ou dixième gauche, ce qui varie dans tous les animaux domestiques ; les intercostales droites qu'elle reçoit en plus grand

nombre, font moins de trajet, et sont par conséquent plus courtes qne les gauches. En formant sa courbure, la sous-lombo-thoracique
reçoit la veine *œsophagienne*, qui le plus
souvent est réunie avec la veine *bronchique*,
mais qui d'autres fois en est séparée ; et dans
ce cas, ceš deux veines se terminent l'une à
côté de l'autre dans la sous-lombo-thoracique ; souvent cette même sous-lombo-thoracique reçoit une branche de la petite *sous-
costale* droite.

Variétés des veines qui vont aboutir dans la veine-cave antérieure. (1)

Chez les *didactyles* et sur-tout dans le
bœuf, les veines qui, par leur réunion successive, forment la veine-cave antérieure,
sont généralement plus grosses et même plus
nombreuses que dans les monodactyles.

La *jugulaire*, veine très-considérable, se
comporte le long du cou, comme dans le
cheval, rampe presque immédiatement sous
la peau, règne sur un muscle épais (sterno-
hyoïdien) qui la sépare de l'artère cépha-

----

(1) De même que pour les artères, nous n'indiquerons
ici que les différences les plus importantes.

lique , et fait partie du muscle sterno-ma-xillaire (1). Mais il est essentiel de remarquer que cette veine jugulaire , qui prend nais-sance au pourtour de la tempe , et qui est essentiellement formée par la branche tem-porale qui vient des sinus antérieurs de la méninge , et par deux autres branches qui accompagnent l'artère cérébrale antérieure, ne se réunit avec la veine occipitale que vers l'entrée de la cavité thoracique. Celle-ci forme une branche assez considérable , qui descend le long du cou , derrière la trachée-artère , accompagne l'artère céphalique , jus-que tout près de l'entrée de la cavité thora-cique , où elle se jette dans la veine jugulaire. Cette veine occipitale qu'on pourroit appeler *petite jugulaire* ou *jugulaire interne*, qui , comme dans les monodactyles , est formée de la réunion des veines qui suivent les di-visions de l'artère occipitale, reçoit dans son trajet diverses ramifications , dont les plus remarquables proviennent de la thyroïde et du larynx.

La *cutanée thoracique* est moins prononcée et moins grosse que dans les monodactyles ,

---

(1) Voyez tome Ier., page 310.

en raison du diamètre de la *cutanée abdominale,* qui est très-considérable.

Dans le membre antérieur des didactyles, on ne remarque qu'une seule veine superficielle, qui règne le long de la face interne de l'avant - bras, monte jusqu'en bas de l'angle scapulo - huméral, et correspond à la veine sous - cutanée antérieure des monodactyles. Ainsi que cette dernière, elle rampe sous la peau, provient des veines profondes au-dessus de l'arcade sésamoïdienne ; parvenue à la partie inférieure de l'avant - bras, elle se dirige en devant, gagne insensiblement la face antérieure de cette partie, monte sur la face antérieure du bras, jusqu'auprès de l'angle scapulo - huméral , d'où elle se recourbe en dedans, et va se jeter dans la jugulaire.

Avant de se recourber pour se porter sur la face antérieure du cubitus, cette veine laisse échapper un gros rameau qui va gagner la veine cubitale postérieure ; sur la partie antérieure de l'avant - bras, elle reçoit une grosse branche qui prend naissance par plusieurs rameaux à la face pré - phalangienne des doigts, monte sur le canon, le genou, et répond à la veine cutanée du canon postérieur. Vers sa partie supérieure et à l'endroit où elle se contourne pour gagner la jugulaire, elle offre une branche remarquable qui la fait communiquer avec la veine humérale, et dans laquelle se dégorgent plusieurs rameaux cutanés. Du reste, elle se comporte comme celle des monodactyles.

De la veine-cave postérieure.

Cette veine beaucoup plus longue que la veine-cave antérieure, qui, dans l'ordre de la circulation, correspond à l'aorte postérieure, rapporte le sang des membres postérieurs, du bassin et de l'abdomen, s'étend depuis l'entrée de la cavité pelvienne au côté droit de l'aorte, et le long du corps des vertèbres des lombes, passe dans la grande scissure du foie, traverse le diaphragme, fait un trajet assez long dans le thorax, et se termine dans la partie postérieure de l'oreillette droite.

A son origine, elle est formée par deux troncs veineux qui proviennent des membres et du bassin, que l'on nomme PELVI-CRU-RAUX, et que l'on distingue en droit et en gauche. Chacun de ces troncs, apposé à l'entrée de la cavité pelvienne, résulte essentiellement de la réunion de deux autres troncs moins considérables , dont un appelé *crural* et l'autre *pelvien*, reçoit jusqu'à la veine-cave , 1°. une veine *musculaire* peu considérable , qui vient des muscles sous-lombaires , et plus particulièrement du muscle iliaco-trokantinien ; 2°. la *circonflexe* de l'ilium , grosse veine , qui assez souvent comprend deux branches , se rend quelquefois dans la veine-cave postérieure , et dont les ramifications suivent celles de l'artère du même nom ; 3°. une petite veine impaire qui vient de la surface inférieure du sacrum , que l'on peut désigner sous le nom de veine *médiane* du sacrum , et qui se termine à la réunion des deux troncs pelvi-cruraux.

(A) Le tronc crural constitue une longue veine très-rameuse, qui vient de la cuisse , accompagne l'artère du même nom , rapporte le sang distribué par cette artère , et se partage, comme elle , en trois portions , dont une *fémorale*, une autre *inguinale* , et une troisième *iliaque*.

§. I. La *portion fémorale* qui commence au pli de la jambe , d'où elle remonte le long du fémur avec l'artère , prend naissance au sabot, de la même manière que la veine brachiale ; elle reçoit toutes les veines du membre, qui, ainsi que dans le membre antérieur, se distinguent en profondes et en superficielles.

Les premières, plus grosses, plus nombreuses, suivent le trajet des artères, contractent entr'elles et avec les superficielles des anastomoses fréquentes, plus ou moins remarquables.

1°. En montant depuis le sabot jusqu'au pli du jarret, ces veines profondes se comportent absolument, comme celle du membre antérieur jusqu'au genou ; elles forment, à leur origine, les deux veines *latérales* du doigt, ensuite les deux veines *plantaires*, présentent dans leur étendue les mêmes anastomoses et les mêmes divisons à considérer.

2°. Les veines profondes de la jambe, qui ont des ramifications nombreuses, se distinguent comme les artères en *antérieure* et en *postérieure* ; elles sont une continuité des veines plantaires, ordinairement au nombre de deux pour une artère, se réunissent pour former le principe du tronc crural, et ont avec les veines superficielles des anastomoses remarquables.

(a) La veine *tibiale antérieure*, plus considérable que la postérieure, est une continuité de la grande plantaire, monte avec l'artère tibiale antérieure, dont elle est la compagne, jusqu'à la partie supérieure de la jambe, où elle se contourne pour passer dans l'anneau ligamenteux, qui est entre le tibia et le péroné, et pour se réunir ensuite avec la tibiale postérieure. Dans son trajet, elle reçoit les ramifications diverses qui suivent les divisions échappées de l'artère tibiale antérieure, offre plusieurs anastomoses, qui ont lieu avec la veine cutanée de la jambe.

(b) La veine *tibiale postérieure* qui provient de la petite plantaire, s'étend au milieu des muscles avec l'artère du même nom, se réunit supérieurement avec la tibiale antérieure, et reçoit différentes veines *musculaires*, dont le nombre est variable ; la *médullaire* du tibia ; enfin la *péronière*, qui suit les divisions de l'artère de ce nom.

3º. Dans toute l'étendue de la cuisse, la portion fémorale du tronc crural reçoit une multitude considérable de veines qui accompagnent les ramifications artérielles. En montant jusqu'à l'aine, l'on compte 1º. les *articulaires poplitées ;* 2º. les rameaux divers qui viennent du pourtour de la rotule ; 3º. les petites *musculaires* de la cuisse, qui sont

plus ou moins nombreuses ; 4º. les *trokan-
tériennes* et les *trokantiniennes*, qui proviennent du pourtour des éminences dont elles
tirent leur dénomination ; 5º. la *médullaire*
du fémur ; 6º. la *sous-cutanée postérieure* ;
7º. la *cutanée* de la jambe ; 8º. la grande
musculaire de la cuisse, dont les ramifications
suivent celles de l'artère grande musculaire,
et qui reçoit une ou deux veines sous-pel-
viennes, qui proviennent du corps du pénis
et des parties environnantes, et qui, quelquefois, se jettent dans la cutanée de la
cuisse.

Les veines superficielles offrent la même
disposition générale que celle du membre
antérieur ; comme ces dernières, elles occupent essentiellement la face interne de la
jambe, sont aussi au nombre de trois principales, dont une plus considérable, plus
superficielle et plus remarquable ; elles se distinguent comme elles, en *antérieure*, *médiane* et *postérieure*.

(a) La veine *sous-cutanée antérieure* (la
saphène), qui est la plus longue, la plus
grosse et la plus apparente, vient, comme
la cutanée de l'avant - bras et du bras, de
l'arcade sésamoïdienne, monte le long de la

face interne du canon , se continue sur le côté interne du pli du jarret; parvenue à la hauteur de la jambe , elle se dirige un peu de devant en arrière sur toute la longueur du tibia, se propage sur le milieu de la face interne de la cuisse , s'étend ainsi jusque contre le bassin, où elle se courbe en devant , se plonge entre les muscles , et va se terminer en bas de l'aine , dans la portion fémorale du tronc crural. Cette veine qui rampe immédiatement sous la peau , et à laquelle l'on pratique très - facilement la saignée , forme, par son étendue , trois portions que l'on peut désigner sous les noms de veine *cutanée* du canon et du jarret , veine *cutanée* de la jambe , et veine *cutanée* de la cuisse.

Dans son trajet, elle reçoit diverses ramifications , dont le nombre est variable , ainsi que la grosseur , et qui proviennent , soit de la peau , soit des muscles. Parmi les veines qui y aboutissent , l'on distingue , au canon , les rameaux plus ou moins nombreux qui viennent de la peau et des tendons; au pli du jarret, divers ramuscules *cutanés*, un gros rameau *prétarsien*, qui s'élève de dessous les tendons et s'anastomose avec la veine tibiale antérieure; le long de la jambe, deux ou trois gros *rameaux cutanés*, ainsi que quelques musculaires ; sur la cuisse, d'autres rameaux venant des muscles et de la peau. Enfin, sous le bassin, la cutanée de la cuisse reçoit quelquefois une grosse veine qui provient de la surface externe de la mammelle et du clitoris (du scrotum et du penis dans le mâle), ainsi qu'un ou deux gros rameaux *musculaires.*

(b) La veine *sous-cutanée médiane*, beaucoup plus petite que la précédente, règne le long du côté interne des tendons calcaniens, vient par des ramuscules de la partie postérieure du jarret, s'élève au côté interne du calcanéum, se continue sur les tendons qui s'attachent au sommet de cet os, monte jusqu'à la partie supérieure de la jambe, où elle se termine dans la veine sous-cutanée antérieure.

A son origine, elle reçoit des ramuscules qui proviennent des tendons et des ligamens du jarret, et dont quelques-uns s'anastomosent avec les plantaires et avec la sous-cutanée antérieure ; dans le reste de son étendue, elle offre des venules qui viennent des muscles ou de la peau.

(c) La veine *sous-cutanée postérieure,* qui

est considérable dans le chien, se trouve à l'opposé de la précédente, s'étend par conséquent au côté externe des tendons calcaniens, mais est apposée obliquement de bas en haut et de devant en arrière, de manière qu'elle s'éloigne du tibia à mesure qu'elle monte vers la cuisse. Cette veine, qui prend naissance sur la surface externe du jarret, se dirige vers la partie supérieure des tendons calcaniens sur lesquels elle se contourne, pour s'enfoncer entre les muscles iskio-tibiaux et aller gagner la veine fémorale où elle se termine.

Dans cette veine se jettent diverses ramifications veineuses, dont les unes sont fournies par les muscles et d'autres par la peau; plusieurs des ramuscules qui s'y dégorgent s'anastomosent, soit avec les veines précédentes, soit avec les veines profondes.

§. II. La *portion inguinale* du tronc crural, qui est peu étendue, n'offre ordinairement que deux veines, dont une est l'*inguinale*, et l'autre la *sus-pubienne.*

(a) L'*inguinale*, veine assez considérable, provient des ganglions lymphatiques inguinaux et du pourtour, s'enfonce pour se terminer dans le tronc crural ; elle reçoit, 1°. une grosse veine *musculaire*, qui est formée par des ramifications qui sortent des muscles apposés sur la face rotulienne du fémur ; 2°. la *cutanée abdominale*, veine fort étendue, très-importante, qui est considérable pendant l'allaitement, sur-tout dans la vache, et qui établit les communications les plus remarquables de la veine-cave antérieure avec la veine-cave postérieure. Cette veine, qui rampe sous la peau des parois inférieures de l'abdomen, est située à une certaine distance de la ligne médiane de ces mêmes parois, s'étend depuis le cercle cartilagineux des côtes de devant en arrière, en se courbant un peu du côté de la ligne médiane, passe sur le côté des mammelles ou du scrotum, s'enfonce dans l'aine, et gagne ainsi la veine inguinale : quelquefois elle se jette dans la veine sus-pubienne ; assez souvent elle se réunit avec une branche de la sous-pelvienne, avant sa terminaison dans l'inguinale ou dans la sus-pubienne. Cette veine cutanée, dont les ramifications s'anastomosent avec la *sous-pelvienne*, la *sus-pubienne*, la *cutanée thoracique*, est sur-tout remarquable par sa terminaison, qui a lieu, non seulement du côté de l'aine, mais encore avec la veine

sus-sternale ; en effet, proche du cercle cartilagineux des côtes, elle s'enfonce, s'approche du prolongement abdominal du sternum, et se dégorge ensuite dans la *sus-sternale.* Parmi les différentes divisions veineuses
qu'elle reçoit, l'on remarque que les plus
considérables lui viennent des mammelles,
de la peau et du muscle sous-cutané de
l'abdomen.

(b) La veine *sus-pubienne*, moins grosse que
l'inguinale, provient des muscles des parois
inférieures de l'abdomen, accompagne les divisions qu'y forme l'artère sus-pubienne, et se
termine à côté ou au-dessus de la précédente.
Par ses rameaux ou ramuscules, elle s'anastomose avec la *cutanée abdominale*, avec la
sus-sternale, et avec la *circonflexe* de l'ilium.

§. III. La *portion iliaque* qui termine le
tronc crural, ne reçoit ordinairement que
trois veines, dont deux *musculaires* situées
l'une au-dessus de l'autre, qui quelquefois
soi au nombre de trois, viennent des muscles iliaques et du bord inférieur des muscles
croupiens ; la troisième est la veine *sous-
pubio-fémorale*, qui est considérable, est
formée par la réunion des divisions qui viennent du trou sous-pubien, et accompagnent

les ramifications de l'artère sous-pubio-fé-morale.

(B) Le TRONC PELVIEN, très-court, comprenant souvent deux branches, est situé sur le côté de la cavité du bassin, est formé par les veines qui s'élèvent des muscles de la face poplitée de la cuisse, qui proviennent de la queue, des organes génitaux et urinaires contenus dans la cavité pelvienne; ces veines, dans leur réunion successive, constituent deux grosses veines d'où émane ce tronc, et qui sont la *sous-sacrée* et l'*iskiatique*.

(a) La veine *sous-sacrée*, qui accompagne l'artère sous-sacrée, prend naissance dans la queue, se dirige en devant sous le côté du sacrum, vient se réunir avec la veine iskiatique, et se dégorge assez souvent dans le tronc pelvi-crural. Parmi les ramifications qui se rendent dans cette veine sous-sacrée se trouvent, 1º. les veines *coccygiennes*, au nombre de deux à trois; 2º. deux à trois rameaux *cutanés*, qui proviennent du pourtour de l'anus; 3º. la veine *fémoro-poplitée*, qui comprend quelquefois deux branches, et qui suit la petite artère fémoro-poplitée; 4º. cinq à six rameaux *rachidiens* qui sortent du canal du sacrum par les trous inférieurs;

5º.

5°. enfin quelques ramuscules *adipeux*, qui sont fournis par le tissu lamineux environnant.

(b) La veine *iskiatique*, beaucoup plus considérable et placée au côté de la cavité pelvienne, sur le milieu du ligament sacro-iskiatique, reçoit une multitude de veines, que l'on peut distinguer en celles qui proviennent des viscères pelviens, et en celles qui s'élèvent des muscles du membre postérieur.

1°. Les veines qui s'élèvent des organes contenus dans la cavité pelvienne sont les *périnéales*, la *bulbeuse* (vulvale dans la femelle), les *vésico-prostatiques* (vaginales dans la femelle), les *vésicales* : toutes ces veines suivent les artères qui portent le même nom, forment, dans leur réunion successive, deux ou trois branches, quelquefois qu'une seule, et gagnent la veine iskiatique; les deux premières ont des anastomoses nombreuses entr'elles, et avec les veines qui se ramifient sous le bassin et autour de l'anus.

2°. Les veines qui émanent des muscles portent le nom générique de *fessières*, comprennent plusieurs grosses branches dont le nombre est souvent variable; l'on en compte

2.　　　　　　　　　　T

cinq à six et quelquefois plus : les unes proviennent des muscles de la fesse, d'autres remontent de la face poplitée de la cuisse et suivent le grand nerf poplité ; quelques autres viennent des muscles croupiens ; et toutes ces veines ont diverses anastomoses avec les veines musculaires de la cuisse et de la hanche, qui se dégorgent dans le tronc crural.

Depuis la réunion des deux troncs pelvi-cruraux jusqu'au cœur, la veine-cave postérieure reçoit différentes autres veines plus ou moins grosses, qui sont les *lombaires*, les *testiculaires*, les *rénales*, les *surrénales*, les *sus-hépatiques*, les *diaphragmatiques*.

(a) Les veines *lombaires* comprennent six petites branches paires, disposées régulièrement de chaque côté et accolées avec les artères lombaires qu'elles accompagnent ; elles proviennent des muscles qui entourent les vertèbres des lombes, ont des ramifications anastomotiques avec les dernières intercostales, avec la circonflexe de l'ilium. Ces veines, qui sont formées par diverses ramifications musculaires, et qui reçoivent les rameaux *rachidiens* qui sortent par les trous lombaires, se terminent sur les côtés de la face supérieure de la veine-cave postérieure.

(b) Les veines *testiculaires* (*utérines* dans la femelle), au nombre de deux de chaque côté, distinguées, comme les artères, en grande et en petite veine testiculaire, prennent naissance au testicule, montent avec les artères dans l'abdomen où elles se dirigent en devant, se réunissent le plus souvent en une seule branche qui se termine dans la veine-cave, proche de la veine rénale.

(c) Les veines *rénales*, au nombre de deux, dont une droite et l'autre gauche un peu plus longue, sont des branches considérables qui commencent à la scissure du rein, se dirigent un peu en arrière, et se terminent sur les côtés de la face inférieure de la veine-cave.

(d) Les veines *surrénales* comprennent deux ou trois petits rameaux qui émanent du tissu de chaque capsule surrénale, se terminent dans la veine-cave ; quelquefois l'un de ces rameaux va dans la veine rénale ; assez souvent l'on ne trouve qu'une veine pour chaque capsule.

(e) Les veines *sus-hépatiques*, qui s'élèvent du tissu du foie, et qui se dégorgent dans la veine-cave par plusieurs branches plus ou moins grosses, fixent cette veine-cave postérieure dans la grande scissure du foie, et y versent le sang apporté par l'artère hépatique, ainsi que par les veines sous-hépatiques.

(f) Les veines *diaphragmatiques* sont trois à quatre grosses branches qui viennent de la circonférence du diaphragme, convergent au centre de ce muscle, et se terminent les unes à côté des autres dans la veine-cave, lors de son passage à travers l'ouverture qui est dans le milieu du centre aponévrotique de ce même muscle. Ces veines, qui prennent naissance dans la partie charnue du diaphragme par des ramuscules, s'anastomosent avec les veines qui se ramifient autour du cercle cartilagineux des côtes.

Variétés des veines qui sont des dépendances de la veine-cave postérieure.

Ce systême veineux des didactyles comparé à celui des monodactyles offre de nombreuses différences, soit dans la grosseur et même la disposition particulière d'un grand nombre de veines ; mais les différences les plus remarquables, les plus utiles à connoître, les seules enfin dont nous croyons devoir faire mention , sont relatives aux veines superficielles des membres postérieurs et des parois de l'abdomen.

1°. Chaque membre postérieur porte, comme dans les monodactyles, trois principales veines superficielles qui rampent sous la peau , sont presque aussi grosses l'une que l'autre , et ont beaucoup d'étendue.

(a) La première qui répond à la *sous-cutanée antérieure* règne sur le côté externe de la face antérieure du canon, est formée par deux branches dont une prend naissance à la face pré-phalangienne des doigts , l'autre qui vient du pourtour des sésamoïdes se contourne sur le côté externe pour se réunir à la première branche ; cette veine monte ensuite sur le côté externe du canon et du pli du jarret ; parvenue sur la partie inférieure de la jambe , elle se partage en deux branches , dont la plus petite gagne la veine profonde tibiale antérieure ; tandis que la plus grosse de ces deux branches se contourne en arrière et va se réunir à la veine sous-cutanée postérieure.

(b) La deuxième de ces veines superficielles, qui correspond à la *sous-cutanée médiane ,* est formée par deux rameaux , l'un qui lui est fourni par la veine sous-cutanée postérieure, et l'autre qui provient de la face interne du jarret; elle rampe sur les muscles tibiaux postérieurs, proche du tibia, se continue jusqu'au milieu de la cuisse, où elle se contourne en dedans et va se jeter dans la veine fémorale.

(c) La dernière des veines superficielles qui répond à la *sous-cutanée postérieure*, provient par une branche, de l'arcade que forment les veines plantaires à la face postérieure du canon et proche du jarret; de-là elle passe sur le côté externe de la base du calcanéum, se continue dans l'intervalle qui est entre les tendons calcaniens et le tibia; parvenue à la partie inférieure de la jambe, elle se contourne sur le bord postérieur des tendons calcaniens, monte entre les muscles iskio-tibiaux, se plonge entre ces muscles, et va se terminer dans la grande musculaire de la cuisse.

Il est important de remarquer que, dans le *chien*, les veines superficielles du membre postérieur offrent la même disposition essentielle que dans les didactyles; mais la sous-cutanée postérieure est plus considérable.

2°. Les veines superficielles des parois inférieures de l'abdomen , sont plus grosses que dans les monodactyles. La *sous-cutanée abdominale ,* qui est une veine considérable , sur-tout dans les vaches laitières , est remarquable par la branche anastomotique qu'elle fournit à la veine sus-sternale. Cette branche très-grosse , passe par une grande ouverture , se dirige obliquement dans l'épaisseur des muscles , gagne le côté du prolongement abdominal du sternum , où elle atteint la veine sus-sternale.

Avant de terminer les différences sur les veines qui composent le systême de la veine-cave postérieure des didactyles , nous ferons remarquer que , dans ces animaux , cette veine-cave postérieure a des communications nombreuses, très-grandes , avec la veine-cave antérieure. Ces communications ou anasto-moses plus développées , plus considérables que dans les monodactyles , offrent au sang des routes libres et multipliées pour aborder au cœur , et peuvent présenter des considé-rations utiles pour la pratique. Pour se former une idée de ces anastomoses si remarquables , il suffit de se rappeler qu'elles ont lieu supé-rieurement dans la région des lombes , avec la veine sous-lombo-thoracique ; inférieurement dans toute l'étendue des parois abdo‑ minales, avec la cutanée thoracique, la sus‑ sternale et les dernières intercostales.

ARTICLE IV.

Des Lymphatiques.

Les lymphatiques sont des vaisseaux fins, valvuleux, très‑contractiles, très‑nombreux, qui naissent des surfaces et des diverses ca‑ vités du corps, par des radicules, ou suçoirs inhalans ; qui, dans leur trajet, vont en se réunissant, marchent unis par faisceaux, forment des ganglions de diverse grosseur, se terminent par deux canaux qui se dégorgent dans les grosses veines proche du cœur. Ces vaisseaux, dont la circulation se fait lente‑ ment, apportent de la circonférence les sucs chyleux, une partie des fluides répandus ou perspirés sur les surfaces où ils prennent nais‑ sance, et transmettent ces liqueurs dans les veines.

A leur origine, les lymphatiques forment des villosités, des pores, tels que les villo‑ sités intestinales, les porosités découvertes à l'aide du microscope à la surface du péri‑ toine et de la plèvre.

En s'élevant des points d'où ils naissent,

ces vaisseaux forment des ramuscules capillaires innombrables, d'une ténuité extrême, qui se réunissent, s'enlacent, constituent un réseau radiculaire très-anastomotique, qui concourt à la formation de la surface même qui leur donne naissance, et compose presqu'exclusivement le tissu des membranes blanches. De ce réseau radiculaire partent des rameaux qui rampent sous les tégumens, sous les membranes, dans le tissu lamineux, qui, par la réunion successive des lymphatiques collatéraux, vont en grossissant, forment des rameaux plus considérables, des branches qui, tantôt unies par faisceaux, tantôt solitaires, suivent, accompagnent généralement les veines, se dirigent comme elles vers le centre général de la circulation. Ces vaisseaux forment dans les diverses parties deux plans dont un superficiel et l'autre profond, contractent de fréquentes anastomoses, traversent un ou plusieurs ganglions, d'où ils se rendent dans l'un des deux canaux communs à tout ce système.

Les lymphatiques offrent des ramifications infiniment plus multipliées, plus anastomotiques, mais beaucoup plus petites que celles du système veineux, et qui, dans leur mode de distribution , leur forme et leur direction , sont fort variables. Souvent ces vaisseaux marchent accolés les uns aux autres , diversement enlacés , et parcourent ainsi une certaine étendue sans se réunir ; tandis que, d'autres fois, on les trouve moins multipliés sur la même partie où ils ont une disposition différente.

En les suivant dans leur trajet, on voit que leur diamètre présente presque par-tout des inégalités ; que , pendant une certaine étendue , il conserve une grosseur assez considérable , puis devient étroit pour augmenter ensuite ; qu'il présente , dans quelques points, des dilatations variqueuses, plus ou moins grandes et plus ou moins prolongées ; que, d'autres fois , il forme des étranglemens plus ou moins marqués ; et l'on observe que toutes ces inégalités très-variables peuvent avoir lieu, sans que le vaisseau reçoive ou fournisse des ramifications.

Presque toujours flexueux , les lymphatiques forment des courbures variées, deviennent souvent rétrogrades , passent quelquefois sur un ganglion sans le pénétrer , fournissent dans quelques points des rameaux qui se jettent dans les veines circonvoisines , se partagent assez fréquemment en deux ou plusieurs branches qui , après un certain trajet , se réunissent de nouveau. Distendus par la liqueur qu'ils contiennent ou celle que l'on y injecte, ils présentent de distance en distance des étranglemens causés par les valvules situées dans leur intérieur ; ce qui les fait paroître noueux , articulés en différens sens.

Après un trajet plus ou moins long et tortueux , les lymphatiques convergent de toute part vers leurs ganglions , et portent , avant d'y pénétrer , le nom de *lymphatiques afférens.* Arrivés près de ces ganglions , ils se partagent en un grand nombre de rameaux qui , par de nouvelles divisions et subdivisions successives , se plongent dans leur intérieur et deviennent imperceptibles. Du côté opposé de ces mêmes ganglions , sortent d'autres lymphatiques appelés *efférens ,* qui en naissent par des racines radiées , également tenues , et qui sont plus gros , mais moins nombreux que les afférens.

Les ganglions lymphatiques sont des petits corps glandiformes , mous , brunâtres , plus ou moins arrondis , qui résultent de l'enlacement , de l'agglomération d'une multitude de lymphatiques, qui contiennent un suc glutineux, qui sont enveloppés d'un tissu lamineux qui se continue dans leur intérieur, qui sont parsemés de quelques ramuscules artériels et veineux, reçoivent des filets nerveux, et dont la consistance, la grosseur, la couleur sont variables dans les diverses époques de la vie, ainsi que dans quelques maladies.

Ces ganglions, dont le nombre a été estimé dans l'homme à six ou sept cents (1), se trouvent aux aines, aux arts, à la partie inférieure du rachis, dans le bassin, dans le mésentère, dans le médiastin, autour des bronches, le long du cou, dans la région gutturale, dans la cavité glossienne, dans les plis du jarret, du genou, de la jambe, etc. Ils sont toujours plongés dans un tissu lamineux, abondant, lâche, extensible, qui leur permet d'être facilement déplacés. Ils s'enchaînent mutuellement par des plexus de lymphatiques qui passent des uns aux autres et en forment une série continue. Dans le jeune âge, ils sont rougeâtres; chez l'animal

______

(1) CHAUSSIER. Table synoptique des lymphatiques.

adulte, ils sont plus petits et ont une couleur grisâtre ; ils deviennent encore plus petits dans la vieillesse où ils acquièrent de la rigidité et une couleur jaunâtre. Ils augmentent considérablement de grosseur dans les engorgemens dont ils sont susceptibles, comme dans la gourme, la morve, le farcin, dans certains catarrhes, dans la pourriture, et dans plusieurs maladies de dentition.

En réunissant les lymphatiques, les ganglions concourent à l'élaboration de la lymphe ; ils la rendent plus homogène, et lui impriment sans doute quelqu'autre propriété que nous ne pouvons pas apprécier.

Après avoir traversé un ou plusieurs de ces ganglions, les lymphatiques se rendent dans un des troncs principaux dont le postérieur est désigné sous le nom de canal thoracique, et l'antérieur très-petit et très-court, est appelé trachéal, du nom de la partie sur laquelle il rampe.

Dans tout leur trajet, les lymphatiques communiquent les uns avec les autres par des anastomoses nombreuses, plus ou moins remarquables, qui s'étendent dans les lymphatiques circonvoisins, des superficiels aux profonds, des supérieurs aux inférieurs, des droits aux gauches , du canal trachéal au canal thoracique.

La multiplicité de ces anastomoses forme autant de routes différentes que peut suivre la lymphe , pour parvenir au centre de la circulation ; elle explique encore les foyers de contagion , les métastases , les communications mutuelles de toutes les parties , comment des liqueurs puisées dans un organe peuvent se porter dans une autre partie, sans passer par les routes tortueuses de la circulation.

Les lymphatiques sont formés d'une membrane blanche , pellucide , très-contractile et très-résistante ; ils sont environnés d'un tissu lamineux plus ou moins abondant , qui les soutient , qui en entretient la vaporisation extérieure si nécessaire à l'exercice de leurs fonctions. L'intérieur de ces vaisseaux est garni de valvules semblables à celles des veines , mais plus multipliées et toujours disposées deux à deux.

La tonicité dont jouissent les lymphatiques est très-énergique , et devient apparente dans plusieurs circonstances. Elle paroît subsister quelque temps après la mort. C'est probablement à cause de cette dernière propriété , que , dans le cadavre d'un animal sain , les lymphatiques se trouvent presqu'entièrement vides, qu'ils sont affaisés et difficiles à apercevoir. La contractilité propre à ces vaisseaux détermine la progression de la lymphe, à laquelle participent les valvules, et concourt à l'élaboration de cette liqueur.

Pour développer d'une manière précise, facile à saisir, la disposition générale des lymphatiques, nous suivrons le même ordre que pour l'exposition des veines.

Du canal thoracique.

Ce canal, qui est le tronc lymphatique le plus gros, le plus étendu, le plus remarquable, dans lequel se rend la majeure partie des lymphatiques du corps, est posé dans la cavité thoracique au côté droit des vertèbres du dos, règne entre l'aorte et la veine sous-lombo-thoracique, reçoit les lymphatiques des membres postérieurs, du bassin, des parois et des viscères de l'abdomen, des parois et des organes thoraciques, de la tête, du cou, du garot et du membre antérieur gauche.

Il commence dans la région sous-lombaire, provient d'une dilatation de forme et de grandeur très-variables, qui se trouve autour de la grande mésentérique, et que l'on nomme le *réservoir sous - lombaire* ; de - là ce canal se dirige en devant, pénètre dans la cavité thoracique par l'ouverture aortique du diaphargme, se continue le long du corps des vertèbres des lombes jusqu'au niveau de la base du cœur, où il se courbe en bas, pour se porter du côté gauche et gagner l'entrée de la cavité thoracique ; en quittant les vertèbres du dos, il passe sur la trachée-artère, sur l'œsophage ; parvenu du côté gauche, il s'étend en devant jusqu'au sommet de la veine-cave antérieure, se termine contre le milieu du bord antérieur de la première côte gauche dans la base du tronc veineux brachial gauche : assez souvent il se dégorge dans le tronc brachial droit, quelquefois même dans le sommet de la veine-cave antérieure. A sa terminaison dans la veine brachiale, il forme ordinairement une dilatation ou sinus qui porte, à son embouchure dans la veine, une grande valvule disposée de manière à empêcher le reflux du sang de la veine dans le canal ; il offre aussi une pe-

---

(1) Malgré cette valvule, il arrive assez souvent que le sang passe dans le canal, c'est ce que l'on ob-
tite

petite enveloppe ligamenteuse qui le bride et le tient accolé à la veine dans laquelle il se dégorge.

Ce canal, dont le diamètre est inégal presque par-tout, est étroit dans quelques points, plus grand dans d'autres, forme tantôt des dilatations, tantôt des étrangle-mens plus ou moins considérables : assez souvent il fournit, dans une partie de son étendue, une et même plusieurs branches plus ou moins grosses, qui quelquefois, après un certain trajet, regagnent le canal, mais qui d'autres fois se continuent jusqu'à l'entrée de la cavité thoracique.

§. I. Le *réservoir sous-lombaire*, qui est le confluent général de tous les lymphatiques des membres et de l'abdomen, et qui donne naissance au canal thoracique, s'étend plus ou moins entre l'aorte et la veine-cave postérieure, résulte de la réunion de cinq à six grosses branches lymphatiques plus ou moins longues, dont deux ou trois proviennent de l'entrée de la cavité pelvienne, deux ou trois

---

serve dans tous les animaux qui ont péri de mort violente, ou qui ont fait de grands efforts et ont éprouvé de grandes agitations avant de mourir.

autres du mésentère , et une des environs du foie et de l'estomac.

(A) Les branches pelviennes, qui quelquefois sont réunies en une seule , sont formées par les ramifications diverses qui viennent des ganglions inguinaux et pelviens , et comprennent par conséquent les lymphatiques des membres postérieurs du bassin et des parois de l'abdomen.

1°. Les lymphatiques des membres postérieurs se distinguent en superficiels et en profonds. Les premiers proviennent essentiellement de la peau et du tissu lamineux souscutané. Ils forment divers rameaux qui suivent les veines superficielles , mais dont les plus remarquables sont ceux qui montent avec la veine sous-cutanée antérieure. Ces vaisseaux , qui ont entr'eux de nombreuses anastomoses , forment une espèce de réseau souscutané ; ils se jettent dans les ganglions inguinaux sous - cutanés , situés à la partie supérieure et antérieure de la cuisse.

Les lymphatiques profonds prennent naissance au sabot, montent avec les veines latérales , se continuent entre les muscles d'où ils émanent en suivant les veines profondes, forment autant de divisions qu'il y a de veines et gagnent les ganglions inguinaux.

Tous les lymphatiques du membre abdominal s'unissent dans ces ganglions, forment un plexus d'où partent plusieurs gros rameaux qui traversent les ganglions iliaques, situés au pourtour de la portion iliaque des vaisseaux cruraux, et se dégorgent dans la branche pelvienne du réservoir lymphatique.

2°. Les lymphatiques du bassin se rendent partie dans les ganglions inguinaux, et l'autre partie dans les ganglions pelviens. Ainsi les superficiels du pourtour du pubis et de dessous le bassin, vont joindre les lymphatiques du membre ; ceux du périné et du pourtour de l'anus se portent dans le bassin ; ceux de la croupe et de la queue joignent les précédens, se jettent comme eux dans les ganglions qui se trouvent dans la cavité du bassin, sur le côté du sacrum. Tous les lymphatiques profonds qui suivent les veines gagnent les ganglions pelviens, s'unissent aux premiers vaisseaux et vont se dégorger dans la branche pelvienne, où la lymphe se mêle avec celle qui a traversé les ganglions inguinaux.

Les lymphatiques des organes urinaires et génitaux, contenus dans la cavité pelvienne, traversent aussi les ganglions situés dans cette cavité et s'unissent à ceux des parois du bassin. Ceux du scrotum se rendent dans les ganglions inguinaux , où aboutissent aussi ceux du fourreau et du penis. Pour les lymphatiques qui proviennent du testicule et du cordon spermatique , ils suivent les veines, gagnent un ou deux des ganglions sous-lombaires situés à l'entrée de la cavité pelvienne. Ceux des mammelles , que l'on distingue en superficiels et en profonds , se dirigent tous dans les ganglions inguinaux , et s'anastomosent avec les superficiels des parois inférieures de l'abdomen ; mais avant, ils traversent les ganglions mammaires qui se trouvent sous l'organe , ou sur ses côtés.

3°. Les lymphatiques des parois de l'abdomen gagnent en plus grande partie les ganglions inguinaux. Les superficiels des parois inférieures suivent la veine cutanée , s'anastomosent avec les lymphatiques du scrotum ou des mammelles , et traversent les ganglions apposés dans l'aine : quelques-uns de ces vaisseaux superficiels, se portent en devant avec la veine cutanée thoracique , s'unissent avec les lymphatiques sous-cutanés du thorax , et vont joindre les ganglions des ars. Les profonds de cette même partie suivent la veine sus-

pubienne et vont dans les ganglions inguinaux , ou bien ils accompagnent la veine sus-
sternale , et se rendent dans les ganglions qui
sont à l'entrée de la cavité thoracique.

Les lymphatiques superficiels ou sous-cutanés des lombes, s'unissent avec ceux de la
croupe, ou avec ceux des flancs : les profonds qui émanent du péritoine, des muscles
et du canal rachidien, se portent à un des
ganglions sous-lombaires et vont se jeter dans
la branche pelvienne.

Les lymphatiques de la surface abdominale
du diaphragme, qui s'élèvent du péritoine et
du tissu musculeux, se rendent en plus grande
partie dans la branche hépatique ; quelques
autres suivent les veines diaphragmatiques,
et vont s'unir avec ceux de la face thoracique
de cette cloison musculaire.

(B) Les branches mésentériques, ordinairement au nombre de deux, quelquefois de
trois, dont la plus considérable est toujours
accolée à l'artère grande mésentérique, reçoivent tous les lymphatiques qui sortent des
ganglions mésentériques et qui proviennent
de l'intestin et du mésentère.

Les lymphatiques mésentériques sont très-
nombreux, forment des réseaux vasculaires

soutenus entre les deux lames du mésentère ; ils émanent de la surface perspirable du péritoine qui constitue le mésentère et enveloppe l'intestin ; d'autres s'élèvent de la cavité de l'intestin où ils prennent le chyle. Tous ces vaisseaux, en gagnant le réservoir lymphatique, rampent autour des veines mésentériques, quelques-uns en sont plus ou moins éloignés et marchent isolément ; parvenus vers la base des mésentériques, ils traversent un ou deux et quelquefois trois des ganglions mésentériques, puis se rendent dans les branches qui vont s'unir au réservoir sous-lombaire. Chez les monodactyles, les lymphatiques du cœcum et de la portion cœco-gastrique du colon, aboutissent aux ganglions situés de distance en distance sur ces intestins, puis se terminent dans le réservoir sous-lombaire.

(C) La branche ou le tronc hépatique comprend les lymphatiques qui émanent du foie, de l'estomac, de la rate, de l'épiploon : cette partie du réservoir sous-lombaire présente assez souvent deux branches, reçoit, outre les lymphatiques des parties ci-dessus, beaucoup de vaisseaux qui viennent des piliers du diaphragme.

1º. Les hépatiques très-nombreux se distinguent en superficiels et en profonds. Les premiers, qui émanent essentiellement de la face perspirable du foie, rampent sous la membrane qui recouvre la face concave du foie, et y forment un plexus à mailles très-serrées. Ceux de la face antérieure forment un ou deux gros rameaux qui traversent le diaphragme, pénètrent dans la cavité thoracique, s'unissent avec les lymphatiques du centre aponévrotique du diaphragme, et vont gagner la partie antérieure du canal thoracique; tandis que ceux de la face postérieure se rendent dans les ganglions situés au pourtour de la porte du foie où ils se réunissent avec les profonds.

Les hépatiques profonds naissent de la substance du foie, rampent autour des divisions de l'artère hépatique et de la veine sous-hépatique, s'élèvent de l'intérieur de l'organe par la porte du foie, gagnent les ganglions hépatiques, d'où ils se rendent avec les superficiels dans la branche hépatique.

2º. Les gastriques, dont les uns superficiels naissent de la surface externe de l'estomac, les autres profonds viennent de sa cavité, suivent les veines, et se distinguent en ceux qui s'élèvent par la petite courbure, et en ceux qui sortent par la grande courbure du viscère. Les premiers aboutissent aux ganglions qui sont à la petite courbure, après quoi ils se réunissent aux hépatiques; les seconds, qui s'élèvent par la grande courbure, se rendent dans les ganglions situés le long de la scissure de la rate, s'anastomosent avec les lymphatiques de l'épiploon et de la rate.

3°. Les spléniques qui, ainsi que les hépatiques, forment deux ordres, dont l'un comprend les superficiels et l'autre les profonds, se réunissent le long de la scissure de la rate, traversent les ganglions qui s'y trouvent, rampent autour des vaisseaux sanguins, s'anastomosent avec ceux de la grande courbure de l'estomac, et se rendent dans la base de la branche hépatique.

4°. Les épiploïques suivent les divisions veineuses, vont se réunir avec ceux de la grande courbure de l'estomac, ou avec les superficiels de l'extrémité de la portion cœco-gastrique du colon ; ceux du pourtour du pylore s'anastomosent avec les pancréatiques, et se portent avec eux dans la branche hépatique.

5°. Les pancréatiques suivent aussi les divisions des veines de cet organe, se réunissent ou avec les hépatiques ou avec les spléniques, quelques-uns se dégorgent directement dans la branche commune.

Outre ces trois portions ou troncs lymphatiques qui constituent le réservoir sous-lombaire, il faut remarquer que, dans l'abdomen, le canal thoracique reçoit aussi les lymphatiques des reins et des capsules surrénales. Ces vaisseaux, qui sont superficiels et profonds, traversent des ganglions situés au côté interne des parties d'où ils émanent, et se dégorgent dans la face supérieure du réservoir sous-lombaire.

§. II. *Pendant son trajet dans le thorax*, le canal thoracique reçoit tous les lymphatiques qui sortent des ganglions sous-dorsaux, bronchiques, cardiaques, ceux qui émanent des ganglions de l'ars gauche, ceux qui proviennent des ganglions sous-linguaux et gutturaux. Dans cette série nombreuse, se trouvent les lymphatiques des parois du thorax, des organes thoraciques, de la tête, du cou et du membre antérieur gauche.

1°. Les superficiels du thorax qui s'ouvrent à la surface de la peau, ou qui s'élèvent des muscles , forment plusieurs gros rameaux qui suivent la veine sous-cutanée thoracique , se réunissent avec les superficiels antérieurs des parois de l'abdomen , et vont se rendre dans les ganglions des ars.

Les lymphatiques profonds des parois du thorax ont plusieurs directions et se jettent dans des ganglions différens. Les sus-sternaux , qui s'unissent avec quelques abdominaux , suivent la veine sus-sternale et gagnent un ou deux ganglions situés à l'entrée de la cavité thoracique. Les intercostaux , qui naissent de la plèvre et des muscles intercostaux , accompagnent les veines intercostales , traversent les ganglions sous-dorsaux et se rendent par plusieurs rameaux dans le canal thoracique. Les lymphatiques de la partie charnue du diaphragme , se réunissent les uns avec les intercostaux postérieurs , les autres avec les sus-sternaux , tandis que ceux des piliers gagnent les ganglions sous-dorsaux où ils s'anastomosent avec les intercostaux ; ceux du centre aponévrotique s'anastomosent avec les sus-hépatiques , se dirigent en devant entre les lames du médiastin jusqu'au cœur , où ils se jettent dans un des ganglions cardiaques.

2º. Les lymphatiques des diverses parties contenues dans la cavité thoracique, traversent un ou plusieurs des ganglions bronchiques ou cardiaques, forment ensuite différentes branches qui se dégorgent dans le canal thoracique. Les pulmonaires très-nombreux sont ou superficiels ou profonds ; les premiers naissent de la surface des poumons, rampent sous la tunique qui enveloppe ces organes, et aboutissent dans un ou plusieurs des ganglions bronchiques. Les profonds qui proviennent des cellules pulmonaires et des aréoles du tissu lamineux, suivent les divisions des veines pulmonaires, gagnent la base des bronches, se réunissent avec les superficiels, et traversent un ou deux ganglions bronchiques.

Les cardiaques qui proviennent ou des surfaces tant extérieures qu'intérieures du cœur, ou du tissu musculeux de cet organe, montent vers la courbure de l'aorte et se jettent dans les ganglions cardiaques.

Ceux qui émanent de la partie supérieure du médiastin et de l'œsophage, se réunissent partie avec les intercostaux, et l'autre partie avec les bronchiques ; ceux qui proviennent de la partie antérieure de cette même cloison,

ou qui s'élèvent du thymus , de la trachée et
de l'œsophage , se réunissent ou avec les sus-
sternaux , ou bien avec les cardiaques et les
intercostaux antérieurs.

3°. Les lymphatiques de la tête forment deux
plans, l'un superficiel et l'autre profond. Les
superficiels suivent les divisions des veines
sous-cutanées, se rendent partie dans les
ganglions sous-linguaux , et l'autre partie
dans les ganglions gutturaux. Les profonds
qui proviennent des narines , des sinus, de
la bouche, du palais, etc, , vont aussi se
plonger dans les ganglions sous-linguaux et
gutturaux où ils se réunissent avec les superficiels. De ces deux grouppes de ganglions
auxquels aboutissent les lymphatiques de la
tête , partent plusieurs gros rameaux , dont
deux ou trois descendent sur la face antérieure de la trachée-artère , d'autres suivent
les veines sous-cutanées et profondes , s'u-
nissent avec ceux du cou et gagnent ainsi
l'entrée de la cavité thoracique. Tous ces
vaisseaux se terminent en plus grande partie
dans le canal thoracique , quelques-uns du
côté droit se dégorgent dans le canal brachial
droit.

4°. Les lymphatiques du membre antérieur

gauche offrent la même disposition que ceux des membres postérieurs, et se distinguent en superficiels et en profonds. Les premiers, qui constituent des ramifications diverses, suivent les veines superficielles ; les plus considérables forment un plexus qui accompagne la veine cutanée du membre. Les profonds proviennent du sabot, des muscles et des os, suivent les divisions des veines profondes, montent avec elles et se plongent dans les ganglions de l'ars où ils se réunissent avec les premiers, et d'où ils se jettent dans le canal thoracique.

Du Tronc droit.

Ce canal lymphatique très-court, est situé obliquement à l'entrée du thorax, sur l'apophyse trachélienne de la dernière vertèbre du cou, s'étend de haut en bas et de dehors en dedans, se termine le plus souvent dans la veine brachiale droite, mais se réunit quelquefois au canal thoracique, ou se dégorge tout à côté.

Ce tronc est formé par la réunion des lymphatiques qui sortent des ganglions de l'ars droit, de quelques lymphatiques droits des poumons, du cou et de la trachée.

Phénomènes organiques.

Destinés à la circulation du sang et de la lymphe, tous les organes que nous venons d'exposer forment, dans leur disposition générale, trois ordres de parties essentiellement distinctes par leur texture, le mode de progression et la nature du fluide qui les parcourt; mais qui toutes aboutissent, d'une manière plus ou moins immédiate, à un viscère central, musculeux, qui les réunit et concourt à l'exécution et à l'entretien de leurs fonctions.

Le cœur qui est le viscère central, le principal agent de la progression des liqueurs circulatoires, reçoit par les veines les fluides absorbés, ainsi que le sang qui n'a pu servir aux sécrétions. Ce liquide est poussé dans les artères qui le transmettent dans toutes les parties du corps, où il sert aux différentes sécrétions, et d'où le superflu passe dans les veines qui le reconduisent au cœur. Ce cours continuel du sang, ainsi projeté du cœur dans les artères, et de celles-ci dans les veines par lesquelles il revient au cœur, constitue une sorte de mouvement circulaire que l'on a nommé *circulation*, et d'où dérivent différens phénomènes subséquens , très-importans à connoître.

Pour saisir l'ensemble des phénomènes variés qui dérivent de l'action combinée des organes circulatoires , il est important de savoir qu'ils constituent différentes fonctions, qui se lient , s'entretiennent l'une par l'autre, et qui sont la circulation , les sécrétions , la nutrition et l'absorption. La circulation comprend la progression du sang dans le cœur, les artères et les veines ; les sécrétions , qui sont une suite de la circulation , ont lieu par les extrémités des vaisseaux , qui élaborent les fluides et leur impriment des propriétés particulières ; la nutrition qui est , pour ainsi dire , une continuité des sécrétions , comprend la progression des fluides sécrétés dans les aréoles, les vacuoles, sur les surfaces, etc. , où ils subissent une dernière élaboration qui les assimile aux parties ; l'absorption est une fonction opérée par les lymphatiques , qui consiste à prendre , à porter dans l'intérieur du corps, une partie des fluides perspirés ou répandus sur les surfaces , dans les cavités cellulaires , vacuolaires , aréolaires.

§. I. *Circulation*. Cette fonction , qui commence avec la vie et ne s'éteint qu'avec elle , entretient un mouvement de vibratilité qui a lieu dans toutes les parties, mais à des degrés différens; elle fournit aux organes les matériaux de leur nutrition, ainsi que les substances propres à entretenir, à réparer les pertes continuelles qu'ils éprouvent, et a lieu différemment dans le cœur, les artères et les veines.

La circulation dans le cœur dépend de la contraction très-forte dont est doué le tissu musculeux de cet organe; elle projette le sang veineux et la lymphe dans les artères, et s'exécute de la manière suivante : le sang versé par les veines dans les deux oreillettes dilate ces cavités, et devient pour elles un stimulant qui en sollicite la contraction. Les oreillettes, ainsi distendues et irritées, se resserrent sur la base du cœur, sur le cercle tendineux qui est l'unique point d'appui de leur substance charnue; elles pressent, compriment le fluide dont elles sont surchargées, le poussent, en plus grande partie, dans les ventricules qui se trouvent alors relâchés, en font refluer une petite partie dans les veines, et gardent le reste; le sang parvenu dans les ventricules y produit le même effet que dans les sinus veineux; il distend les cavités

vités ventriculaires qui, douées d'une myotilité très-énergique, ne tardent pas à réagir sur lui, et le forcent à s'échapper par les endroits qui résistent le moins. La contraction des ventricules, qui se fait de la pointe à la base, sur le cercle coronaire où les fibres charnues sont implantées par leurs extrémités, projette la plus grande partie du sang dans les troncs artériels ; tandis qu'une petite partie s'échappe dans les oreillettes alors relâchées, et y reflue malgré les valvules ventriculaires qui ne se soulèvent pas assez vite, ou qui ne s'appliquent pas assez immédiatement pour empêcher tout le reflux ; une troisième partie de ce sang reste dans les ventricules qui, de même que les oreillettes, ne se vident jamais complettement. Le sang arrivé dans les artères y éprouve une pression qui le projette dans les ramifications du système artériel ; les valvules artérielles qui, lors de la contraction des troncs artériels, se soulèvent, soutiennent la colonne du sang, l'empêchent de retomber dans les ventricules, sinon en totalité, du moins en grande partie, et le forcent ainsi à parcourir les divisions des artères. Il suit de-là que l'action du cœur est excitée, continuellement entretenue par le sang qui y aborde de toute part, et qui en est alternativement expulsé.

Le cœur éprouve deux mouvemens alternatifs qui se développent dans l'embryon, se soutiennent toute la vie, et constituent les battemens qui lui sont propres; de ces deux mouvemens, l'un de contraction dépend de la propriété du tissu de l'organe, détermine le resserrement des cavités et forme la *sys-tole*; l'autre d'expansion, de dilatation, a lieu pendant le relâchement des parois mus-culeuses, permet l'ampliation des cavités, et forme la *diastole*. Les quatre sacs mus-culeux qui composent ce viscère, se meuvent dans l'ordre suivant : les deux oreillettes se contractent ensemble, pendant que les ven-tricules se relâchent; et les deux ventricules se resserrent en même temps, pendant le relâchement des oreillettes. Les veines, et sur-tout les veines-caves, se dilatent pen-dant la systole des oreillettes, et se resserrent pendant leur diastole; les artères se dila-tent pendant la systole des ventricules, et se contractent pendant leur diastole; de ma-nière que le mouvement des oreillettes est isochrone avec celui des artères, et hétérochrone avec celui des ventricules et des veines caves.

Pour pouvoir exécuter ses battemens et se remplir d'un côté, tandis qu'il se vide par l'autre, le cœur éprouve un déplacement continuel, une vraie locomotion de haut en bas et alternativement de bas en haut, mouvement qui dépend de son mode d'organisation. Dans leur contraction, les ventricules se resserrent de la pointe contre la base où se trouve constamment le point fixe de leurs fibres charnues ; ils exécutent une sorte de torsion qui les raccourcit et en diminue la grosseur : de leur côté, les oreillettes se resserrent dans tous les sens sur le tendon coronaire. Or, les mouvemens des ventricules étant opposés à ceux des oreillettes, il en résulte que, lorsque les ventricules se contractent, la masse du cœur est portée en bas contre le sternum, et qu'alors les oreillettes ont la liberté de se gonfler et d'admettre le sang apporté par les veines ; le contraire a lieu de la même manière durant la contraction des oreillettes, qui permet la dilatation des ventricules, et pendant laquelle le cœur est porté en haut. Ainsi les battemens du cœur, que l'on sent et que l'on entend quelquefois sur le côté gauche du sternum et à l'endroit correspondant à la pointe de ce viscère , dépendent du déplacement de cet organe qui se porte sur le sternum , et sont produits par la contraction des ventricules, qui frappent sur les parois avec d'autant plus de force qu'ils sont plus irrités.

Tel est l'ordre dans lequel s'exécute la progression du sang dans le cœur. Elle subit des variations infinies , que l'on peut, par des moyens médicamenteux, exciter, affoiblir ; à l'approche de la mort, elle éprouve des irrégularités , des intermittences remarquables, qui sont les avant-coureurs du terme de la vie. A la mort , le mouvement du cœur ne s'éteint pas en même temps dans ses quatre cavités ; il est reconnu depuis très-long-temps que le ventricule droit et l'oreillette du même côté survivent quelque temps au ventricule et à l'oreillette gauche, et que ces deux premières cavités que l'on appelle l'*ultimum moriens*, se meuvent encore, lorsque les cavités gauches ne donnent plus aucun signe de battement.

La progression du sang dans le systême artériel dépend de la force contractile dont sont douées les parois des artères , ainsi que de l'action du cœur dont les pulsations se font ressentir jusqu'aux dernières ramifications de ces vaisseaux. Le sang contenu dans les artères remplit constamment leur cavité , circule lentement et va progressivement des troncs aux branches , aux rameaux et aux ramuscules ; à chaque contraction des ventricules , le sang pressé par l'abord d'une nouvelle colonne de fluide , soulève les parois des vaisseaux , en détermine la dilatation , et par suite la contraction. Ainsi l'action combinée du cœur et des artères dont les battemens sont hétérochrones , projette sans cesse le sang du centre à la circonférence , le fait circuler dans toutes les parties du corps , l'offre aux différens organes qui y puisent les élémens de sécrétion , entretient sa chaleur , sa fluidité , ainsi que ses propriétés vitales.

Le mouvement de systole et de diastole alternatives , dont sont douées les artères , ne paroît pas se faire uniformément dans toute l'étendue du systême artériel ; toute proportion égale d'ailleurs , il est plus élevé dans les petites ramifications que dans les troncs. Dans leur mouvement , les artères éprouvent , comme le cœur , un léger déplacement, une locomotion plus ou moins marquée, qui est facilitée par le tissu lamineux abondant dont sont entourés ces vaisseaux. Leur battement qui se fait avec plus ou moins de force, plus ou moins de vitesse, constitue les différens états du pouls, sert à éclairer dans la connoissance des maladies et forme les principaux élémens du diagnostic.

Le pouls subit des variations infinies, tant en santé qu'en maladie. En général, il est d'autant plus fréquent que l'animal est plus jeune, qu'il est plus petit, plus irritable, qu'il se trouve dans une température plus élevée, qu'il a fait plus d'exercice, a été plus ou moins tourmenté. Le pouls est aussi plus accéléré pendant le cours de la gestation. Les affections diverses auxquelles les animaux sont exposés, rendent le pouls irrégulier, intermittent, accéléré ou lent, fort ou foible, dur ou mou, suivant le mode de lésion et le degré de la maladie.

Considéré dans l'état de santé parfaite, le pouls des différens animaux domestiques offre des variations très-grandes dans la fréquence de ses battemens.

D'après les observations de *Hales* et de

Bourgelat, on compte dans un très-jeune poulain 65 pulsations par minute ; on n'en trouve plus que 55 dans un poulain de trois ans ; 48 dans le cheval limousin de cinq ans ; 42 dans le cheval dont le développement est complet et qui est dans un état de tranquillité ; 34 à 36 dans des jumens faites ; enfin 30 dans le cheval déjà vieux. Quant à la fréquence du pouls du bœuf et de la vache , les pulsations sont à-peu-près en même nombre que dans le cheval. Ces mêmes auteurs ont déterminé le nombre des pulsations dans le mouton à 60 par minute, et celles du chien à 97.

Des observations faites sur les quadrupèdes domestiques , m'ont donné les résultats suivans : j'ai calculé 38 à 39 pulsations par minute dans un poulain de quatre ans , de selle, et qui étoit élevé au sec ; 31 à 32 dans deux chevaux espagnols de moyenne taille , de selle , l'un marquant neuf ans et l'autre dix ; 33 à 34 dans une jument limousine, de selle , de huit à neuf ans ; 31 à 32 dans une autre jument de même taille , mais ayant deux ans de moins que la précédente ; 38 à 39 dans une petite jument de selle , pleine de cinq à six mois , et âgée de sept à huit ans.

Considéré à l'artère glosso-faciale , le pouls

a battu 55 à 56 fois par chaque minute dans un âne de quatre ans et de petite stature; 46 à 48 fois dans un second, de six ans et de haute taille; 48 à 50 fois dans un troisième qui étoit bien moins grand, mais qui avoit sept ans.

Examiné dans le bœuf, les pulsations de l'artère ont été de 45 à 46 dans un taureau de quinze à dix-huit mois; de 54 à 55 dans une génisse du même âge; de 40 à 42 dans une vache de quatre ans; et de 34 à 35 dans une autre vache de huit à neuf ans.

La bête à laine a le pouls plus accéléré; dans l'espace de chaque minute, j'ai compté 78 à 80 pulsations dans une brebis roussillonne, troisième métis, trois ans; 67 à 68 dans une vieille brebis, d'environ quatorze ans; 72 dans un mouton de trois ans, qui n'avoit été châtré que depuis un mois; 68 dans un superbe bélier espagnol, de quatre ans et demi; 69 à 70 dans un autre bélier moins fort et ayant un an de moins.

Pour le battement du pouls du chien, j'ai trouvé 97 pulsations par minute dans une chienne de chasse, de trois ans et en bon état; 90 dans un chien mâtin, de deux à trois ans et de grande stature.

D'après ces diverses considérations, pour

établir un terme moyen de la fréquence du pouls de chaque quadrupède domestique, il est indispensable de prendre un intermédiaire de quelques pulsations, parce que le pouls, quoique considéré dans l'animal formé et en parfaite santé, éprouve toujours des variations, suivant que le sujet est plus ou moins vieux, plus ou moins grand, plus ou moins irritable. Ainsi le pouls du cheval formé donne par minute de 32 à 38 pulsations ; celui de l'âne de 48 à 54 ; celui du bœuf et de la vache de 35 à 42 ; celui du mouton de 70 à 79 ; enfin celui du chien de 90 à 100 (1).

Dans le cheval, l'âne et le mulet, l'on tâte ordinairement le pouls à l'artère glosso-faciale, en portant le doigt sur le contour qu'elle fait au bord inférieur de l'os maxillaire, pour se ramifier sur le chanfrein ; ou bien aux artères *coccygiennes* dont le battement se fait sentir à la face inférieure de la base de la queue ; l'on peut aussi le tâter, mais bien plus difficilement, aux artères *céphaliques*, *sous-zygomatiques* et *latérales* des pieds, ainsi qu'à une division de la cubitale posté-

---

(1) Dans la chienne l'on compte toujours quelques pulsations de plus que dans le chien.

rieure , au-dessus du genou proche de la châtaigne.

Dans le bœuf, on sent le pouls aux mêmes endroits que dans le cheval ; on peut aussi le tâter à l'artère *oriculaire antérieure* , en mettant les doigts sur cette artère qui rampe sous la peau , de bas en haut , en avant de la base de l'oreille.

Dans le mouton , le pouls se tâte sur l'artère *fémorale* à la face interne de la cuisse, proche de l'aine ; l'on peut aussi le sentir, et même avec facilité , aux artères *céphaliques*.

Dans le chien , le pouls se tâte au côté interne du prolongement dactyloïde qui est à la partie postérieure de la région carpienne ; et postérieurement on le sent à l'artère *fémorale* (1).

La circulation du sang dans les veines est lente , se fait uniformément des radicules

---

(1) Nous n'avons pas parlé du pouls du cochon, 1°. à cause des difficultés que nous avons éprouvées pour compter le nombre des pulsations ; 2°. parce que nous y avons attaché peu d'importance, vu l'inutilité de sa connoissance dont on ne peut pas s'assurer dans les maladies dont sont affectés ces animaux. On juge de l'inflammation qui leur survient, par la chaleur et la rougeur des oreilles.

vers les rameaux, les branches, les troncs, et se soutient ainsi jusqu'au cœur. Elle dépend de la tonicité dont sont doués ces vaisseaux, qui, dans leurs cavités, offrent des valvules qui s'opposent au retour du sang. La progression de la liqueur contenue dans ces vaisseaux devient d'autant plus lente, que les animaux avancent plus en âge ; les exercices forcés, les compressions diverses sur les veines, en diminuent aussi l'activité. La veille, les digestions pénibles, les courses véhémentes, les travaux trop long-temps soutenus, les fortes chaleurs, augmentent la masse du sang veineux, produisent l'engorgement des vaisseaux, et sont autant de circonstances qui ralentissent la circulation veineuse.

La progression du sang n'est pas la même dans tout le système veineux ; elle est plus active dans les veines musculaires qui sont très-valvuleuses, qui ont entr'elles de fréquentes anastomoses, et éprouvent, de la part des muscles, une pression qui contribue efficacement à faire circuler le sang : elle est très-lente dans la veine-porte qui est dépourvue de valvules.

La lenteur particulière qu'éprouve cette

circulation veineuse, le mouvement rétrograde qui se fait constamment dans certaines
veines, comme les veines-caves et pulmonaires, ont généralement pour but, ou de
favoriser l'élaboration du sang et lui imprimer
des qualités particulières, ou d'aider la fonction de certains organes.

D'après tout ce que nous venons d'exposer
sur la circulation, il résulte que le cœur
transmet, par un battement continuel de
diastole et de systole alternatives, le sang
dans les artères ; que celles-ci, douées de
même d'une diastole et d'une systole alternatives, le projettent dans toutes les parties
du corps ; que la partie rouge du sang, prise
par les radicules veineuses, est rapportée au
cœur sans pulsations ; que le sang chassé par
le cœur se porte dans deux troncs artériels
qui ont chacun leur systême veineux ; qu'enfin il se fait deux circulations, celle qui a
lieu dans les poumons par le moyen de l'artère et des veines pulmonaires, et celle qui
se fait par l'aorte et les veines-caves. La première qui est la petite circulation, que l'on
nomme aussi la circulation pulmonaire, s'exécute ainsi qu'il suit : le sang revenant de
toutes les parties du corps est déposé dans

l'oreillette droite , d'où il est transmis dans le ventricule qui lui correspond ; celui-ci le pousse dans l'artère pulmonaire qui le distribue dans toute l'étendue des poumons , et le fait passer dans les veines pulmonaires qui le conduisent dans l'oreillette gauche.

La grande circulation , que l'on nomme aussi la circulation générale, porte le sang qui a passé par les poumons , au moyen de la petite circulation , dans toutes les parties du corps ; elle a lieu de la manière suivante : le sang rapporté des poumons par les veines pulmonaires , et déposé dans l'oreillette gauche , passe dans le ventricule gauche qui le chasse dans le tronc aortique ; parvenu dans l'aorte , il parcourt toutes les divisions de cette artère qui le distribue dans toutes les parties du corps ; enfin il revient dans l'oreillette droite par les veines qui, d'après l'ordre de la circulation , correspondent aux ramifications du systême aortique et aboutissent aux deux veines-caves.

§. II. *Sécrétions.* Cette fonction , qui est très-étendue et très-importante , consiste à extraire du sang les matériaux propres à former des liqueurs particulières , dont quelques-unes sont transmises au-dehors du corps

comme superflues ; tandis que les autres destinées à quelques usages, sont absorbées,
mêlées de nouveau avec le sang et reportées
dans le torrent de la circulation.

En considérant la manière dont s'exécutent
les sécrétions, la nature et la disposition particulière des organes qui y coopèrent, l'on
peut en distinguer trois modes : 1º. la sécrétion perspiratoire, celle qui s'exécute par les
extrémités des ramuscules exhalans, et qui a
lieu à toutes les surfaces, dans toutes les cavités splanchniques, cellulaires et aréolaires ;
2º. la sécrétion folliculaire, celle qui s'opère
par les cryptes ou follicules, et sert uniquement à la lubréfaction, à la linition des surfaces ; 3º. la sécrétion glandulaire, celle qui
s'opère par les glandes.

Quoiqu'également produits par l'action des
ramuscules exhalans, les fluides perspiratoires diffèrent essentiellement entr'eux par
leur nature et leurs usages. Les uns, presqu'entièrement aqueux, exhalés aux surfaces des membranes séreuses qui tapissent
les cavités splanchniques, sont repris par les
vaisseaux inhalans et reportés dans le torrent
de la circulation, pour servir à la nutrition
des différentes parties ; ou bien exhalés à la

surface de la peau, à l'intérieur des organes respiratoires, ils sont rejetés au - dehors comme superflus ou comme substances nuisibles. Les autres, au contraire, de nature huileuse, sont exalés dans les vacuoles du tissu lamineux, constituent la graisse qui, dans quelques cas, est détruite avec une promptitude extrême, et paroît être reprise par les vaisseaux inhalans.

La graisse est une substance huileuse, fluide dans l'animal vivant, mais plus ou moins concrète après la mort, qui est sécrétée dans les cavités du tissu lamineux, qui l'élabore et la contient accumulée. Formée essentiellement de carbone et d'hydrogène, cette substance n'est pas également disséminée par-tout ; on la trouve en grande quantité dans le tissu lamineux sous - cutané, entre le péritoine et les parois inférieures de l'abdomen, autour des reins, entre les lames du mésentère, de l'épiploon et du médiastin, autour des vaisseaux, dans les interstices des muscles.

Sa consistance et sa couleur varient dans les différens animaux domestiques ; chez les monodactyles, elle est jaunâtre et presque fluide ; dans les didactyles, elle est blanche, consistante, et connue dans le commerce sous le nom de *suif* (1) ; chez les animaux ruminans, elle s'accumule en grande quantité autour des reins, forme une masse qui enveloppe de toutes parts ces organes ; dans le cochon, elle est blanche, très-abondante, et prend un certain degré de consistance par le refroidissement (2) ; tandis que dans le chien, quoique également très-blanche, elle devient peu consistante.

Dans les animaux adultes, la castration, la saignée, le repos, les alimens succulens et de facile digestion, sont généralement les moyens bien connus et propres à déterminer

______

(1) Dans le mouton et la chèvre, le suif est généralement plus consistant que dans le bœuf. Cette consistance dans tous les ruminans varie encore en raison de l'âge, de la nourriture et de la saison de l'année.

(2) La graisse du cochon, extraite de ses vésicules par la fusion, est généralement connue sous le nom de *saindoux* ; souvent aussi on la nomme *axonge*, mais cette dénomination qui dérive du latin *axium unguen* signifie strictement, ainsi que M. *Chaussier* le remarque d'après *Pline*, la graisse pour oindre les essieux. Le *lard*, qui se trouve au-dessous de la peau de l'animal, est un tissu de vésicules membraneuses, très-fines et très-serrées, qui contient une graisse qui diffère de celle que l'on trouve dans les autres parties.

la

la formation et l'accumulation de la graisse. Les alimens très-nutritifs, donnés en quantité, sont bien les causes essentielles de l'engraissement, mais ils n'ont d'efficacité qu'autant que les animaux que l'on engraisse se trouvent dans un état tel qu'ils fassent peu de pertes. Aussi tel est le but que l'on se propose en employant la castration, la saignée, le repos, et même la cécité chez quelques animaux. Tous ces moyens tendent à diminuer les pertes, à détruire l'équilibre que la nature a établi entre la perspiration et l'absorption, en un mot, à affoiblir la dernière, afin que la première puisse prédominer.

Les ruminans et le cochon sont les seuls quadrupèdes domestiques dont l'engraissement offre des avantages ; et pour cela il faut, 1º. qu'ils aient acquis tout leur accroissement ; 2º. que tous les organes importans à l'exercice de la vie se trouvent dans une intégrité parfaite ; 3º. enfin, qu'ils n'éprouvent aucune affection douloureuse, capable de déranger la digestion et d'augmenter la sensibilité générale. Il faut aussi remarquer que les vieux animaux s'engraissent plus facilement que ceux qui sont encore jeunes, dans lesquels l'énergie vitale est portée à un haut degré, et chez lesquels il est trop difficile de détruire l'équilibre des pertes et des réparations, à cause de la prédominance de la sensibilité et de la circulation artérielle.

Les animaux une fois engraissés regagnent très - difficilement, et très - rarement leur premier état de force, d'énergie et d'équilibre entre toutes les fonctions : le bœuf et le cochon survivent ordinairement à l'engraissement, et peuvent y être soumis plusieurs fois. Mais le mouton, chez lequel toutes les affections tendent promptement à la destruction, et deviennent morbides, ne peut s'engraisser qu'une seule fois. Dans ce quadrupède, la graisse formée en grande quantité, détermine une débilité générale, une tendance irrésistible à l'atonie, et devient ainsi cause absolue de destruction.

Ces principes, fondés sur l'organisation animale, quelques précis qu'ils puissent paroître, doivent suffire pour donner une juste idée des phénomènes de l'engraissement, et pour faire apprécier les différens modes que l'on met en usage pour parvenir à engraisser les animaux que l'on destine à la boucherie.

Les fluides sécrétés par les cryptes ou fol-

licules ne paroissent être , dans les commen-
cemens , de même que les fluides perspiratoires , qu'une exhalation vaporeuse , essentiellement séreuse et chargée d'une certaine
proportion de gélatine ; mais, bientôt transformés en liquides , et soumis continuellement à l'action des vaisseaux absorbans , ils
acquièrent par leur séjour , de la consistance ,
de la viscosité , et deviennent ainsi propres
à servir d'enduit , de linition aux surfaces
qui sont exposées au contact d'une substance étrangère. La nature de ces fluides
varie beaucoup , en raison de la texture particulière des différentes espèces de follicules
et de l'usage des parties. Les uns , essentiellement muqueux , se répandent à la surface
des organes destinés au passage des substances
alimentaires ou de leur résidu , à l'intérieur
des organes respiratoires , à la face interne
de la vessie urinaire , du vagin , etc. ; les autres , de nature huileuse , unguineux , céru-
mineux , enduisent les surfaces exposées à
quelques frottemens , ou soumises au contact
et à l'impression continuelle de l'air atmosphérique.

Très-différens entr'eux par leurs propriétés
et leurs usages , les fluides sécrétés par les

glandes sont la salive, la liqueur pancréatique, les larmes, la bile, l'urine, le sperme, le lait. D'où provient la dissemblance extrême qui existe entre la plupart de ces fluides sécrétoires? Cette question, ainsi que beaucoup d'autres, qui sont du ressort de la physiologie, n'obtiendra peut - être jamais une solution exacte. La nature de chaque fluide sécrétoire ne dépendroit - elle pas essentiellement du volume, du nombre, de la nature, de l'arrangement ou disposition particulière des nerfs et des vaisseaux, par suite d'un mode spécial de sensibilité et d'action propre à chaque espèce de glandes?

Quoi qu'il en soit, les liqueurs qui sont le produit d'une action glandulaire subissent dans une foule de circonstances, des variations plus ou moins grandes et relatives à leur proportion, à leur couleur, à leur consistance, à leur composition et à leurs propriétés: quelques - unes sont susceptibles d'éprouver une altération très-grande, et une dégénérescence telle, qu'elles peuvent devenir cause d'accidens graves et quelquefois funestes (1).

A mesure que ces liqueurs sont sécrétées,

____

(1) La salive dans la rage, le suc gastrique durant la faim prolongée.

elles passent dans des canaux excréteurs qui les transmettent au dehors, ou qui les déposent dans des cavités, dans des réservoirs particuliers, où elles subissent des changemens différens et plus ou moins marqués, suivant l'état de la partie qui les contient, et selon le temps qu'elles y séjournent.

§. III. *Nutrition*. Soumis à l'influence d'un principe intérieur d'action qui manifeste son existence dans toutes les parties, qui transforme sans cesse ces dernières, les maintient dans une activité continuelle, et les entretient dans une balance alternative de déperdition et de réparation, les liquides et les solides organiques sont modifiés, à chaque instant, par les pertes continuelles qu'ils éprouvent, soit par l'action de l'atmosphère, les perspirations et excrétions diverses, soit par l'absorption des matériaux dont ils se dépouillent sans cesse et qui rentrent dans le torrent de la circulation. La nutrition qui a pour objet de réparer ces pertes, en appropriant et en assimilant au corps les matériaux de substances qui lui étoient étrangères, est ainsi une fonction très-importante et fort étendue, dont l'étude peut fournir les applications les plus utiles à l'économie domestique.

L'air et les alimens fournissent les matériaux premiers, qui, après diverses élaborations, sont enfin assimilés et transformés
en substance organisée. Ces élémens de nutrition passent d'abord dans le torrent général de la circulation où ils se mêlent avec
le sang, sont portés dans l'organe pulmonaire, distribués ensuite dans les différentes parties du corps où ils sont travaillés
par les vaisseaux sécréteurs, puis retenus et
assimilés aux organes. Dans ce long trajet
qu'ils parcourent plusieurs fois avant d'être
assimilés, ces matériaux nutritifs éprouvent
l'influence de l'action de différens organes
qui leur impriment des qualités particulières.
Ils subissent, en premier lieu, les effets de
l'action de tout le systême lymphatique ; ils
vont ensuite dans les poumons où les fluides
apportés par l'artère pulmonaire reçoivent
une grande élaboration ; sortis des poumons,
ils parcourent la grande circulation, pendant
laquelle ils se trouvent exposés au battement
des artères. Mais les changemens les plus
marqués que subissent les liqueurs avant d'être
assimilées, sont ceux que produisent les sécrétions ; aussi ces changemens précèdent-ils
toujours l'assimilation.

La nutrition est plus prompte dans les jeunes sujets, et elle surpasse de beaucoup les pertes qui s'y font ; dans l'adulte, il semble qu'il existe une compensation entre les pertes et la nutrition ; mais dans les vieux animaux, les pertes paroissent être plus grandes que les réparations, qui sont lentes et difficiles. Toutes les circonstances qui augmentent et qui prolongent les pertes affoiblissent ou empêchent la nutrition, intervertissent l'ordre qui existoit entre les déperditions et les réparations. Au contraire, les circonstances qui occasionnent les pertes, sans les pousser trop loin et les prolonger trop long-temps, développent et entretiennent une plus grande nutrition.

Chaque partie a son mode particulier de nutrition, une manière particulière de travailler les matériaux que lui offre la circulation et de se les approprier. On peut, en ayant égard à la nature et à la texture des solides organiques, distinguer deux espèces de nutrition, 1°. celle des chairs ou parties molles ; 2°. celle des os ou parties dures.

La nutrition des os, ou mieux l'ossification, comprend le développement de l'os, son accroissement et son entretien (1).

§. IV. *Absorption.* Cette fonction, à l'exécution de laquelle est préposé le systême lymphatique, consiste à porter dans le torrent général de la circulation les fluides qui touchent la surface du corps, ou qui sont exhalés et formés dans l'intérieur de ses différentes cavités. Pour produire ces effets, les radicules absorbans se redressent, s'ouvrent, se resserrent alternativement, et pompent ainsi les fluides qui se trouvent en contact avec leurs orifices.

Cette fonction est tellement dépendante de la contractilité des absorbans, qu'elle varie toutes les fois que ces vaisseaux éprouvent eux-mêmes des variations dans le degré de leur contraction; aussi toutes les causes qui excitent, augmentent leur action, déterminent-elles une absorption plus grande. Ainsi la brosse, l'étrille employées dans le pansement; les résolutifs, les stimulans appliqués sur les tumeurs; les frictions faites avec la main ou avec un bouchon de paille, n'agissent qu'en excitant la sensibilité, la contractilité des vaisseaux absorbans. Les

____

(1) Tome 1, page 114.

virus appliqués sur la peau ne sont si promptement absorbés, qu'à cause de l'irritation
qu'ils y occasionnent. L'inflammation des
membranes villeuses simples ne produit l'adhérence de leurs parties contiguës, qu'en
augmentant l'absorption de l'humeur qui les
arrose.

Le relâchement, au contraire, en diminuant l'action contractile des radicules lymphatiques, diminue aussi l'absorption. C'est
ainsi que des sueurs abondantes et fréquentes,
en débilitant la peau, diminuent aussi l'action
des absorbans. Dans la pourriture, la pommelière et autres maladies de même nature,
l'air est expiré presque pur, parce que la
langueur des forces vitales des poumons, la
débilité excessive dans laquelle se trouvent
ces organes, ont pour ainsi dire anéanti
la perspiration et l'absorption, actions qui
s'accompagnent mutuellement, et dont la séparation est constamment préjudiciable à
l'organisme.

Par la même raison, les hydropisies sont
le plus souvent l'effet de la foiblesse générale
du système lymphatique. Ces maladies sont
ordinairement opiniâtres et même incurables,
parce que la sérosité qui baigne alors les su-

çoirs absorbans, en émousse de plus en plus la contractilité. La débilitation qui succède à une affection, occasionne de même l'engorgement du tissu lamineux de certaines parties ; cet engorgement se porte ordinairement dans les parties inférieures des membres sur lesquels l'animal reste debout. C'est en vertu de ces mêmes lois, que les animaux qui ont été menés à un haut point d'engrais, ne peuvent plus reprendre leur énergie première, et finissent souvent par périr de maladies cachectiques. Ainsi la bête à laine est affectée de la pourriture ; le bœuf et la vache, de la pommelière ; le cochon, de l'hydropisie, qui est d'abord partielle, mais qui devient ensuite générale.

L'absorption éprouve encore d'autres variations qui ont lieu dans l'état de santé, et qui dépendent des rapports sympathiques qui existent entre les organes. En général, on remarque que l'absorption cutanée est plus active, lorsque celle de l'intestin se trouve ralentie ; que, lorsque l'absorption intestinale est en pleine activité, la cutanée se trouve d'autant plus diminuée, et demeure, pour ainsi dire, dans un état de suspension ; que ce ralentissement se fait aussi sentir dans l'absorption de toutes les autres parties, pendant tout le temps que dure celle de l'intestin. Il résulte de-là que, durant la chymification, l'absorption cutanée est peu élevée, et que celle du tissu lamineux se trouve aussi diminuée; qu'au contraire, pendant le sommeil, la diète et la faim, l'absorption intestinale est presque nulle; tandis que la cutanée et celle du tissu lamineux se trouvent considérablement augmentées. C'est pour cette raison qu'une longue abstinence entraîne toujours l'amaigrissement, et que les animaux privés d'alimens maigrissent rapidement. Le rapport qui existe entre l'absorption cutanée et l'absorption intestinale indique la nécessité de faire le pansement de la main, le matin avant que les animaux n'aient mangé, et en proscrit l'emploi après le repas, durant l'absorption du chyle.

Il ne paroît pas que chaque partie ait un mode particulier de prendre les fluides, pour les faire passer dans la circulation; l'absorption se fait de la même manière par-tout, mais les fluides absorbés ne se ressemblent pas dans toutes les parties. Ainsi, la peau et les poumons absorbent une portion d'air chargé de ses principes; l'intestin pompe le chyle ; les lymphatiques du péritoine , de la plèvre, du péricarde , des méninges , prennent presqu'en totalité les fluides perspirés à leur surface ; la graisse et la partie aqueuse des fluides sécrétés dans le tissu lamineux, sont emportés par les radicules inhalans ; les absorbans de la vessie , de la vésicule biliaire , des follicules, etc. , etc. , pompent la partie aqueuse de l'humeur contenue dans ces cavités.

La liqueur contenue dans les lymphatiques est portée, par un mouvement successif, des différens points d'où elle est absorbée , jusqu'aux troncs de ces vaisseaux qui la versent dans le torrent général de la circulation. La progression de la lymphe se fait à-peu-près comme celle du sang veineux, mais elle est généralement plus lente et moins uniforme. Le sang veineux subit un mouvement continu, il va graduellement dans des vaisseaux plus grands, et arrive ainsi au cœur. La lymphe, au contraire, éprouve de fréquentes interruptions , en passant dans les ganglions ou glandes lymphatiques, dans des vaisseaux plus fins ou plus resserrés. Mais c'est essentiellement dans les ganglions où son cours se trouve considérablement ralenti.

TABLE SYNOPTIQUE
DES ORGANES DE LA CIRCULATION.

Exposition des Parties.

1º. Le cœur qui comprend. . . . $\begin{cases} \text{le péricarde.} \\ \text{deux ventricules.} \\ \text{deux oreillettes.} \end{cases}$

2º. Le système artériel qui embrasse la série des divisions formées par deux très-gros troncs, savoir : *l'artère pulmonaire* et *l'aorte.*

(A) L'ARTÈRE PULMONAIRE donne à chacun des poumons un tronc secondaire, qui se ramifie sans former d'artères désignées par des noms particuliers.

(B) L'AORTE qui, par ses divisions, fournit des vaisseaux à toutes les parties, laisse échapper à son départ du ventricule gauche, les deux artères cardiaques, puis se divise en deux gros troncs d'une inégale grosseur, dont l'un, nommé *aorte antérieure*, forme toutes les artères de la partie antérieure du corps ; tandis que l'autre, beaucoup plus considérable, et appelée *aorte postérieure*, fournit tous les vaisseaux artériels de la partie postérieure du corps.

3º. Les veines dont l'ensemble constitue trois genres : 1º. le système de la veine-porte ; 2º. le système des veines pulmonaires ; 3º. le système des veines-caves.

4º. Les lymphatiques qui dans leur réunion aboutissent à deux troncs, dont l'un, qui est regardé comme le confluent général de ces vaisseaux, porte le nom de *canal thoracique ;* l'autre, très-petit, est appelé *tronc droit.*

Phénomènes organiques.

Circulation dans le Cœur — dans les Artères — Pouls — Circulation dans les Veines — Sécrétions — Engraissement des Animaux — Nutrition — Absorption.

ORDRE QUATRIÈME.

Organes de la sensibilité.

Les parties préposées à l'exercice de la sensibilité offrent, dans leur disposition, quelques rapports avec les organes qui servent à la circulation : ainsi que ces derniers, elles sont très-nombreuses, généralement disséminées dans tous les tissus du corps, se rattachent à un viscère qui est leur foyer central d'action ; mais elles en diffèrent essentiellement par leur texture, leur action et leurs usages.

On les divise en trois genres bien distincts, tant par leur disposition générale et leur mode d'organisation, que par leurs propriétés. Le premier genre comprend l'*encéphale* avec ses annexes ; le second embrasse les *nerfs* ; et le troisième est relatif aux *sens*.

PREMIER GENRE.

De l'Encéphale et de ses annexes.

L'encéphale (communément cerveau)organe mou, pulpeux, enveloppé de deux

membranes superposées, et pourvu d'un prolongement qui s'étend dans le canal rachidien,
est contenu dans la cavité du crâne, constitue
l'origine des nerfs, le centre des sens, et généralement de toutes les impressions.

Ainsi que l'estomac et les poumons, ce
viscère joue un des principaux rôles dans
l'organisme vivant, il exerce sur tous les
autres organes l'influence la plus marquée ;
mais les sens sont de tous, ceux qui se trouvent plus immédiatement soumis à son em-
pire, ceux qui, dans les affections morbides
de l'encéphale, sont les premiers affectés et
les premiers anéantis.

Solitaire et isolé des autres viscères, l'organe encéphalique est contenu dans le *crâne*,
qui, par sa disposition, forme une voûte
solide qui le met à l'abri des chocs, des impressions extérieures et des variations de
l'atmosphère.

Le *crâne*, qui est la plus petite des trois
cavités splanchniques et qui renferme l'encéphale, est formé par le concours de plusieurs os aplatis, réunis par des articulations
serrées, et qui se soudent d'autant plus vite
que les animaux ont la tête plus alongée (1).

______

(1) Voyez tome 1, page 143 et suivantes

De forme oblongue et ovalaire , cette cavité se continue dans l'intérieur du rachis, au moyen d'un canal qui loge le prolongement rachidien : considérée dans les différens états de la vie et chez tous les quadrupèdes domestiques , elle offre des différences assez remarquables et relatives à sa disposition générale , à sa grandeur et à sa forme absolue.

On distingue à la cavité du crâne diverses régions ; savoir, quatre faces, dont une antérieure , l'autre postérieure et deux latérales ; deux extrémités , l'une inférieure ou antérieure , et l'autre supérieure ou postérieure.

Faces. L'antérieure essentiellement formée par le frontal , le pariétal et l'occipital , est concave , anfractueuse , séparée par la protubérance pariétale et la crête transversale en deux parties , dont une constitue le couvercle du cerveau, et l'autre celui du cervelet. La première biconcave a des parois d'autant plus minces que les muscles épicraniens sont plus épais et plus prolongés sur elle. La seconde, qui est supérieure ou postérieure , qui recouvre le cervelet et qui est formée par l'occipital , offre une épaisseur considérable.

La face inférieure ou postérieure , inégalement concave , parsemée de cavités et de
trous ,

trous, est formée par le sphénoïde et le prolongement sous-occipital, constitue la base
du crâne, et offre divers trous et autres
parties que nous avons indiqués en parlant
de ces os (1).

Chaque face latérale garnie d'impressions
cérébrales présente une crête élevée, à bord
tranchant, qui s'étend obliquement depuis la
protubérance pariétale, jusque sur le sphénoïde où elle va se terminer insensiblement,
et qui sépare la cavité qui contient le cerveau, d'avec celle qui renferme le cervelet.

Extrémités. L'antérieure ou inférieure répond à la base du nez, est formée par l'ethmoïde, et offre deux fosses séparées par une
crête (2).

---

(1) Comme chez les monodactyles, le prolongement
sous-occipital est très-long, qu'il se trouve isolé entre les
deux ouvertures sous-occipitales qui sont fort grandes,
il en résulte que les coups portés sur le crâne déterminent fréquemment la fracture de ce prolongement; que
cela arrive presque toujours dans les ouvertures de cette
cavité, lorsque l'on n'a pas eu d'avance la précaution de
couper les apophyses styloïdes de l'occipital, afin que le
point d'appui que l'on est obligé de prendre pour enlever
le couvercle du crâne, se fasse sur les condyles du même os.

(2) Tome I, page 155.

2.   Z

L'extrémité postérieure ou supérieure offre un grand trou, qui communique avec le canal rachidien (1).

Toute la surface interne du crâne est tapissée par la méninge, membrane propre à l'encéphale, et que nous décrirons un peu plus loin.

Renfermé dans la cavité que nous venons d'exposer, l'organe encéphalique comprend quatre parties principales qui sont le *cerveau*, le *cervelet*, le *mésencéphale* et le *prolongement rachidien*. Ce viscère, dont la forme est analogue à celle de la cavité qui le contient, est formé d'une substance molle, pulpeuse, parsemée de vaisseaux sanguins d'une ténuité extrême, dont la consistance varie suivant l'âge, l'espèce et le tempérament des animaux, dont le volume n'est pas le même dans toutes les époques de la vie, ni dans toutes les classes de quadrupèdes domestiques.

L'encéphale est, de tous les organes, un de ceux qui se développe le premier ; il est aussi celui qui parvient le plutôt au degré d'accroissement qui lui est départi dans l'ordre de l'organisation animale ; et comme il se

______

(1) Tome I, page 124.

trouve formé de très-bonne heure, il s'ensuit que ce viscère est, toute proportion égale d'ailleurs, beaucoup plus considérable dans les jeunes sujets que dans l'âge adulte où il est plus consistant, et où toutes les autres parties sont entièrement formées.

On peut dire que, chez les quadrupèdes domestiques, le volume de l'encéphale est en raison inverse du volume de leur corps; aussi le chat, qui est le plus petit des quadrupèdes que nous considérons, est-il celui qui a le plus grand cerveau; tandis que le bœuf, qui est un de ceux qui a le corps le plus volumineux, se trouve avoir l'encéphale le plus petit.

Il est très-difficile, pour ne pas dire impossible, de déterminer une juste proportion du volume de l'encéphale, comparé à celui de la totalité du corps; parce que le poids de cet organe reste à-peu-près le même, tandis que celui du corps varie prodigieusement suivant l'état de maigreur ou d'embonpoint, dans lequel se trouvent les animaux. On ne peut donc donner qu'une approximation, très-variable à la vérité, mais nécessaire pour faire remarquer les animaux qui ont le cerveau ou plus grand ou plus petit.

Selon le professeur *Chaussier*, l'encéphale de l'homme adulte forme environ la 3o à 35e. partie du poids de son corps ; tandis que dans le fœtus avant terme il en constitue la moitié. Dans le bœuf, l'organe encéphalique équivaut environ la 800 à 860e. partie du poids de son corps ; dans le cheval, on peut le porter à la 4oo à 45o^e. partie ; dans l'âne, à la 25o à 26o^e. ; dans le mouton, à la 25o à 35o^e. ; dans le cochon, à la 4oo à 5oo^e. partie ; dans le chien, à la 2oo à 25o^e. ; enfin dans le chat, à la 1oo à 154e. partie.

La substance qui constitue l'organe encéphalique est essentiellement la même dans tous les animaux domestiques, et offre les mêmes caractères. Elle a une odeur qui approche de celle du sperme ; elle poisse les doigts qui l'écrasent ; elle reste imprégnée sur l'instrument tranchant qui la divise, et elle finit même par lui donner une teinte noirâtre, effet produit par la présence du soufre dont est chargée cette substance.

Coupée par tranches très-minces et exposée à l'air chaud, elle se dessèche, jaunit et devient consistante ; elle se durcit dans l'eau bouillante où elle acquiert une teinte terne et grisâtre ; dans les acides concentrés, ainsi

que dans l'alcool, elle prend de la consistance, devient ferme et s'y conserve ; plon-
gée dans une dissolution très-chargée de muriate de mercure suroxigéné, elle se solidifie
parfaitement et conserve cet état de dureté.
Les alkalis, les sucs gastriques sur-tout des
carnivores, dissolvent et fluidifient promptement la substance encéphalique.

L'organisation intime de l'encéphale est
absolument inconnue, cependant ce viscère
affecte une disposition constante, régulière,
et n'éprouve pas de changement remarquable
dans son volume qu'il acquiert de bonne
heure. Il est composé d'une substance molle,
pulpeuse, dans laquelle on remarque deux
portions, dont l'une est grise et l'autre
blanche.

La pulpe grise, que l'on nomme communément *substance corticale, cendrée,* forme
la première couche, la couche la plus extérieure du cerveau et du cervelet, l'intérieur
des tubercules bigéminées, etc.; elle est
cendrée, un peu plus molle que la pulpe
blanche, et est traversée par une grande
quantité de vaisseaux sanguins.

La pulpe blanche, désignée aussi sous le
nom de *substance médullaire,* occupe le

centre du cerveau, constitue essentiellement le mésencéphale et le prolongement rachidien; elle est parsemée de quelques taches rouges, produites par les vaisseaux sanguins qui la pénètrent (1).

L'encéphale est partagé en deux masses régulières, dont la séparation est marquée tant en dehors qu'en dedans, soit par des scissures, soit par des lignes, soit par des cloisons. Cet organe est enveloppé de deux membranes superposées que l'on nomme *méninges*, est parsemé, dans toute son étendue, d'un réseau vasculaire très-anastomotique, et présente des éminences, des scissures diverses. Il offre, dans son intérieur, des cavités qui communiquent entr'elles, des lacis vasculaires, des protubérances, des bandelettes, des stries, des cordons, etc. Sa surface supérieure ou antérieure porte deux scissures profondes, dont une transverse divise le cerveau d'avec le cervelet, l'autre longitudinale sépare le cerveau en deux lobes. De

---

(1) Entre ces deux pulpes, on distingue une très-petite teinte jaunâtre, dont *Sœmmering* a parlé le premier, que feu *Flandrin*, mon prédécesseur, considéroit comme une troisième pulpe ou substance, mais qui n'est pas assez remarquable pour occuper ce rang.

sa surface inférieure partent, de chaque côté, douze paires de nerfs, dont le nombre et l'origine sont toujours constans.

Toutes ces diverses parties de l'encéphale conservent une régularité invariable, sans que l'on connoisse l'usage de chacune en particulier. On sait que l'organe encéphalique est le centre, le *sensorium commune* des impressions diverses, qu'il est un foyer contiuuel d'irradiations variées qui se propagent à toutes les parties du corps ; mais comment ce viscère exécute - t - il ses fonctions ? Quel rôle jouent ces parties si nombreuses, dont la disposition est toujours la même ? Dans quels rapports exercent - elles leur action ? Ces questions sont autant de problêmes dont aucun anatomiste n'a encore donné la solution ; nous ne hasarderons aucune hypothèse pour pénétrer ce voile mystérieux , nous nous bornerons à faire connoître les parties telles qu'elles existent, sans en indiquer l'usage. Nous exposerons en premier lieu les méninges , ensuite le cerveau , puis le cervelet, et enfin le prolongement rachidien.

Article premier.

Méninges.

Les méninges , membranes propres de l'encéphale , que l'on distingue communément en *dure-mère, arachnoïde* et *pie-mère,* forment deux enveloppes superposées sans adhérer ensemble , qui sont accolées par leur surface perspirable , qui maintiennent les diverses parties de l'organe encéphalique, soutiennent ses vaisseaux , entretiennent sa perspiration extérieure , forment à chaque production encéphalique une gaîne qui l'enveloppe , l'affermit et l'accompagne.

On les divise en grande méninge ou méninge proprement dite , et en petite méninge ou méningine.

1°. *De la Méninge.*

Caractère. Cette première membrane , connue vulgairement sous le nom de *dure-mère ,* est blanche , fibreuse , épaisse , bilamellée , d'un tissu dense et très-serré , contient l'encéphale , soûtient les réseaux veineux qui s'élèvent de la substance de cet organe , porte dans son épaisseur des sinus veineux , tapisse toute la cavité du crâne , y adhère et y tient d'une manière plus ou moins forte.

DIVISION. Deux faces, dont une externe adhérente, l'autre interne vaporeuse. La première filamenteuse tient à toute la surface interne du crâne par les fibres qu'elle porte et qui s'interposent dans les interstices des fibres osseuses ; mais elle n'y adhère pas également dans toute son étendue, car elle est plus fortement implantée aux crêtes qui sont dans cette cavité, ainsi qu'aux sutures tant qu'elles subsistent.

La face interne, inhalante et exhalante, concourt à entretenir la vaporisation qui se fait à toute la surface de l'organe encéphalique ; cette face, qui ne tient à la méningine que par les rameaux veineux qui s'élèvent de la substance de l'encéphale, pour se porter dans les sinus, offre deux replis très-remarquables. Ces replis, qui s'enfoncent dans les deux grandes scissures qui se trouvent à la face antérieure de l'encéphale, constituent deux cloisons que l'on distingue en *longitudinale* et en *transverse*. La première, qui est falciforme, s'étend depuis la protubérance pariétale, le long de la crête médiane, jusqu'à la crête ethmoïdale, s'en-

fonce dans la scissure longitudinale ou médiane, et forme le *septum médian* du cerveau.

La cloison transverse qui se prolonge dans
la scissure du même nom, et qui constitue
le *septum transverse* du cervelet, peut se diviser en deux parties dont une droite et l'autre
gauche, qui se portent des côtés de la protubérance pariétale, le long de la crête transverse, jusqu'en bas de la fossette optique où
elles se réunissent en pointe. Ce septum transverse affecte, chez tous les quadrupèdes,
une direction oblique de haut en bas et de
derrière en devant.

On peut distinguer à ces deux septum,
1°. une base tenant à la protubérance pariétale ; 2°. une pointe par laquelle chacune de
ces cloisons se termine à la surface inférieure
du crâne ; 3°. un bord adhérent, implanté
d'une manière très-forte aux deux crêtes ;
4°. enfin un bord tranchant et libre, qui
porte dans le fond de la scissure où se trouve
la cloison, et n'y tient que par quelques
veines qui gagnent les sinus de la méninge.

Structure. La méninge est composée de
deux lames dont l'externe fibreuse, blanche
et très-dense, tapisse toute la surface interne
du crâne ; tandis que l'interne, mince, trans-

parente, forme la surface vaporeuse de la membrane.

C'est dans l'épaisseur de la méninge et entre ses deux lames, que les veines encéphaliques aboutissent à divers sinus, dont les principaux sont le sinus *médian*, le sinus *choroïdien*, les sinus *latéraux*, *sus-sphénoïdaux* et *sous-occipitaux*. Le premier de ces sinus règne dans l'épaisseur du septum médian, augmente depuis la pointe de ce septum jusque vers la protubérance pariétale où il se réunit avec le sinus choroïdien, qui reçoit les veines du plexus choroïde du cerveau. Les sinus latéraux s'étendent de chaque côté dans la plicature qui constitue le septum transverse; vers la protubérance pariétale, ils communiquent avec les deux sinus précédens, et sur le sphénoïde ils se continuent avec les sinus sus-sphénoïdaux. Ceux-ci situés au pourtour de la tige sus-sphénoïdale, montent en haut vers l'hiatus sous-occipital, et vont communiquer avec les sinus sous-occipitaux. Ces derniers généralement fort étendus, répandus sur le prolongement sous-occipital et autour de l'hiatus du même nom, reçoivent essentiellement les veines choroïdiennes du cervelet et se dirigent tous, vers l'hiatus où ils se réunissent avec les sinus sus-sphénoïdaux. C'est au milieu de ces deux derniers sinus, et sur-tout du sus-sphénoïdal, que les deux artères cérébrales antérieures s'anastomosent et se ramifient, pour former les diverses artères du cerveau.

Tous ces sinus sont traversés par des brides nombreuses, communiquent librement entre eux, et donnent naissance à des veines qui reçoivent le sang qu'ils contiennent. Ainsi les sinus antérieurs, savoir, le médian, le choroïdien et les latéraux qui, en s'approchant de la protubérance pariétale, vont en grossissant et se réunissent, forment, contre cette éminence, une grande cavité (1) qui, de chaque côté, donne naissance à une grosse veine qui s'échappe par le conduit temporal et va se jeter dans la jugulaire. Les autres sinus qui sont inférieurs, situés sous l'encéphale, et avec lesquels les sinus latéraux communiquent, se dirigent de chaque côté vers l'hiatus sous-occipital où, après s'être réunis, ils forment plusieurs veines qui se ramifient sous le sphénoïde, et vont ensuite joindre la jugulaire.

Variétés. La méninge, considérée dans

____

(1) *Torcular Herophili.*

tous les quadrupèdes domestiques , n'offre
point de différences bien remarquables , elle
a la même disposition chez tous ; on observe
seulement que les cloisons qu'elles forment,
ont plus ou moins de largeur et de grandeur,
suivant que les scissures qui les reçoivent
sont plus profondes et plus étendues ; ce qui
dépend toujours du volume de l'encéphale.

Usages. Ils ont déjà été indiqués : nous
avons vu que la méninge sert à tapisser le
crâne , à contenir l'encéphale , à soutenir les
conduits où se dégorgent les veines encéphaliques , à entretenir la perspiration extérieure
de l'encéphale, et à fournir une enveloppe
à chaque production encéphalique.

<h3>2°. De la Méningine.</h3>

Caractère. Membrane très-mince, formée
de deux lames, transparente, perspirable,
qui est située sous la méninge, qui enveloppe
immédiatement la substance de l'encéphale,
soutient les réseaux artériels répandus sur la
surface de cet organe, et fournit des prolongemens qui tapissent ses cavités intérieures ou
ventricules.

Division. Deux faces, dont une externe et
l'autre interne. La première , qui est accolée

à la grande méninge, concourt à la perspiration qui se fait entre les enveloppes encéphaliques.

La face interne de la méningine adhère à la surface de la substance encéphalique par les vaisseaux qui pénètrent cette substance.

ORGANISATION. Ainsi que la méninge, la méningine est composée de deux lames superposées, dont l'externe, qui constitue la surface inhalante et exhalante de la membrane, enveloppe la totalité de l'encéphale et ses prolongemens ; tandis que la lame interne plus fine, plus étendue, s'enfonce dans les anfractuosités onduleuses de ce viscère, ainsi que dans ses ventricules ou cavités intérieures, et donne naissance aux prolongemens membrano-vasculaires connus sous le nom de *plexus choroïdes* (1).

______

(1) Les anatomistes ont généralement considéré les lames externe et interne de la méningine, comme deux membranes distinctes, sous les noms d'*arachnoïde* et de *pie-mère*. A l'exemple du professeur *Chaussier*, nous avons cru qu'il étoit plus simple et même plus naturel de les regarder comme formant une seule et même membrane, parce que, d'une part, l'étude en est plus facile, et que de l'autre, il en résulte une analogie parfaite entre la méninge et la méningine.

Usages. La méningine concourt à la perspiration extérieure de l'encéphale, soutient ses ramifications vasculaires et enveloppe immédiatement sa substance.

Article II.

Cerveau.

Le cerveau, ou la partie la plus considérable de l'encéphale, forme une masse arrondie, séparée du cervelet par la scissure transverse, partagée en deux lobes par la scissure médiane, qui occupe toute la partie antérieure du crâne, est recouverte par le pariétal, le frontal, et repose sur le sphénoïde.

Les deux lobes du cerveau sont adossés l'un contre l'autre, séparés par le septum médian, et sont parfaitement égaux entre eux (1). Leur forme est celle d'un sphéroïde alongé de devant en arrière, dont la petite extrémité est en devant, et la grosse en arrière. Leur surface est garnie de nombreuses

---

(1) Quelques anatomistes ont cherché à prouver que dans l'homme, le lobe droit est toujours un peu plus gros que le gauche. Cette différence n'est pas sensible dans les quadrupèdes domestiques.

saillies onduleuses , analogues à celles de l'intestin , séparées par des enfoncemens, d'autant plus profonds que les animaux ont l'encéphale plus volumineux. Ces saillies répondent aux impressions du crâne , et paroissent devenir plus marquées à mesure que le sujet vieillit.

Considéré par sa face inférieure , le cerveau présente sept éminences très-remarquables , dont trois paires et une impaire. Celle-ci , prolongée du cerveau par un pédoncule creux que l'on nomme *tige sus-sphénoïdale* , forme un gros tubercule arrondi , solide , grisâtre , logé dans la fossette sus-sphénoïdale , et qui porte le nom d'*appendice sus-sphénoïdale* (glande pituitaire) (1). Les éminences paires sont les pédoncules du cerveau, les prolongemens des couches oculaires , enfin les couches ethmoïdales.

Les *pédoncules du cerveau* (cuisse de la moëlle alongée) sont deux éminences blanches , oblongues et cylindroïdes , qui émanent des éminences piriformes , embrassent la tige sus-sphénoïdale , se rapprochent l'une

---

(1) Cette appendice contient assez souvent dans son épaisseur des espèces de petits graviers.

de

de l'autre en se portant en arrière, et vont se terminer au mésencéphale.

Les prolongemens des couches oculaires constituent deux autres éminences blanches, moins grosses, pyramiformes, qui se contournent de dehors en dedans et de derrière en devant, passent sous les pédoncules du cerveau, se réunissent en avant de la tige sus-sphénoïdale, se redivisent ensuite pour former les nerfs oculaires.

Les *couches ethmoïdales* (olfactives) sont deux grosses éminences oblongues, creuses, qui se prolongent de la partie antérieure du cerveau, sont contenues dans les fosses ethmoïdales et donnent les nerfs du même nom. Chaque couche porte une *cavité intérieure* ou *ventricule*, qui communique avec un des ventricules latéraux du même côté, et qui contient constamment une quantité plus ou moins considérable de sérosité incolore.

Sur les côtés de la surface inférieure du cerveau, l'on trouve deux autres éminences, dont une à droite et l'autre à gauche, qui sont formées par les extrémités des piliers latéraux, et dans lesquelles se terminent les appendices postérieures des ventricules

2.   A a

latéraux. Désignées dans l'ancienne nomen-
clature sous le nom de *grands hypocampes*,
ces éminences sont arrondies, grisâtres et
parsemées de stries transversales (1).

Après ces considérations sur toute la surface extérieure du cerveau, sur les diverses
parties qui s'y trouvent, l'on passe à l'examen
des objets intérieurs que l'on expose successivement, suivant l'ordre dans lequel on les
découvre (2).

____

(1) Dans l'homme, l'on remarque de plus deux petits
tubercules arrondis, placés en avant des pédoncules du
cerveau, qui paroissent être formés par le pilier antérieur,
et que l'on appele *tubercules pisiformes*.

(2) Tous les anatomistes n'ont pas la même manière de
procéder à la description des parties intérieures du cerveau, et d'enlever ou de diviser sa substance pour les dé-
couvrir. Les uns font des coupes transversales, d'autres
des coupes longitudinales ; quelques-uns divisent la substance cérébrale par tranches très-minces, d'autres en font
des coupes épaisses, etc. , etc.

Le procédé inventé par le professeur *Chaussier*, qui
consiste à solidifier la substance encéphalique au moyen
d'une dissolution de muriate de mercure sur-oxigéné, dans
une certaine proportion d'eau, fournit les moyens de faciliter la connoissance de toutes les parties de l'encéphale.
L'on peut, par ce genre de tanage, conserver une collec-
tion de coupes diverses durcies, dont on se sert utilement
pour les démonstrations.

En écartant les deux lobes du cerveau , l'on aperçoit dans le fond de la scissure longitudinale , une bande blanche , qui réunit ces deux lobes près de leur base , et que l'on nomme le *mésolobe* (corps calleux).

Ce mésolobe , sur lequel rampe l'artère mésolobaire et s'appuie le bord tranchant du septum médian , est divisé par une ligne longitudinale et offre , sur ses côtés , des stries transversales. Il s'étend sur la cloison des ventricules latéraux , concourt à la soutenir , se continue de chaque côté dans l'intérieur des lobes , et va former les parois supérieures des ventricules latéraux.

En coupant horizontalement le cerveau jusqu'au niveau du mésolobe , l'on découvre , dans l'intérieur de la pulpe blanche , les deux *ventricules latéraux* , dont un situé dans le lobe droit et l'autre dans le lobe gauche. Ces ventricules constituent deux cavités régulières , oblongues , semi - lunaires et adossées dans leur milieu l'une contre l'autre.

Assez spacieux , à parois blanches et contiguës, les ventricules latéraux sont tapissés par la lame interne de la méningine , contiennent ordinairement une certaine quantité de sérosité semblable à celle qui se trouve dans les ventricules ethmoïdaux (1) ; ils communiquent ensemble ainsi qu'avec les ventricules ethmoïdaux, sont séparés l'un de l'autre par une cloison ou *septum médian* (2), formé de deux lames médullaires très-minces, et contenant dans son épaisseur une petite cavité connue sous le nom de *ventricule du septum médian*. Supérieurement cette cloison répond à la face inférieure du mésolobe, et inférieurement à la face supérieure du trigone cérébral.

Chaque ventricule, dans lequel on distingue une paroi supérieure concave, formée par la pulpe du mésolobe, et une paroi inférieure très-inégale, présente une partie moyenne et deux appendices dont une antérieure et l'autre postérieure. La partie moyenne plus large et qui se trouve contre le pilier antérieur du trigone cérébral, s'enfonce derrière ce pilier où elle communique avec le ventricule op-

---

(1) Quand ils en sont dépourvus, ils ne forment aucune cavité, et leurs parois, qui portent des éminences et des enfoncemens correspondans, restent exactement appliquées.

(2) Communément *septum lucidum*, quoiqu'il soit opaque ; car, dit *Haller*, *et tamen non pellucet*.

posé , au moyen de l'ouverture commune antérieure du cerveau. L'appendice antérieure se contourne en dehors , se dirige en bas et en devant, va communiquer, en se retrécissant, avec le ventricule ethmoïdal du même côté. L'appendice postérieure ou supérieure , beaucoup plus étendue , se porte en haut et en dehors, se contourne sous le cerveau , va se terminer en cul-de-sac dans l'éminence, qui est sur le côté de la face inférieure du cerveau, et qui constitue le grand hypocampe.

Les objets à considérer et qui se montrent dans ces ventricules sont , 1°. les *éminences pyriformes* qui occupent le milieu de ces cavités ; 2°. le *trigone cérébral* qui est placé plus haut et en arrière ; 3°. les *protubérances cylindroïdes* qui font partie du trigone , et longent pour ainsi dire la partie supérieure des éminences pyriformes; 4°. enfin , le *plexus choroïde du cerveau* , qui paroît et règne dans l'enfoncement qui sépare les protubérances cylindroïdes, d'avec les éminences pyriformes.

Les *éminences pyriformes* (corps cannelés) qui ne deviennent entièrement apparentes que lorsque le trigone et le plexus choroïde

A a 3

sont enlevés , sont deux grandes éminences, oblongues , larges , grisâtres , qui , à leur partie supérieure , se terminent en pointe alongée en dehors et embrassent par-là les couches oculaires ; tandis qu'en devant et en bas, elles sont rapprochées et réunies au pilier antérieur du trigone cérébral. Ces éminences , dans lesquelles viennent se perdre les piliers du trigone , donnent naissance aux couches oculaires et ethmoïdales , ainsi qu'aux pédoncules du cerveau. Elles sont formées à l'extérieur, d'une couche de pulpe grise qui est recouverte d'une lame blanche extrêmement mince ; leur intérieur offre des stries blanches et grises , qui sont diversement entremêlées. Le long du sillon qui les sépare des couches oculaires , elles portent une bandelette blanche, demi-circulaire, nommée *bandelette des éminences pyriformes* (double centre semi-circulaire) ; mais cette bandelette ne peut être aperçue, que lorsque le plexus choroïde est enlevé.

Le *trigone cérébral* (voûte à trois piliers), qui ne devient entièrement apparent que lorsque l'on a enlevé le septum médian, est une partie blanche , triangulaire , dans laquelle l'on distingue trois piliers , dont un antérieur et deux postérieurs ; deux faces, l'une supérieure et l'autre inférieure.

Le pilier antérieur, formé de deux gros cordons réunis, se porte en devant, se contourne de dessus en dessous et se termine entre les deux éminences pyriformes. C'est derrière la base de ce pilier, que se trouve une ouverture qui s'enfonce dans la substance cérébrale, établit la communication des deux ventricules latéraux l'un avec l'autre, et porte le nom d'*ouverture commune antérieure*.

Les piliers postérieurs s'écartent en dehors, suivent le contour des appendices postérieures ou supérieures des ventricules, et vont se perdre en pointe à la face inférieure du cerveau, avec les protubérances cylindroïdes.

La face supérieure du trigone, qui est convexe, soutient dans son milieu le septum médian.

La face inférieure concave pose sur deux éminences appelées couches *optiques* ou *oculaires*, dont elle n'est séparée que par le réseau vasculaire du plexus choroïde, et présente, du côté du pilier antérieur, des sillons, des stries (lyre ou psaltérium), dont les unes sont longitudinales, d'autres obliques, et quelques autres transversales.

Les *protubérances cylindroïdes* (cornes d'ammon) sont deux éminences blanches, oblongues et cylindroïdes, qui se continuent avec les piliers latéraux du trigone cérébral, se contournent dans les appendices postérieures des ventricules latéraux, et vont se terminer avec elles à la face inférieure du cerveau : de même que le trigone, elles reposent sur les couches oculaires dont elles ne sont séparées que par le plexus choroïde. Leur bord postérieur qui est supérieur, convexe et arrondi, se continue par en-dessous avec le trigone ; tandis que le bord antérieur concave et libre porte une bandelette blanche que l'on découvre, en écartant en devant la partie flottante du plexus choroïde, et à laquelle l'on donne le nom de *corps frangé* ou *bordé*. Cette bandelette s'étend dans le sillon qui sépare les protubérances d'avec les éminences pyriformes, porte sur la bandelette de ces éminences, dont elle n'est séparée que par le plexus choroïde.

Par leur extrémité antérieure, les protubérances cylindroïdes se continuent et se perdent insensiblement dans le pilier antérieur du trigone. Leur substance qui est grise intérieurement, est pourvue à l'extérieur d'une lame blanche, parsemée de stries obliques et comme contournées.

5°. Le *plexus choroïde du cerveau*, réseau vasculaire, enveloppé par la lame interne de la méningine, constitue un corps libre, frangé, qui se présente dès qu'on a enlevé les parois supérieures des ventricules, et qui remplit l'enfoncement qui est entre les protubérances cylindroïdes et les éminences pyriformes. Ce plexus provient d'entre les couches oculaires et le trigone cérébral, s'élève de dessous les bandelettes des protubérances, et ne paroît entièrement à découvert, qu'après que l'on a renversé en arrière, et même mis de côté le trigone cérébral.

Cette expansion membrano-vasculaire offre deux portions, dont une adhérente, la plus étendue, tapisse les couches oculaires, recouvre le conarium et passe sous le trigone et les protubérances ; tandis que l'autre partie, libre et flottante dans les ventricules, forme un corps épais, mou et plus ou moins rouge.

Sous le plexus choroïde qu'il faut enlever avec précaution, l'on trouve (a) les deux *couches oculaires* unies et accolées ; (b) les deux *ouvertures du cerveau* qui sont placées aux extrémités de l'adossement des couches oculaires , et dont l'une est *antérieure* et l'autre *postérieure ;* (c) le *conarium* qui est attaché sur l'ouverture postérieure ; (d) les *tubercules bigéminés* qui sont situés en arrière des couches oculaires, contre le cervelet.

Les *couches oculaires* ou *optiques* sont deux grosses protubérances blanches, adossées l'une à l'autre, qui se trouvent placées en arrière des éminences pyriformes sous le trigone et les protubérances cylindroïdes, et sont enveloppées par le plexus choroïde. Ces éminences, dont la substance extérieure est blanche et l'intérieure grisâtre, sont surmontées en dehors par un tubercule ovoïde, plus ou moins saillant ; elles se prolongent en dehors, s'étendent sous le cerveau, se réunissent en avant de la tige sus-sphénoïdale, et fournissent ensuite les deux nerfs oculaires.

Sur l'adossement des couches oculaires règne un sillon, qui se porte de l'ouverture antérieure à l'ouverture postérieure du cerveau, constitue un canal de communication dans lequel on trouve quelquefois de la sérosité. C'est sous le même adossement et à l'opposé de ce canal médian, qu'existe une cavité oblongue, nommée *ventricule des couches oculaires*. Ce ventricule, qui contient presque toujours de la sérosité, communique à ses extrémités avec les deux ouvertures du cerveau, va aboutir dans un septième ventricule situé dans le cervelet, au moyen d'un canal qui s'étend sous l'adossement des tubercules bigéminées, passe sous la valvule du cervelet, et porte le nom de *canal intermédiaire des ventricules* (aqueduc de Sylvius).

L'ouverture antérieure du cerveau (vulve), placée en avant de l'adossement des éminences précédentes et derrière le pilier antérieur du trigone, fait communiquer les ventricules latéraux entr'eux et avec le ventricule des couches oculaires; elle porte en devant un cordon blanc, transverse, qui sert à réunir les deux cordons dont est composé le pilier antérieur du trigone, et que l'on nomme *commissure antérieure*. A l'extrémité du ventricule des couches oculaires, l'ouverture dont il s'agit rencontre une excavation large, *infundibuliforme*, qui se continue par un canal dans la tige sus-sphénoïdale, jusque dans l'appendice du même nom.

L'*ouverture postérieure du cerveau* (anus),
située sous le conarium, à l'extrémité du
sillon médian des couches oculaires, atteint
la réunion du ventricule de ces couches avec
le canal intermédiaire, et présente en arrière
un cordon blanc, transverse, qui constitue
la *commissure postérieure*, et réunit les couches oculaires.

Le *conarium* (glande pinéale), ainsi nommé
à cause de sa ressemblance à une pomme de
pin, est un petit corps conoïde, grisâtre,
placé au-dessus de l'ouverture postérieure, et
recouvert par le plexus choroïde qui le tient
incliné en arrière, et le fixe aux tubercules
bigéminés ; il est formé d'une substance
molle, friable, contient souvent dans son
épaisseur des espèces de petits graviers, que
l'on rencontre en écrasant ce corps avec les
doigts.

La base du conarium légèrement excavée,
et posée sur l'ouverture postérieure qu'elle
dérobe en partie, offre deux petits cordons
blancs, très-fins, qui s'attachent à la commissure postérieure, se portent ensuite de chaque
côté dans les couches oculaires, et constituent les *pédoncules* de ce corps.

Les *tubercules bigéminés* (tubercules qua-

drijumeaux) sont quatre protubérances superposées et réunies, qui se trouvent derrière les couches oculaires avec lesquelles
elles sont continues, et sont placées en avant
du cervelet, dans le fond de la scissure transverse. Les deux supérieurs et antérieurs plus
gros, grisâtres, se continuent en devant avec
les couches oculaires, avec la commissure
postérieure, et en dessous avec les tubercules
inférieurs; ceux-ci blancs, moins gros, mais
plus évasés, se continuent en devant avec les
couches oculaires, en dessous avec les pédoncules du cerveau, et en arrière avec une
lame membraneuse, recouverte de stries longitudinales et transversales, que l'on nomme
la *lame médullaire du cervelet* (valvule de
Vieussens). Cette lame qui est située dans le
milieu du fond de la scissure transverse,
couvre une partie du canal intermédiaire,
tient d'un côté aux tubercules bigéminés, et
de l'autre à la substance du cervelet.

Séparés par un sillon médian profond, les
tubercules bigéminés offrent dans leur épaisseur un peu de pulpe grise, et ont une consistance généralement plus ferme que celle
des autres parties qui sont de la même nature
qu'eux.

Article III.

Cervelet.

Beaucoup moins considérable que le cerveau, le cervelet forme une partie arrondie, grise, ondulée, et logée dans la grande fosse occipitale qui est en arrière de la protubérance pariétale ; il remplit exactement cette fosse dont il tire sa forme, et porte à ses côtés deux prolongemens blancs, qui sont les *pédoncules*, par lesquels il se termine au mésencéphale.

Toute la surface extérieure du cervelet est inégale, et divisée par des sillons profonds en lobules fort irréguliers, qui, comme ceux des lobes du cerveau, sont maintenus rapprochés en masse, mais qui sont généralement beaucoup plus petits (1).

On distingue au cervelet quatre lobes séparés par des sillons peu profonds, et dont l'un est antérieur, l'autre postérieur, et deux latéraux. Le lobe antérieur se recourbe de dessus en dessous, derrière les tubercules bi-

______

(1) Cette division fait que la pulpe blanche, qui constitue l'intérieur du cervelet, forme des prolongemens qui ont quelque ressemblance aux branches d'un arbre, et que l'on a désigné sous le nom d'*arbre de vie*.

géminés, sur la lame médullaire, et se prolonge dans le ventricule du cervelet par une
partie arrondie à sa pointe. Le lobe postérieur moins long, mais un peu plus gros,
forme une protubérance arrondie, repliée
en arrière dans le ventricule du cervelet
jusque contre le lobe antérieur. Les lobes
latéraux constituent deux éminences régulières, plus petites que les lobes médians,
dont elles ne sont distinctes que par de légers enfoncemens.

Ainsi que le cerveau, le cervelet est formé
extérieurement d'une pulpe grise, et intérieurement d'une pulpe blanche qui, du
centre du cervelet, s'étend sur les côtés, et
constitue les pédoncules qui vont se perdre
au mésencéphale.

Sous le centre du cervelet, entre ses pédoncules et sur le mésencéphale, se trouve
le dernier ventricule appelé *ventricule du
cervelet;* spacieux et alongé, ce ventricule
se continue antérieurement avec le canal intermédiaire, se termine postérieurement par
une pointe qui diminue insensiblement, se
continue sur le bulbe du prolongement rachidien, où elle rencontre un très-petit canal
qui s'étend dans l'intérieur de ce prolonge-

ment. Il contient toujours une quantité plus ou moins considérable de sérosité, renferme dans sa cavité deux *plexus choroïdes* continus l'un à l'autre, et beaucoup plus considérables que ceux des ventricules du cerveau. Chaque plexus choroïde du cervelet constitue une expansion vasculaire, rouge, fungiforme, qui s'étend en dehors du ventricule, sur le côté du lobe latéral, jusqu'au pédoncule du cervelet.

A RTICLE IV.

Mésencéphale.

On comprend sous ce titre la partie de l'encéphale qui se trouve sous le cerveau et le cervelet, placée un peu en arrière du premier et un peu en avant du second ; qui répond à la scissure transverse, forme le centre de réunion où viennent aboutir les pédoncules du cerveau et du cervelet, et d'où émane le prolongement rachidien.

Par sa face supérieure, le mésencéphale répond au canal intermédiaire et au ventricule du cervelet ; sa surface inférieure offre une protubérance arrondie, blanche, alongée sur les côtés, divisée par un sillon médian en deux éminences appelées *tubercules*

du

du mésencéphale, et logées dans une fossette du prolongement sous-occipital, qui est tout près du sphénoïde. Cette protubérance qui se continue latéralement avec les pédoncules du cervelet sans dépression sensible , paroît embrasser antérieurement les pédoncules du cerveau, qui viennent se terminer dans son épaisseur , et dont elle est séparée par un sillon demi-circulaire. Postérieurement, elle fournit le bulbe du prolongement rachidien et en est séparée par un autre sillon moins profond. Formé extérieurement de pulpe blanche, le mésencéphale offre dans son intérieur une pulpe grisâtre.

Article V.

Prolongement rachidien.

Il constitue la dernière partie de la masse encéphalique , tire son origine du mésencéphale d'où il se continue et s'étend dans le canal du rachis, jusqu'à la hauteur des vertèbres des lombes où il se termine. Blanc, cylindroïde , et d'une consistance plus molle que celle des autres parties de l'encéphale , le prolongement rachidien présente , dans son diamètre et sa forme, la même disposition essentielle que le canal dans lequel il est contenu ; mais il ne remplit pas ce canal aussi exactement que le cerveau et autres parties remplissent la cavité du crâne : les membranes qui l'accompagnent et l'enveloppent offrent aussi quelques différences. Ainsi la méninge forme une gaîne épaisse qui n'a d'adhérence par aucune de ses faces ; car entr'elle et le canal, il y a un tissu lamineux qui le plus souvent contient de la graisse. Les deux lames de la méningine ne sont pas réunies, elles sont simplement accolées et se séparent avec facilité.

Ce prolongement, dont la substance est blanche à l'extérieur et grisâtre intérieurement, est divisé dans sa longueur par deux sillons médians, plus ou moins remarquables, dont un règne sur sa face antérieure ou inférieure, et l'autre se remarque à sa face postérieure ou supérieure ; il est formé de deux cordons longitudinaux, adossés, que l'on sépare facilement, en commençant leur écartement par la scissure inférieure.

Le prolongement rachidien offre, à ses extrémités, deux parties remarquables, dont une, renflée et contenue dans le crâne, est distinguée par le nom de *bulbe* ; l'autre partie qui termine ce prolongement est mince, et présente une pointe pyramidale.

Le *bulbe*, ou partie renflée (moëlle alongée), est logé dans la gouttière du prolongement sous-occipital, et constitue une partie pyramidale, un peu aplatie de dessus en dessous et divisée sur ses deux faces, par une scissure médiane, en deux éminences oblongues et parfaitement semblables.

L'extrémité pyramidale du prolongement rachidien provient d'un renflement qui a lieu vers la première vertèbre des lombes, et qui fournit une multitude considérable de nerfs qui l'entourent, et se continuent dans le reste du canal rachidien, jusque dans la queue. Cette pointe va toujours en diminuant au milieu de ces faisceaux nerveux, et se termine à la hauteur des dernières vertèbres des lombes.

Vaisseaux de l'encéphale et de ses annexes.

Les vaisseaux de la masse encéphalique sont généralement très-nombreux, et ont une disposition remarquable et fort importante à connoître.

Les artères de l'encéphale que l'on distingue en cérébrales antérieures et en cérébrales postérieures arrivent à cet organe par la base du crâne; les antérieures entrent dans cette cavité par l'hiatus sous-occipital, et les postérieures y aboutissent par le grand trou de l'occipital, ou bien par les trous condyliens. Ces vaisseaux parvenus sous l'encéphale forment diverses inflexions et anastomoses ; après quoi ils donnent les ramifications, qui s'épanouissent sur la surface des différentes parties de l'organe encéphalique, fournissent, dans leur trajet, des divisions et sous-divisions successives, qui s'anastomosent, forment une expansion vasculaire qui enveloppe toute la masse encéphalique, la contient et lui fournit les ramuscules qui pénètrent sa substance.

Ce réseau artériel ainsi disposé, et formant sur la surface de l'organe des mailles, des anastomoses innombrables, entretient une circulation particulière, d'où dérivent deux mouvemens alternatifs, l'un d'élévation et l'autre d'abaissement. Ces mouvemens qui deviennent quelquefois apparens, lorsque l'on a enlevé une portion du couvercle du cerveau, sont d'autant plus forts que les artères sont plus grosses et que leur battement est plus grand (1). Cette circulation artérielle,

______

(1) Chez les monodactyles et les didactyles, où les artères encéphaliques n'ont qu'un diamètre petit et pro-

qui tend à élaborer le sang , à lui imprimer
des propriétés particulières , éprouve des
variations nombreuses qui toutes influent
essentiellement sur l'organe encéphalique ,
et deviennent cause d'une foule de phénomènes maladifs , importans à connoître.

Les veines minces , petites et dépourvues
de valvules , au lieu de suivre les artères ,
s'élèvent de la substance de l'organe , forment
des rameaux plus ou moins considérables ,
et se rendent dans les sinus qui sont dans
l'épaisseur de la méninge (1).

On ne connoît pas encore les lymphatiques
propres à l'organe encéphalique ; il est cependant à présumer qu'il y en existe , puisqu'il
s'y fait , comme dans les autres parties , une
perspiration qui suppose nécessairement une
absorption.

---

portionné à l'organe , ces mouvemens produits par le battement du système artériel ne sont point apercevables.

(1) Pour de plus grands détails , voyez le *Systéme veineux propre à l'organe encéphalique , table synoptique
des veines* , par le professeur *Chaussier.*

DENXIÈME GENRE.

Des Nerfs.

Les nerfs, cordons mols, blanchâtres, proviennent de l'encéphale ou de son prolongement rachidien ; forment dans leur distribution, des plexus, des ganglions, etc. ; suivent ordinairement les artères ; se terminent par des expansions pulpeuses, disposées en membranes ou en filets déliés, qui s'accolent sur les vaisseaux et s'associent avec leur tissu (1).

Conducteurs des impressions diverses et des sensations variées qui sont transmises à l'encéphale, les nerfs sont formés de filets pulpeux, unis par du tissu lamineux, et revêtus d'une gaîne membraneuse (le névrilème). Leur pulpe est d'un blanc mat, semblable à celle de l'organe encéphalique, dont elle est une production. Chacun de ses filets est pourvu d'une gaîne particulière très - mince, formée par le tissu lamineux qui les unit ; et tous ces filets pulpeux, ainsi disposés, sont contenus en masse dans la gaîne commune qui les affermit, les préserve des impres-

____

(1) Tome I, page 87.

sions trop vives , et les accompagne jusqu'auprès de leur terminaison. Il faut ajouter que
ce tissu membraneux, lamineux et pulpeux ,
est pénétré par des ramuscules vasculaires, qui
entretiennent une perspiration nécessaire à la
nutrition du nerf et à l'exercice de ses fonctions. Ce mode d'organisation est le même
pour tous les nerfs qui se propagent hors de la
cavité du crâne ; mais les nerfs ethmoïdaux
et labyrinthiques qui se terminent presqu'en
s'élevant de la substance encéphalique , n'offrent ni névrilème , ni tissu lamineux , et
restent pulpeux dans toute leur étendue.

A leur origine , les nerfs sont entièrement
pulpeux ; il naissent par un ou plusieurs
filets plus ou moins gros , qui bientôt s'unissent par du tissu lamineux , et qui , au sortir
de la cavité du crâne , sont pourvus de la
gaîne membraneuse , jusqu'à ce qu'ils soient
sur le point de se terminer.

Dans leurs divisions, pour se porter aux
diverses parties, ils ne vont pas toujours
en décroissant progressivement comme les
artères : ils grossissent quelquefois , puis ils
deviennent plus petits. Dans leur trajet, ils
forment divers enlacemens , divers plexus,
s'unissent quelquefois au moyen d'un ou

plusieurs filets, suivent une direction tantôt droite, tantôt oblique, tantôt rétrograde; forment des anses, des arcades, des inflexions diverses; présentent, dans quelques points, des corps olivaires qui interrompent leur continuité et constituent les *ganglions*.

Plus ou moins gros, mais généralement oblongs, grisâtres, et d'une texture ferme, ces ganglions forment des espèces de nœuds, dans lesquels se confondent les nerfs, sans qu'il soit possible de les y suivre, et desquels ils partent de la même manière. Ces corps, plus ou moins volumineux, entourés d'un tissu lamineux abondant qui les pénètre, et parsemés d'un grand nombre de vaisseaux, font partie essentielle du nerf et constituent autant de centres particuliers de sensibilité et de motilité.

Tous les nerfs ne sont pas pourvus de ganglions; quelques-uns, comme le trisplanchnique, en offrent dans plusieurs points de leur étendue.

A leur terminaison, les nerfs se dépouillent du névrilème, s'associent à des ramuscules vasculaires et se comportent de différentes manières. Les uns forment une expansion membraniforme; d'autres constituent des houppes ou pinceaux ; quelques autres des papilles ou mamelons ; il en est qui, en se terminant, se divisent jusqu'à une telle ténuité, qu'ils paroissent se combiner avec le tissu de la partie.

Quant aux propriétés des nerfs, il est bien démontré qu'ils servent à la sensibilité générale ; qu'ils transmettent à l'encéphale les impressions diverses qu'éprouvent les parties ; qu'ils entretiennent le sentiment, le mouvement, et sont essentiels à l'exercice de la vie. Par les communications multipliées qu'ils ont ensemble, ils établissent les sympathies diverses qui existent entre les organes, et par lesquelles les affections se propagent, deviennent générales.

Mais par quels moyens et comment s'exécute, s'entretient cette action nerveuse ? Les uns ont assimilé les nerfs à des cordes susceptibles de vibration ; d'autres en ont fait des canaux creux, dans lesquels ils ont supposé un fluide circulatoire ; quelques autres les ont regardés comme de vrais conducteurs électriques, etc.

On divise tous les nerfs, d'après leur origine et leur formation, en *encéphaliques*, *rachidiens* et *composés*.

ARTICLE PREMIER.

Nerfs encéphaliques.

Ils sortent tous par les trous de la base du crâne, sont au nombre de douze de chaque côté, se distinguent par les noms numériques de première paire, deuxième, etc. ; mais on les désigne plus particulièrement par les dénominations tirées des parties où ils vont se distribuer ; ainsi la première paire est appelée le *nerf ethmoïdal*, la deuxième constitue le *nerf oculaire*, la troisième l'*oculo-musculaire commun*, la quatrième l'*oculo-musculaire interne*, la cinquième le *trifacial*, la sixième l'*oculo - musculaire externe*, la septième le *facial*, la huitième le *labyrinthique*, la neuvième le *pharyngo-glossien*, la dixième le *pneumo-gastrique*, la onzième le *trachélo-dorsal*, la douzième l'*hyo-glossien*.

Plus ou moins considérables, plus ou moins rameux et diversement terminés, ces nerfs proviennent par un ou par plusieurs filets, du cerveau, du cervelet, du mésencéphale, et du bulbe du prolongement rachidien ; ils naissent constamment des mêmes points, et offrent de grandes différences dans leur étendue et leur distribution. Le plus grand nombre se borne à la tête ; d'autres s'étendent sur le col et le dos ; quelques autres se portent dans l'intérieur du corps , se propagent dans le thorax et l'abdomen.

§. I. *Nerf ethmoïdal.*

On comprend sous ce titre les filamens pulpeux que chaque couche ethmoïdale fournit aux cellules de l'os ethmoïde. Ces filets passent par les trous de la lame criblée de l'ethmoïde , se répandent dans la membrane qui tapisse les cellules et la cloison de cet os.

§. II. *Nerf oculaire.*

Gros cordon cylindrique , qui vient de la réunion des prolongemens des couches oculaires , sort du crâne par le trou optique , va directement dans l'intérieur du bulbe de l'œil , où il forme une expansion membraniforme , que l'on nomme la *rétine*.

Au sortir du crâne , ce nerf passe entre les quatre portions du muscle droit postérieur , fait deux inflexions assez remarquables , et perce le bulbe de l'œil à sa partie postérieure et interne.

§. III. *Nerf oculo musculaire commun.*

Cordon qui émane, par plusieurs filets fins

et unis, du pédoncule du cerveau, proche du mésencéphale, se dirige en devant, sort du crâne par le trou sus-sphénoïdal, et se distribue à la plus grande partie des muscles de l'œil.

Ce nerf qui, sous le cerveau, est aplati, mais qui devient ensuite cylindrique, envoie d'abord un filet court au ganglion orbitaire, puis fournit un rameau à chacun des muscles ci-après ; savoir, au droit supérieur, à l'orbito-palpébral, aux portions internes, supérieure et inférieure, du droit postérieur ; au droit interne, au droit inférieur, enfin au petit oblique.

§. IV. *Nerf oculo-musculaire interne.*

Cordon très-grêle, cylindrique, qui naît par un ou deux filets, de la partie postérieure des tubercules géminés postérieurs, d'où il se dirige en dehors jusqu'au côté du cerveau, se recourbe ensuite de derrière en devant, s'échappe du crâne par un très-petit trou, qui est au côté interne du grand trou sus-sphénoïdal ; parvenu dans l'orbite, il gagne le muscle grand oblique de l'œil, et se termine dans son tissu.

§. V. *Nerf trifacial.*

Très - gros cordon cylindroïde, qui tire son origine de la terminaison des pédoncules du cervelet au mésencéphale, est formé d'un grand nombre de filets, qui se réunissent pour former un plexus gangliforme. Avant de sortir du crâne, ce cordon se partage en trois portions, dont une constitue le nerf *orbito - frontal*, l'autre le nerf *sus-maxillaire*, et la troisième le nerf *maxillaire.*

(A) L'*orbito-frontal*, qui est le plus petit des trois cordons fournis par le trifacial, se dirige en devant, s'accole avec la troisième et la sixième paire, et se partage dans l'orbite en trois branches, dont une est appelée *palpebro-nasale*, l'autre *lacrymale*, et la troisième *naso-palpébrale.*

La branche *palpébro-nasale* règne au côté interne de l'orbite, passe par le trou surcilier, et va se terminer par divers filets dans les muscles et les tégumens du front. Avant sa sortie de l'orbite, elle laisse échapper un rameau, pour la paupière supérieure, et envoie des filets aux follicules et aux bulbes ciliaires.

La seconde branche gagne, par trois à quatre rameaux, la glande dont elle tire son nom, donne des filets à la paupière supérieure et à la conjonctive.

La branche *palpébro-nasale* plus considérable, passe entre les muscles droit interne et droit postérieur de l'œil, enfile le trou orbitaire, se glisse entre l'os et la méninge, parvient dans le nez par la base de l'éthmoïde, et donne (a) un filet au ganglion orbitaire ; (b) un rameau *palpébral* qui fournit des filets à la paupière nasale, et se termine dans la paupière supérieure ; (c) divers filets *ethmoïdaux*, qui s'associent avec la première paire et avec le nerf nasal.

(B) Le nerf *sus-maxillaire*, qui constitue la seconde portion du trifacial, passe par le trou sus-sphénoïdal, se continue en devant, dans le fond de l'orbite, gagne le conduit sus-maxillaire, va se terminer dans le tissu des ailes du nez et de la lèvre supérieure.

Depuis sa sortie du crâne jusqu'au conduit sus-maxillaire, il fournit successivement, 1°. un gros rameau orbitaire, qui forme trois divisions, dont une gagne le réservoir lacrymal ; l'autre se porte dans la glande lacrymale, et la troisième va dans la paupière inférieure ; 2°. deux filets pour le ganglion sphéno-palatin , qui est situé en dehors de l'orbite , sous le nerf sus-maxillaire dont il s'agit ; 3°. deux ou trois filets dentaires postérieurs , qui pénètrent l'os sus-maxillaire , et gagnent les dernières dents molaires ; 4°. un rameau *nasal,* qui parvient dans la narine par le trou nasal; 5°. un rameau *palatin*, qui suit l'artère palato-labiale , et qui , avant de gagner le palais , donne un rameau *staphylin,* pour le voile du palais.

Dans l'intérieur du conduit sus-maxillaire, cette même branche du trifacial envoie des filets fins aux dents molaires antérieures , aux incisives , à l'angulaire et aux sinus. Sortie du conduit, elle fournit une multitude de ramifications plexiformes, dont les unes se portent dans les ailes du nez , tandis que les autres, plus nombreuses et radiées, se terminent dans la substance de la lèvre supérieure.

(C) Le nerf *maxillaire,* qui est la division la plus considérable du trifacial , passe par un des trous de l'hiatus sous-occipital, forme à sa sortie du crâne , deux paquets ou faisceaux de nerfs, dont un supérieur, comprend le nerf *sous-zygomatique ,* les *temporo-musculaires,* le *ptérygo-musculaire ,* et le *bucco-*

labial ; tandis que les nerfs qui composent le faisceau inférieur ne sont qu'au nombre de deux, savoir, le *lingual* et le *maxillo-dentaire.*

(a) Le *sous-zygomatique ,* gros nerf plexiforme et sympathique , se contourne sur le col du condyle maxillaire , devient superficiel , s'accole avec le facial , se porte avec lui sous l'épine zygomatique, et s'étend sur le chanfrein.

Ce nerf envoie des filets cutanés à la partie antérieure de l'oreille et au pourtour de la tempe ; il concourt par ses divisions à former le plexus sous-zygomatique, et fournit , dans son trajet sur la face , des filets cutanés et musculaires.

(b) Les *temporo - musculaires* sont deux ou trois cordons , qui se réunissent dans la substance charnue qui entoure l'articulation maxillo-temporale ; le plus gros de ces cordons passe dans l'échancrure corono-condylienne.

(c) Le *ptérygo-musculaire ,* moins considérable que les précédens , se dirige vers l'apophyse ptérygoïde , et se divise dans les muscles.

(d) Le *bucco-labial ,* gros nerf aplati , se
porte

porte en devant , se plonge dans le tissu du muscle alvéolo-labial , et se continue jusqu'à la commissure des lèvres.

(e) Le *lingual*, cordon considérable , se dirige en devant et en bas , sur le côté de la langue et se ramifie sous sa membrane. Ce nerf qui, dans son trajet , s'unit avec le rameau tympanique du facial, donne , 1°. un rameau *mylo-hyoïdien*, qui se divise dans le muscle de ce nom ; 2°. un ou deux filets qui vont au plexus hyoïdien ; 3°. divers filets qui pénètrent la glande sous-linguale ; 4°. des ramuscules aux papilles de la langue.

(f) Le *maxillo-dentaire* se porte dans le conduit maxillaire , d'où il s'échappe par le trou mentonnier, et va se perdre dans la lèvre inférieure. Ce nerf très-considérable, donne des filets dentaires pour toutes les dents de la mâchoire inférieure , et se perd par des ramifications radiées, dans le tissu de la houppe du menton et de la lèvre inférieure.

§. VI. *Nerf oculo-musculaire externe.*

Petit nerf cylindrique , qui vient du sillon qui sépare le mésencéphale d'avec le bulbe du prolongement rachidien, se dirige en devant sous le cerveau , sort du crâne avec les nerfs oculo-musculaire commun et orbito-frontal, et va se distribuer au muscle droit externe, ainsi qu'à la portion externe du droit postérieur de l'œil.

§. VII. *Nerf facial.*

Cylindrique et essentiellement destiné pour la face, ce nerf vient à côté et en arrière de la cinquième paire, passe dans le conduit spiroïde du temporal, s'accole avec le nerf sous-zygomatique, et se ramifie sur toute l'étendue de la face.

Très-rameux et plexiforme, le facial fournit, (a) pour le ganglion sphéno-palatin, un filet fin *ptérygoïdien*, qui gagne la base de l'apophyse sous-sphénoïdale, où il enfile le petit conduit demi-circulaire par lequel il se rend dans le ganglion ; (b) plusieurs filets aux muscles des osselets et à la membrane du tympan ; (c) un rameau *tympanique* qui va s'unir au nerf lingual, et donne un filet au plexus hyoïdien ; (d) un rameau *oriculaire interne*, qui se porte dans l'intérieur de la conque ; (e) un rameau *oriculaire postérieur* ; (f) un rameau *oriculaire antérieur* ; (g) un rameau *guttural*, qui fournit des filets cutanés, et anastomotiques avec

(403)

le nerf pharyngo-glossien ; (h) un rameau
qui se répand sur le cou ; (i) plusieurs filets
parotidiens ; (k) divers rameaux et ramuscules
à la joue, au chanfrein, aux lèvres et à l'orifice nasal.

§. VIII. *Nerf labyrinthique.*

Mou et très-court, ce nerf tire son origine à côté du précédent, donne des filamens pulpeux au limaçon, au vestibule, et
aux canaux semi-circulaires.

§. IX. *Nerf pharyngo-glossien.*

Petit nerf qui émane des parties latérales
du bulbe du prolongement rachidien, par
plusieurs filets séparés, passe par l'ouverture sous-occipitale, donne (a) un filet à
l'artère céphalique, (b) plusieurs rameaux
au pharynx, (c) divers filets à la langue.

§. X. *Nerf pneumo-gastrique.*

Fort étendu, sympathique et plexiforme,
le pneumo-gastrique provient, en arrière du
précédent, par plusieurs filets séparés, sort
du crâne avec lui, traverse le plexus guttural, se porte le long du col, s'étend
dans le thorax et l'abdomen, se distribue
essentiellement aux poumons et à l'estomac.

Ce nerf qui, à sa sortie du crâne, reçoit un filet du trachélo-dorsal, donne vers la partie supérieure du col, (a) un ou deux filets très-fins, pour le ganglion guttural du trisplanchnique; (b) un rameau *laryngien*; (c) un rameau *pharyngien*, qui fournit un filet à l'œsophage; (d) deux rameaux à l'artère céphalique, dont le plus petit se porte à la division de cet artère, derrière le larynx, tandis que l'autre remonte depuis le niveau de l'axoïde, pour gagner la même artère.

En se portant le long du col, le pneumo-gastrique reste uni au trisplanchnique par un tissu lamineux abondant; mais à l'entrée de la cavité thoracique, il s'en sépare, concourt à former un petit plexus placé sous la trachée, et nommé trachéal; puis ce nerf se continue jusque derrière les bronches, où il forme le plexus bronchique; après cela, il se sépare en deux cordons, qui s'accolent avec les cordons du nerf opposé, suivent la direction de l'œsophage, marchent l'un en dessus et l'autre en dessous de ce canal, jusque dans la cavité abdominale où ce nerf se termine et se réunit au trisplanchnique.

Dans ces deux cavités, il forme plusieurs divisions et donne, 1º. un ou deux filets pour le plexus cardiaque ; 2°. des filets qui suivent les divisions des bronches ; 3°. un rameau *trachéal recurrent*, qui remonte derrière la trachée , et va se perdre dans le larynx. Dans l'abdomen , il se divise en deux portions , l'une qui comprend les rameaux divers qui se répandent autour de l'orifice œsophagien et de la petite courbure de l'estomac ; l'autre embrasse les rameaux qui se portent vers le cœliaque , et se réunissent au trisplanchnique.

§. XI. *Nerf trachélo-dorsal.*

Grand nerf récurrent du canal rachidien , composé de plusieurs filets séparés , qui proviennent des faisceaux inférieurs des nerfs trachéliens , s'accolent en remontant dans le crâne et constituent un cordon cylindrique , qui s'échappe du crâne par l'hiatus sous-occipital , à côté du pneumo-gastrique , traverse le plexus guttural , se courbe sur les muscles du cou , gagne la partie supérieure de l'épaule et se termine dans le muscle dorso-acromien. Ce nerf donne (a) un filet sympathique au pneumo-gastrique ; (b) un filet au ganglion guttural du trisplanchnique ; (c) deux rameaux au muscle sterno-maxillaire ; (d) des filets aux muscles qui recouvrent la partie supérieure du scapulum.

§. XII. *Nerf hyo-glossien.*

Gros cordon qui nait par plusieurs filets séparés de l'extrémité du bulbe du prolongement rachidien, en bas du pneumo-gastrique, passe par le trou condylien, se dirige en devant, traverse le plexus guttural, gagne la face inférieure de la langue, et se ramifie dans son tissu. Ce nerf qui, au sortir du crâne, reçoit un filet de la première paire trachélienne, donne (a) un rameau qui s'unit avec un ou deux filets de la première paire trachélienne, et va sous l'hyoïde; (b) un rameau hyo-thyroïdien; (c) un filet *sympathique* au nerf lingual; (d) divers rameaux qui pénètrent le tissu musculeux *de la langue.*

Article II.

Nerfs rachidiens.

Ils naissent par paires, de chaque côté du prolongement rachidien, sont en même nombre que les trous rachidiens par lesquels ils sortent du canal, se distinguent par les noms de première paire, deuxième, troisième, etc., successivement en procédant de devant en arrière. On les divise en raison des régions qu'ils occupent, en *nerfs traché-liens, nerfs dorsaux, nerfs lombaires,* et *nerfs sacrés.*

Ils diffèrent essentiellement des nerfs encéphaliques, par leur mode d'origine, qui est le même pour tous, ainsi que par la manière dont ils se divisent, pour se distribuer dans les parties. A leur naissance, ils présentent plusieurs filets séparés, qui sont partagés en deux faisceaux, l'un antérieur ou inférieur, et l'autre postérieur ou supérieur, toujours plus considérable. En traversant la gaîne membraneuse qui contient la pulpe du prolongement rachidien, ces deux faisceaux de filamens s'unissent, forment ensuite un ganglion qui les confond, et duquel émanent deux branches que l'on distingue de même en antérieure ou inférieure, et en postérieure ou supérieure. Peu après leur sortie du canal rachidien, les branches antérieures communiquent les unes avec les autres par un cordon anastomotique ; toutes donnent un ou deux et quelquefois trois filets au nerf trisplanchnique.

Nerfs trachéliens.

Ainsi nommés, parce qu'ils sortent par les

trous trachéliens, ces nerfs sont au nombre de huit paires. Leur faisceau inférieur ou antérieur fournit le filet récurrent pour la formation du nerf trachélo-dorsal. Leur branche postérieure se ramifie dans les muscles du cou ; tandis que leur branche antérieure forme divers nerfs composés.

Première paire. Sa branche antérieure fournit un ou deux filets qui vont s'unir au nerf hyo-glossien ; sa branche postérieure se ramifie dans les muscles occipitaux et sous-occipitaux.

Deuxième et troisième paires. Leur branche antérieure donne un rameau au muscle sterno-maxillaire, concourt à former le plexus trachélo-cutané, et l'anse nerveuse qui est située sous le côté de l'atloïde, et qui envoie des filets au trisplanchnique et au plexus hyoïdien. Leur branche postérieure se divise dans les muscles cervicaux.

Cinquième, sixième et septième paires. Leur branche antérieure est essentiellement destinée à former le plexus brachial, et donne un filet pour la formation du nerf diaphragmatique.

Huitième paire. Elle concourt, avec les trois paires précédentes, à former le plexus brachial.

Nerfs dorsaux.

En même nombre que les vertèbres du dos, ces nerfs sortent du canal rachidien par les trous dorsaux ; leur branche supérieure se distribue dans les muscles, les tégumens du dos et des lombes ; l'inférieure ou antérieure suit la direction de l'artère intercostale, et laisse échapper un rameau qui devient cutané de différentes régions ; cette même branche donne deux filets fins au nerf trisplanchnique. Toutes les paires dorsales présentent le même mode de distribution ; mais la première concourt en outre à former le plexus brachial.

Nerfs lombaires.

Ces nerfs, aussi nombreux que les vertèbres de cette région, passent par les trous lombaires. Leur branche supérieure se ramifie dans les muscles du dos, de la croupe et du flanc ; la branche inférieure des premières paires se distribue dans les muscles, tandis que celle des quatre dernières paires va former le plexus crural ; cette même branche donne deux à trois filets au nerf trisplanchnique.

Nerfs sacrés.

Ils sont au nombre de cinq chez tous les quadrupèdes domestiques ; leur branche supérieure, beaucoup plus petite que l'autre, passe par les trous sus-sacrés, se distribue dans les muscles et les tégumens de la croupe. Les branches inférieures des trois premières paires se réunissent pour former le plexus crural ; celle de la quatrième paire forme le nerf iskio-pénien, et donne divers autres rameaux aux parties circonvoisines ; la même branche de la cinquième paire se distribue autour du périné et dans la queue ; chaque paire fournit deux filets au nerf trisplanchnique.

Article III.

Des nerfs composés.

Genéralement très-rameux, plexiformes et sympathiques, ces nerfs, au lieu de provenir immédiatement de l'encéphale ou de son prolongement, sont formés par le concours de différens autres nerfs ; la plus grande partie porte des ganglions divers, qui les rendent moins directement soumis à l'influence de l'organe encéphalique.

Cette troisième série, fort étendue, comprend les nerfs suivans ; savoir , les *trachélo-sous-cutanés*, les *hyoïdiens*, les *pharyngiens*, les *iriens*, les *gutturo-palatins*, le *diaphragmatique*, les *pulmonaires*, les *cordiaques*, les *brachiaux*, les *cruraux*, le *trisplanchnique*. (1)

I. Les *trachélo-sous-cutanés* embrassent les filets cutanés et autres , provenant du plexus trachélo-sous-cutané , qui est formé par la deuxième, troisième et quatrième paire trachélienne, et est situé sur le côté de l'atloïde.

II. Les *hyoïdiens*, qui sont des filets formés par l'entrelacement des filets du nerf hyo-glossien, de la deuxième et troisième paire trachélienne, se distribuent dans les muscles abaisseurs de l'hyoïde.

III. Les *pharyngiens*, formés par le concours des filets du pneumo-gastrique, du pharyngo-glossien et du trisplanchnique, se ramifient dans le tissu du pharynx.

---

(1) La description que nous donnons de chacun de ces nerfs est courte et aussi précise qu'il a été possible ; nous n'avons fait qu'indiquer leur disposition et ce qu'il importe essentiellement de connoître. Pour de plus grands détails, on peut consulter les tableaux du professeur *Chaussier*, les ouvrages de *Sabatier*, de *Scarpa*.

IV. Les *iriens*, filets fins et fournis par le ganglion *orbitaire*, qui est formé par l'oculo-musculaire commun et l'orbito-frontal, percent le bulbe de l'œil, et gagnent l'iris.

V. Les *gutturo-palatins* comprennent les filets divers qui suivent les nerfs nasal, palatin, staphylin, sus - maxillaire, proviennent d'un ganglion oblong et aplati, que l'on nomme *sphéno-palatin*. Assez considérable, et placé en dehors de l'orbite, sur le sphénoïde et le palatin, ce ganglion est formé par des filets provenant du facial, du sus-maxillaire et du trisplanchnique; souvent on trouve un ou deux filets qui se portent au ganglion orbitaire.

VI. Le *diaphragmatique*, gros cordon formé par les filets de la cinquième, sixième et septième paires trachéliennes, se porte entre les deux lames du médiastin, et va se ramifier dans le centre aponévrotique du diaphragme.

VII. Les *pulmonaires* comprennent les filets divers qui proviennent du plexus bronchique, et se perdent dans le tissu des poumons.

VIII. Les *Cardiaques* sont fournis par le

plexus du même nom, qui est formé par des rameaux du pneumo - gastrique et du tri-splanchnique.

IX. Les *brachiaux* partent du plexus brachial, à la formation duquel concourent les quatre dernières paires trachéliennes, et la première paire dorsale. Ces nerfs, très-gros et fort nombreux, suivent presque tous des artères dont ils portent le nom. On compte (a) le *sus-scapulaire*, cordon qui se contourne sur le bord antérieur du scapulum, et se distribue dans les muscles acromio-trochité-riens ; (b) les *sterno-thoraciques*, quatre à cinq rameaux qui se portent dans les muscles qui du sternum vont au membre ; (c) les *sous-scapulaires*, quatre cordons principaux dont un se divise dans le muscle costo-sous-scapulaire, un autre dans le muscle sterno-tro-chinien, un troisième se porte au muscle dorso-huméral, et laisse échapper une di-vision qui devient cutanée, enfin le quatrième rameau se perd dans le muscle sous-scapulo-trochinien ; (d) le *scapulo-huméral*, cordon cylindrique qui se contourne derrière l'arti-culation du même nom, donne un ou deux rameaux aux muscles situés à la face interne du scapulum, et va se perdre dans ceux qui recouvrent la face interne de l'articulation scapulo - humérale ; (e) le *cubito cutané*, gros cordon qui se contourne derrière l'humérus, gagne la face externe de l'avant-bras, et fournit, 1°. des rameaux aux muscles extenseurs de l'avant-bras, 2°. des rameaux musculaires et cutanés sur la face interne et antérieure de l'avant-bras ; (f) le *cubito-plantaire*, très - long cordon qui règne au côté interne du coude, d'où il descend sur la face postérieure de l'avant-bras, jusque derrière le canon, où il se perd : ce nerf fournit vers le coude un gros cordon radié, qui se divise dans les muscles et les tégumens ; derrière la jambe et le genou, il laisse échapper quelques rameaux pour les parties environnantes ; (g) le *cubito - digital*, qui est le plus considérable de tous les nerfs brachiaux, se porte au côté interne de l'articulation huméro-cubitale, descend le long de la partie postérieure et interne de l'avant-bras, suit ensuite l'artère plantaire jusqu'au sabot. Ce nerf fournit des rameaux aux muscles fléchisseurs de l'avant-bras, et vers l'articulation, il donne un cordon radié qui se perd dans les parties circonvoisines ; dans le reste de son étendue, il laisse échapper divers rameaux et filets pour les muscles et autres parties.

X. Les *cruraux* sont fournis par le plexus crural, qui est formé par le concours des quatre dernières paires lombaires et des trois premières paires sacrées, et qui constitue deux portions, dont une antérieure ou lombaire, et l'autre postérieure ou sacrée.

La portion antérieure donne (a) les *iliaco-musculaires*, deux ou trois rameaux qui se plongent dans les muscles iliaques ; (b) le *fémoral antérieur*, gros cordon qui passe sous le muscle ilio-rotulien, et se ramifie dans les muscles fémoraux antérieurs ; (c) le *sus-pubien*, qui se dirige en devant dans l'épaisseur des muscles abdominaux, fournit les nerfs inguinaux et accompagne l'artère sus-pubienne ; (d) le *sous - pubio - fémoral*, qui passe par l'ouverture du même nom, se distribue dans les muscles sous-pubio-trokantériens et fémoraux internes.

La portion postérieure, beaucoup plus considérable, donne aussi quatre nerfs principaux, savoir, (a) les *ilio-musculaires*, quatre à cinq rameaux de grosseur fort inégale, qui se plongent dans les muscles croupiens ; (b) le *petit fémoro-poplité*, long cordon considérable, qui se dirige en arrière, traverse le ligament sacro-iskiatique, descend à la face postérieure de la cuisse entre les muscles iskio-tibiaux; parvenu au niveau de la face poplitée de l'articulation de la jambe, il gagne le côté externe du tibia, et se perd dans les muscles tibiaux antérieurs. (c) Le *grand fémoro-poplité*, cordon très-considérable qui suit la direction du précédent jusqu'à la jambe, s'étend au côté interne de la face postérieure du tibia sous les muscles, passe dans l'arcade tarsienne du jarret, et va suivre les principales divisions des artères plantaires; dès son origine, ce nerf fournit un gros cordon, qui se dirige au côté interne et dessous la tubérosité iskiale, forme des ramifications radiées qui se plongent dans les muscles attachés à cette éminence; derrière la jambe, il laisse échapper divers rameaux plus ou moins gros qui se plongent dans les muscles. (d) Les *iskio-musculaires* comprennent trois cordons principaux qui pénètrent les muscles attachés à l'iskium, l'un de ces cordons donne une division qui se ramifie dans le pourtour de l'anus.

XI. Le *trisplanchnique* (grand sympathique,

que , intercostal commun), le plus composé des nerfs et essentiellement formé par
des filets fournis par la branche inférieure ou
antérieure des paires rachidiennes , constitue
un très-long cordon de grosseur inégale , apposé sur les parties latérales du corps des vertèbres , et s'étendant depuis la base du crâne ,
le long du cou , dans le thorax et l'abdomen ,
jusqu'à l'extrémité de la cavité pelvienne.
Grêle en quelques endroits, plus gros en d'autres , ce nerf diffère des autres par son étendue , sa composition , la multiplicité des filets
qu'il reçoit ou qu'il fournit , la série des ganglions qu'il présente d'espace en espace , enfin
par les propriétés particulières dont il jouit.

Essentiellement destiné pour les artères ,
le trisplanchnique est très-étendu , embrasse
tous les viscères , établit entre eux des rapports intimes , entretient une action qui peut
persister quelque temps sans l'influence de
l'organe encéphalique (1).

On distingue à ce nerf trois portions, dont
une trachélienne , l'autre thoracique , et la
troisième abdominale.

(A) La *portion trachélienne* qui s'étend de-

____

(1) Tableau synoptique du nerf trisplachnique, *Chaussier.*

2.   D d

puis le crâne jusqu'aux deux premières vertèbres du dos , porte à ses extrémités, des
ganglions d'où partent et où se rendent divers rameaux et filets. Le ganglion supérieur
ou *guttural* est situé sous la base du crâne,
en devant des deux premières vertèbres du
cou , et au milieu du plexus guttural , qui
est un enlacement considérable , formé par
les quatre dernières paires encéphaliques et
par des rameaux ou filets des trois premières
paires trachéliennes. Ce ganglion , qui reçoit
des filets très-menus du pneumo-gastrique ,
du trachélo-dorsal et de l'anse nerveuse qui
passe sous le côté de l'atloïde , fournit, 1°. des
filamens mous et rouges , qui montent avec
l'artère cérébrale antérieure , se divisent pour
donner des filets aux méninges , à l'origine
du trifacial , et un long filet qui s'unit avec
un autre filet du facial , et se porte au ganglion sphéno-palatin; 2° plusieurs filets fins
au pharynx et au larynx ; 3°. deux ou trois
rameaux pour les artères.

Les ganglions inférieurs , au nombre de
deux , placés l'un à la suite de l'autre , sont
brunâtres , semi-lunaires, et plus fermes que
le ganglion guttural ; le premier de ces ganglions , le plus petit, situé en avant ou en
dedans de la première côte , donne (a) le

principal rameau du plexus cardiaque ; (b) un rameau qui réunit ces deux ganglions ; (c) divers filets déliés , dont les uns se distribuent sous la trachée et à l'œsophage , tandis que les autres suivent des artères. Le second ganglion, qui est postérieur, plus grand et situé contre la première côte, reçoit des filets, des deux à trois paires trachéliennes , et des deux premières paires dorsales , et laisse échapper plusieurs filets , dont les uns vont au plexus cardiaque et au plexus brachial , tandis que les autres s'accolent aux artères.

Le cordon intermédiaire qui s'étend du ganglion guttural aux ganglions inférieurs, est cylindrique, blanc et uni par un tissu lamineux au gros cordon du pneumo-gastrique.

(B) La *portion thoracique* , qui est la plus considérable , présente un cordon longitudinal, qui commence au dernier ganglion de la portion trachélienne , s'étend en arrière sous l'articulation des côtes avec les vertèbres, traverse le diaphragme au côté de l'aorte postérieure , pénètre dans l'abdomen par deux cordons, dont le plus gros se courbe derrière la cœliaque, où il se termine à un gros ganglion, appelé *semi - lunaire* ou *cœliaque ;* l'autre cordon envoie un rameau au même gan-

(420)

glion , puis se continue jusqu'au plexus rénal.

Dans la cavité thoracique, ce cordon qui, à compter de la première côte, va en grossissant insensiblement , est recouvert par la plèvre, offre, dans chaque intervalle intercostal, un petit ganglion où aboutissent deux filets de chacune des paires dorsales, et fournit dans son trajet des filets menus à l'aorte postérieure et au médiastin.

Dans l'abdomen , cette portion thoracique forme divers ganglions et tous les plexus abdominaux ; le premier et le plus considérable des ganglions est le *semi-lunaire* , qui est situé immédiatement sous l'aorte , derrière la cœliaque , et qui constitue un centre de réunion des deux nerfs *trisplanchniques* , un corps où se terminent les deux pneumo-gastriques, et d'où partent les rameaux divers qui vont former les plexus et les ganglions secondaires.

En avant de ce grand ganglion semi-lunaire , se remarquent les plexus suivans , savoir, (a) le *cœliaque* , qui entoure l'artère du même nom ; (b) le *splénique* , qui suit l'artère splénique , et fournit des rameaux qui accompagnent ses divisions ; (c) l'*hépatique* , qui se dirige vers le foie avec son artère , et donne des rameaux qui se plongent dans cet organe ; (d) le *gastrique* , qui va vers la petite courbure de l'estomac , et envoie des rameaux qui pénètrent ce viscère. Parmi les plexus qui se trouvent en arrière du ganglion semi-lunaire , l'on compte ; 1º. le *mésentérique* , plexus considérable qui entoure le tronç de la grande mésentérique , et fournit les rameaux qui se portent à l'intestin avec les divisions de cette artère ; 2º. les *rénaux* situés l'un à droite et l'autre à gauche , qui fournissent des nerfs aux reins ; 3º. les *surrénaux* , au nombre de deux , qui envoient des filets aux capsules surrénales , ainsi qu'aux reins ; 4º. le *colique gauche* , qui entoure la petite mésentérique , donne des rameaux à la partie gauche du colon et au rectum ; 5º. Les *testiculaires* , qui de chaque côté suivent et entourent les artères testiculaires ; 6º. les *pelviens* , situés dans la cavité du bassin , et desquels partent des rameaux pour la vessie et les organes génitaux contenus dans le bassin. Tous ces plexus émanent les uns des autres par plusieurs rameaux ou filets qui les lient ensemble ; parmi les divisions qu'ils fournissent , quelques ramifications portent de petits ganglions , d'autres forment des plexus secondaires , etc.

(C) La *portion abdominale* , qui est la moins

complexe, se trouve accolée au côté du corps des vertèbres des lombes, commence au dernier ganglion thoracique, se prolonge dans la cavité pelvienne sous le sacrum, jusqu'à l'extrémité de cet os. Le cordon longitudinal qu'elle présente porte de distance en distance des petits ganglions qui reçoivent deux ou trois filets de chacune des paires lombaires et sacrées. Dans son trajet, ce cordon longitudinal fournit des filets à tous les plexus abdominaux, et se termine vers l'origine de la queue par divers filets.

TROISIÈME GENRE.

Les Sens.

Ils constituent des fonctions que l'on appelle *sensations*, qui ont pour but de mettre l'animal en rapport avec les objets extérieurs; consistent à distinguer ces objets, à percevoir quelques-unes de leurs propriétés, à les transmettre à l'encéphale, où elles sont retenues quelque temps, sont combinées et deviennent ensuite causes des déterminations de l'individu. Toujours soumis à un agent extérieur, les sens se développent insensiblement après la naissance, s'associent, se rectifient mutuellement, se perfectionnent par l'exercice, par l'habitude, et restent suspendus pendant le sommeil.

Les organes destinés à l'exécution, à l'entretien des sens, sont disposés à la surface du corps, de manière à recevoir une impression spéciale des objets extérieurs ; leur tissure fibreuse, pulpeuse et réticulaire, les rend susceptibles d'une vibratilité particulière, plus ou moins persistante. Ceux qui sont destinés à recevoir de très-légères impressions sont placés très-près de l'encéphale, et la pulpe de leur nerf produit une expansion membraniforme parsemée de vaisseaux.

Très-différens entre eux et diversement modifiés dans les animaux, les sens sont au nombre de cinq ; savoir, la *vue*, l'*ouïe*, l'*odorat*, le *goût* et le *toucher*. Nous n'exposerons ici que les organes de la vue et de l'ouïe ; les parties propres à l'odorat ont été considérées avec les organes de la respiration (1) ; celle du goût avec les organes de la digestion (2), et nous parlerons du toucher à l'article de la peau.

De la vue.

Ce premier sens, commun au plus grand

------

(1) Page 122 et suivantes, et ensuite 168.

(2) Page 3 et suivantes, et ensuite page 108 et suivantes.

nombre des animaux, donne à l'individu la faculté de voir, c'est-à-dire, de percevoir l'impression de la lumiere qui provient des différens objets, en retrace l'image, et produit ainsi la vision ou l'action de voir. Les organes destinés à l'exercice de la vue sont les yeux, qui sont au nombre de deux, contenus dans les cavités orbitaires, l'un à droite et l'autre à gauche. Chacun de ces organes est composé de plusieurs membranes ou tuniques qui, par leur disposition, forment une espèce de coque creuse, dans laquelle sont contenues des humeurs diaphanes, transparentes, d'une densité inégale, et se laissant facilement traverser par les rayons lumineux. L'œil est en outre entouré de parties qui, par leur arrangement, contribuent à la perfection de la vue et à la conservation de son organe.

ARTICLE PREMIER.

L'œil qui forme une coque appelée bulbe(1), est situé dans l'orbite, cavité qui est formée par le concours du frontal, du sphénoïde, du lacrymal et du zygomatique, est tapissée par

---

(1) Communément globe, mais improprement, parce que l'œil n'est jamais sphérique.

une membrane blanche , fibreuse , épaisse ,
qui constitue une gaîne pyramidale , tendue ,
résistante et dont la base est implantée à la
circonférence de l'orbite. Cette gaîne oculaire
contient en masse , 1°. le bulbe de l'œil ;
2°. le coussinet graisseux sur lequel il repose ;
3°. les muscles auxquels il donne implantation , et qui le font mouvoir dans tous les
sens (1) ; 4°. enfin la paupière nasale qui ,
dans ses déplacemens , passe sur sa face antérieure , et l'essuie.

Le bulbe de l'œil des herbivores est beaucoup moins sphérique que celui des autres
quadrupèdes domestiques ; il est plus aplati
postérieurement , plus bombé latéralement ;
la petite sphère qui est comme ajoutée à sa
partie antérieure, et qui est formée par la
cornée transparente , est elliptique , suivant
le sens dans lequel se correspondent les
angles des paupières.

Les membranes de l'œil sont la sclérotique,
la cornée transparente, la choroïde , l'iris ,
le procès-irien et la rétine.

§. I. La *sclérotique* , membrane blanchâtre, fibreuse, d'une texture très-serrée, s'étend

____

(1) Tome **I** , page 272 et suivantes.

depuis l'insertion du nerf oculaire jusqu'au pourtour de la cornée, et forme la majeure partie de l'enveloppe extérieure du bulbe de l'œil. Sa face externe, qui offre plusieurs trous à la faveur desquels les vaisseaux et les filets nerveux pénètrent dans le bulbe, porte un tissu graisseux, qui concourt à former le coussinet oculaire, et elle donne implantation aux muscles de l'œil. Sa face interne, qui est appliquée sur la choroïde, est attachée antérieurement au cercle irien. Le bord de l'ouverture antérieure de cette membrane est taillée aux dépens de la face interne, forme un biseau alongé et accolé à un pareil biseau de la cornée.

Chez plusieurs animaux, et sur-tout dans le mouton, la sclérotique est noire à son côté interne, qui est aussi la partie la plus mince.

§. II. La *cornée transparente*, ainsi nommée en raison de sa texture et de sa transparence, est une membrane épaisse, lamellée, poreuse, qui est recouverte par la conjonctive, forme une portion de sphère, qui est comme appliquée sur la partie antérieure du bulbe, et qui est susceptible de prendre différens degrés de sphéricité, suivant que le regard se porte sur des objets éloignés ou voisins.

La face antérieure de la cornée est enduite d'un mucus qui retient les petits corps qui viennent la frapper, s'y fixent, s'y enchâssent bientôt, s'ils n'en sont promptement enlevés. Sa face postérieure concave et perspirable répond à l'iris, et forme les parois antérieures de la cavité qui contient l'humeur aqueuse. La circonférence de cette membrane, dont le bord est aminci aux dépens de la lèvre externe, est reçue dans l'ouverture antérieure de la sclérotique, avec laquelle la cornée se continue et forme la coque de l'œil.

Cette membrane, dont la texture est molle, poreuse, qui est formée de lames superposées et unies par un tissu lamineux abondant, est continuellement humectée par les larmes et l'humeur aqueuse, qui la pénètrent et conservent ainsi sa transparence.

§. III. La *choroïde*, membrane noire, peu consistante et essentiellement vasculaire, forme la chambre noire de l'œil, s'étend depuis l'insertion du nerf oculaire, entre la sclérotique et la rétine, jusqu'au cercle irien, où elle se termine.

Le *cercle irien*, ainsi nommé parce qu'il

entoure et soutient l'iris, est une petite bande circulaire, blanchâtre, qui se trouve sous la sclérotique, un peu en arrière du point où commence la cornée, et qui sert à réunir la sclérotique, la choroïde, l'iris et le procès-irien.

La face externe de la choroïde, noirâtre, est unie à la face interne de la sclérotique par uu tissu lamineux, lâche; elle y tient aussi au moyen des vaisseaux et des nerfs iriens. La face interne de cette même membrane offre, dans le fond du bulbe, une surface azurée, qui constitue le tapis sur lequel viennent se peindre les objets vers lesquels l'œil est fixé ; ce tapis est placé au côté externe de l'entrée du nerf oculaire dans le bulbe, précisément à l'opposé de la pupille, qui est l'ouverture par laquelle les rayons lumineux entrent dans la chambre noire.

Dans le reste de son étendue, cette face interne est noire, se continue avec le procès-irien, et absorbe les rayons divergens ou réfléchis du fond du bulbe.

La choroïde est formée d'un réseau vasculaire fin, soutenu par un tissu lamineux abondant, mou et très-peu consistant; elle secrète l'humeur qui forme l'enduit dont est pourvue sa face interne, et qui lui donne la propriété de retenir l'image des objets, et d'absorber les rayons lumineux.

§. IV. L'*iris* est une membrane circulaire, fibreuse, vasculaire, très-contractile, qui est percé dans son milieu d'une ouverture que l'on nomme *pupille*, est attachée dans toute sa circonférence au cercle irien, d'où elle s'étend dans l'espace compris entre la cornée et le crystallin, partage cet espace en deux *chambres* inégales, qui communiquent ensemble par la pupille, et dont l'une est antérieure, et l'autre postérieure plus petite.

La face antérieure de l'iris, qui paroît être composée d'anneaux circulaires et de fibres rayonnées, réfléchit une couleur variable dans tous les quadrupèdes, qui est susceptible de devenir plus vive ou plus foible, suivant le degré d'énergie ou de débilité générale. Lors de la contractilité de la membrane, cette face antérieure devient bombée, tandis qu'elle s'affaisse et s'aplatit dans le relâchement ; la face interne de l'iris, unie et noire, répond au crystallin et au procès-irien.

La *pupille* qui, dans les herbivores, est elliptique dans le même sens que la cornée, et qui, dans le chat, est alongée de haut en bas, offre quelquefois à ses bords des tu- bercules noirs, fongiformes, appelés *fungus*, et formés par des prolongemens frangés qui se trouvent repliés en dehors sur l'iris. Cette ouverture pupillaire qui constitue l'entrée de la chambre noire de l'œil, se resserre quand l'iris se contracte, et s'agrandit lorsque cette membrane se relâche. Dans les animaux énergiques, forts et bien portans, la pupille est très-resserrée, tandis que le contraire a lieu dans les sujets foibles et débiles. Une émission vive de lumière, l'approche des objets sur lesquels l'œil reste fixé, déterminent la contraction de cette ouverture, qui se dilate dans l'obscurité et par toutes les circonstances qui tendent à diminuer l'énergie vitale.

La contractilité très-vive dont jouit l'iris produit le gonflement de la membrane, lui donne plus d'étendue, la rend proéminente en devant, et resserre son ouverture pupillaire. Cette contractilité dépend du mode d'organisation de la partie, qui est essentiellement formée de vaisseaux, qui reçoit deux ordres de nerfs au moyen desquels elle a des rapports intimes avec les organes intérieurs, et devient ainsi le miroir où vient se peindre l'état de ces organes.

§. V. Le *procès-irien*, qui se montre sous la forme d'un anneau alongé, et rayonné à sa face postérieure, est une membrane étroite, noire, plus épaisse dans le milieu qu'à ses bords, qui est attaché au cercle irien sous la membrane précédente, dont elle s'écarte en se portant vers le crystallin, autour duquel elle forme un cercle denticulé qui entoure ce corps et en circonscrit la circonférence. La face postérieure du procès-irien est garnie de plis disposés en rayons rapprochés les uns des autres; sa face antérieure unie répond à l'iris.

§. VI. La *rétine*, expansion membraneuse, formée par la pulpe du nerf oculaire, qui parvient dans l'intérieur du bulbe au côté interne du tapétum, se propage entre la choroï le et la membrane hyaloïde, sans contracter d'adhérence avec elles. Parvenue à l'union de la choroïde avec le procès-irien, elle semble se terminer tout-à-coup; mais il est bien démontré qu'au lieu de se borner à ce point, elle fournit une expansion très-mince, qui se répand en devant, tapisse la face postérieure du procès-irien, et s'engage entre ses replis.

Fibreuse et parsemée de vaisseaux, dont les ramuscules artériels sont fournis par la centrale de la rétine, cette membrane est susceptible d'une vibratilité plus ou moins persistante, et est destinée à percevoir les images représentées sur le tapis de la choroïde.

Les humeurs renfermées dans le bulbe de l'œil, et dont les propriétés sont de rassembler les rayons lumineux, de manière à leur faire donner leur foyer sur le tapis de la choroïde, ne sont essentiellement qu'au nombre de deux, savoir l'*humeur aqueuse* et l'*humeur vitrée* ; néanmoins on comprend, comme une troisième humeur, le *crystallin*, qui, par sa composition, sa transparence et sa forme, concourt puissamment à converger les rayons lumineux.

1°. L'humeur aqueuse qui remplit les deux chambres sert à bomber l'œil, lorsque le bulbe est comprimé et retracté par les muscles droits, soutient la convergence qu'éprouve la lumière par la convexité de la cornée, et concourt à l'entretien de la transparence de cette dernière membrane.

Cet humeur, qui contient un peu de mucus et d'albumine, qui est susceptible de s'altérer et de se troubler dans plusieurs circonstances, est fournie par les exhalans et reprise par les inhalans de la cavité où elle

est

est contenue ; elle se répare promptement, comme on l'observe lorsqu'on l'évacue.

2°. L'humeur vitrée , ainsi nommée par sa ressemblance à du verre en fusion , occupe tout le fond du bulbe de l'œil, se présente sous forme de gelée tremblante, et est contenue dans une membrane qui lui est propre, et que l'on nomme *hyaloïde*. Cette membrane molle et transparente , mais dont on aperçoit la disposition en faisant geler un œil , est composée de deux lames, dont l'interne forme des replis intérieurs qui constituent des cellules où est renfermée l'humeur dont il s'agit ; tandis que la lame externe contient en masse cette humeur avec le crystallin, qui est logé dans une cavité que lui offre le corps vitré, et que l'on nomme *chaton*.

3°. Le crystallin est un corps lenticulaire, albumineux, molasse, formé de lames concentriques superposées, qui est placé derrière la pupille, vis-à-vis le centre de la cornée, et qui est renfermé dans la plicature de la membrane hyaloïde, qui constitue sa capsule.

Sa face antérieure, recouverte par la lame externe de la membrane hyaloïde, regarde la pupille ; sa face postérieure, beaucoup plus

2.   E e

bombée, est logée dans le chaton que lui offre le corps vitré.

Formé d'une substance albumineuse qui, par la dessiccation, devient opaque, se fendille et prend l'apparence de la corne, le crystallin converge les rayons lumineux plus fortement que ne le fait l'humeur vitrée, parce qu'il a beaucoup plus de densité et qu'il leur présente une surface convexe.

Quant aux vaisseaux, aux nerfs et aux muscles de l'œil, nous avons déjà exposé ces parties. Ainsi, les artères sont des divisions de l'oculaire ; les veines se rendent dans la gutturo-maxillaire. Parmi les nerfs on compte, 1º. l'oculaire; 2º. les filets iriens, dont les uns viennent du nerf palpébro - nasal, les autres sont fournis par le ganglion orbitaire ; les muscles sont cinq droits et deux obliques.

Article II.

Les parties qui, par leur disposition, concourent à la vision, soit en modifiant les rayons lumineux ou en conservant le bulbe dans son intégrité, sont les *paupières*, la *conjonctive*, la *glande lacrymale*, la *caroncule*, les *points*, le *réservoir* et le *canal* qui portent le même nom.

(435)

§. I. Les paupières sont des parties mobiles qui se prolongent sur le bulbe de l'œil, l'essuient, le préservent d'une action trop vive de lumière, le dérobent à son impression pendant le sommeil, et le garantissent de l'abord des corps extérieurs capables de l'offenser. Elles sont au nombre de trois, dont deux principales, opposées l'une à l'autre et essentiellement formées par la peau, se distinguent en supérieure et en inférieure; la troisième, contenue dans la gaîne oculaire et placée dans l'angle nasal contre le bulbe, porte le nom de *paupière nasale.*

Les deux premières, qui ont à-peu-près le même mode d'organisation, qui sont susceptibles de s'écarter et de se rapprocher l'une de l'autre, constituent dans leur réunion deux angles qui se correspondent dans un sens oblique de haut en bas, de dehors en dedans, et que l'on distingue en *angle temporal* ou petit angle, et en *angle nasal* ou grand angle. Leur bord, taillé aux dépens de la face interne, est uni, ferme, a pour base un cartilage que l'on nomme *tarse,* offre une rangée de longs poils, appelés *cils,* et porte dans son épaisseur les bulbes ciliaires et des follicules du même nom. Ces follicules , dont les ouvertures forment des points blancs, appelés *points ciliaires,* secrètent une humeur cérumineuse, blanchâtre, destinée à empêcher les larmes de couler au dehors pendant le sommeil. Les *tarses,* qu'il vaut mieux appeler *cartilages ciliaires,* affermissent le bord des paupières, l'empêchent de faire des plis, et vont en s'amincissant de l'angle nasal à l'angle temporal. Les *cils* destinés à ombrager l'œil , à modérer la vivacité des rayons lumineux, sont petits et rares dans la paupière inférieure ; dans la supérieure , ils sont plus grands et plus nombreux proche de l'angle temporal : le côté de l'angle nasal en est dépourvu.

Les paupières, dont la peau est mince, souple et chargée de poils très-fins , sont tapissées à leur face interne par la conjonctive, et portent dans leur épaisseur un ligament qui s'attache au bord de l'orbite , se termine au tarse , soutient et affermit chaque paupière ; elles offrent aussi les productions des muscles, qui opèrent les mouvemens dont elles sont susceptibles (1).

La paupière supérieure est plus grande, plus epaisse et beaucoup plus mobile que l'infé-

____

(1) Tome I, page 272 et suivantes.

rieure, qui n'a presque pas de cils ni de poils.

La *paupière nasale* (1) est un corps semi-lunaire, ferme, à base cartilagineuse, qui, par une de ses extrémités, se montre sous forme de membrane noirâtre dans l'angle nasal, entre le bulbe et la caroncule lacrymale, et qui, par la rétraction seule de l'œil, est poussé, ramené sur la partie antérieure du bulbe qu'il essuie.

Cette troisième paupière est essentiellement formée d'un cartilage oblong, arqué, dont la partie antérieure, libre et recouverte par la conjonctive, est *unguiforme*, se termine insensiblement par un bord mince, est maintenue appliquée sur le bulbe de l'œil. L'autre partie de ce cartilage, beaucoup plus étendue et plus épaisse, s'enfonce derrière la conjonctive dans la gaîne oculaire, et porte un tissu graisseux qui fait partie du coussinet de l'œil, fixe ce cartilage d'une manière lâche, et lui permet de se déplacer avec facilité quand le bulbe est tiré en dedans.

Dans le fond des replis que forme la conjonctive, pour recouvrir la partie unguiforme, se trouvent quelques ouvertures,

____

(1) Troisième paupière, *Vitet.* Membrane clignotante, *Bourgelat.* Onglet, *Lafosse.*

qui sont les orifices d'autant de follicules muqueux.

§. II. La *conjonctive*, ainsi nommée parce qu'elle lie les paupières avec le bulbe, est une membrane folliculaire, mince, lâche, qui, par sa face interne, tapisse les paupières supérieure et inférieure, enveloppe la partie unguiforme de la paupière nasale, se replie ensuite sur la partie antérieure du bulbe, passe sur les tendons des quatre muscles droits, et se continue sur la cornée à laquelle elle adhère intimément. Par sa face externe, qui est exhalante et inhalante, elle sécrète une humeur muqueuse, dont la consistance, la nature et la quantité varient dans beaucoup de circonstances.

§. III. La *glande lacrymale*, destinée à la secrétion des larmes, est un corps molasse, brunâtre, de la nature des glandes salivaires, qui est placé sous l'arcade orbitaire, et dont les canaux excréteurs forment des petits mamelons que l'on remarque à la face interne de la paupière supérieure, du côté de l'angle temporal.

L'humeur qui constitue les larmes, et qui prend sa source dans la glande dont il s'agit, est une liqueur essentiellement aqueuse, mais qui contient du mucus susceptible de se concréter. Cette humeur, dont la sécrétion est très-variable, coule continuellement de l'angle temporal à l'angle nasal ; sa progression est favorisée pendant la veille par les mouvemens du bulbe, et, pendant le sommeil, par un canal qui se trouve au côté interne de l'union des paupières, et qui résulte du biseau qu'offre le bord tant de la paupière supérieure que de l'inférieure.

§. IV. La *caroncule lacrymale* est un tubercule pyramidal, situé dans l'angle nasal et entre les deux points lacrymaux, qui porte dans son épaisseur quelques follicules muqueux, dont la pointe noirâtre est garnie de petits poils, et dont les usages paroissent être de tenir les points lacrymaux ouverts, et de retenir la partie concrète des larmes, qui constitue la chassie.

§. V. Les points lacrymaux, le réservoir et le canal du même nom, sont des parties continues et destinées à transmettre au-dehors les larmes, après qu'elles ont servi à la lubréfaction de l'œil. Les points lacrymaux sont deux ouvertures rondes, placées l'une en haut et l'autre en bas, aux côtés de la caroncule, sur les bords des paupières, tout près de leur réunion nasale et qui se rendent dans le réservoir lacrymal. Ce réservoir ou s¹c, qui est situé dans l'intérieur de l'angle nasal, reçoit les larmes qui enfilent les ouvertures, et les transmet dans le canal membraneux qui les conduit dans le nez. Ce canal lacrymal, qui n'est qu'une continuité du réservoir, passe dans le conduit osseux du même nom, s'ouvre dans le nez proche l'ouverture extérieure de la narine, et entre les extrémités des deux cornets. Chez les monodactyles, cette ouverture se trouve au point de réunion de la peau avec la membrane nasale.

Phénomènes de la vision.

Cette fonction qui consiste à percevoir l'image des différens objets qui sont représentés dans l'œil, offre deux choses à considérer, 1°. la lumiere qui porte dans l'œil le sentiment des objets extérieurs ; 2°. l'action de l'organe qui modifie cette substance et en perçoit l'impression.

La lumière est un fluide extrêmement subtil, très-élastique, qui vient du soleil ou autres corps lumineux, frappe tous les objets qui sont sur la surface de la terre, traverse les corps transparens, est réfléchie, renvoyée des corps opaques, et est intermédiaire entre l'objet visuel et l'œil de l'animal. Pour pouvoir juger de ses effets et de la manière dont elle se comporte dans l'acte de la vision, il est nécessaire et même indispensable de savoir, 1°. que cette substance très-déliée se répand dans l'espace en se divergeant, en formant des lignes droites qui se croisent sans se mêler ni se confondre ; 2°. qu'elle perd de sa densité et de sa force en raison de sa divisibilité ; 3°. que la lumière pure, telle qu'elle vient du soleil, donne par le prisme sept couleurs, savoir, le *rouge,* l'*orangé,* le *jaune,* le *verd,* le *bleu,* l'*indigo* et le *violet;* 4°. que ces sept rayons ont des degrés différens de refrangibilité et suivant l'ordre inverse de celui dans lequel nous venons de les énumérer ; 5°. que la coloration des corps paroît dépendre de ces sept couleurs, qui se combinent entièrement ou en partie avec ces corps, ou bien en sont renvoyées dans leur intégrité ; 6°. que l'angle de réflexion que fait la lumière est toujours égal à son angle d'incidence ; 7°. que la réfraction qu'éprouve ce fluide est en raison directe de l'obliquité des surfaces et de la densité des corps transparens ; 8°. enfin que les rayons réfléchis par les corps opaques, emportent l'empreinte de ces corps, et peuvent les représenter toutes les fois qu'ils sont rassemblés en foyer.

Pour se faire une juste idée de la marche de la lumière, il faut se figurer qu'un corps soit lumineux, soit éclairé, lance de tous ses points, des rayons qui forment autant de cônes divergens dans l'espace, et dont le sommet est à chacun des points radians. La lumière qui frappe l'œil est donc un assemblage de portions de chacun de ces cônes ; et cette masse de lumière constitue elle-même un cône composé, dont la base se mesure par la grandeur du corps, et dont le sommet tronqué est égal à l'ouverture de la pupille. Mais, pour plus de simplicité, il convient de ne considérer qu'un seul de ces cônes, ayant sa pointe au point radiant et sa base à la cornée. Parmi les rayons ou filets lumineux qui composent ce cône simple, il en est un qui tombe perpendiculairement sur la cornée, constitue l'*axe optique* ou *visuel*. Ce rayon central parvient dans le fond de l'œil, sans éprouver aucune déviation dans sa marche rectiligne ; tandis que les rayons collatéraux tombant obliquement sur la cornée, sont repliés tout autour de l'axe optique, et arrivent dans le fond du bulbe de l'œil au même point que lui.

Il suit de-là que la lumière renvoyée de chaque point radiant d'un corps éclairé, forme deux cônes opposés, qui ont leur base à la cornée, et dont l'un divergent, appelé *objectif*, a son sommet au point radiant; tandis que l'autre convergent, nommé *cône visuel*, a son sommet au tapis de la choroïde.

Tous les cônes lumineux qui composent la masse de lumière envoyée de l'objet éclairé, se comportant de la même manière, arrivent ensemble dans le fond du bulbe de l'œil, se rassemblent chacun en un même point, retracent une petite image curviligne et renversée, mais parfaitement semblable à l'objet visuel. La même image est en même temps représentée dans l'autre œil; elle produit à la vérité deux impressions qui, étant simultanées et semblables en tout, ne peuvent déterminer que le même sentiment, que la même sensation. Les rayons réfléchis du fond du bulbe ressortent partie par la pupille, et l'autre partie est absorbée par l'enduit noir de la choroïde et du procès-irien.

Pour percevoir un objet visible, l'animal

dirige ses deux yeux , les fixe de manière à leur donner un axe commun , à les mettre en rapport avec la distance des corps qu'il regarde, c'est-à-dire, qu'il donne à la cornée une convexité proportionnée à la divergence des rayons qui viennent la frapper. Ainsi, plus les objets sont proches, plus les rayons qu'ils envoient sont divergens, plus alors le bulbe doit être bombé , afin de leur présenter plus d'obliquité et de les rassembler avec plus de force. L'œil qui ne jouit pas de la faculté de prendre divers degrés de sphéricité ne peut pas distinguer les objets, ou ne les perçoit que très-confusément.

La réfraction qu'éprouve le cône visuel dépend donc essentiellement de la convexité de la cornée, et, en second lieu, de trois humeurs qu'il traverse.

L'image représentée sur le tapis de la choroïde produit dans la rétine une impression de contact plus ou moins vive , plus ou moins persistante, qui est transmise à l'encéphale, et est ainsi perçue. Quoiqu'elle soit renversée , l'animal ne voit et ne peut voir les objets que droits, tels enfin qu'ils existent, parce qu'il est dans l'ordre de son organisation , de rapporter les impressions diverses qu'il reçoit dans la même direction qu'elles lui arrivent.

De l'Ouïe.

Ce sens est la faculté d'entendre, de percevoir le son qui est transmis par l'air, et qui constitue l'audition. Les organes destinés à l'exercice de l'ouïe, sont les oreilles, au nombre de deux, l'une à droite et l'autre à gauche, contenues en plus grande partie dans l'intérieur de la portion tubéreuse du temporal, et prolongée au dehors par une partie creuse, diversement arrangée, mais toujours disposée de manière à rassembler les rayons sonores et les conduire dans l'intérieur de l'oreille.

On distingue à l'oreille trois parties séparées l'une de l'autre et différentes par leur situation, leur forme et leurs propriétés : l'une externe, qui constitue un pavillon de grandeur et de forme diverses dans les animaux, est connue sous le nom d'*oreille externe ;* les deux autres, situées dans la portion tubéreuse du temporal, forment deux cavités, dont une intermédiaire et communiquant dans l'arrière-bouche est appelée *tympan ;* l'autre plus profonde et renfermée dans l'épaisseur de la partie pétrée porte le nom de *labyrinthe.*

ARTICLE PREMIER.

L'oreille externe, que l'on nomme aussi *oricule*, constitue une grande cavité proéminente au-dehors, dont l'ouverture taillée en biseau est très-étendue, dont la surface est rugueuse et inégale, dont le fond se continue par un canal biflexe, qui va se terminer en cul-de-sac sur la membrane du tympan, et est désignée sous le nom de conduit auditif. Elle est formée essentiellement par trois cartilages, de forme et de grandeur très-différentes; l'un porte le nom de *conque*, le second celui d'*annulaire*, et le troisième est appelé le *scutiforme*. Elle est recouverte par la peau, qui se replie en dedans et se prolonge jusque sur la membrane du tympan.

1°. La *conque* forme la plus grande partie de l'oricule, et constitue le pavillon propre à rasssmbler les rayons sonores, à en augmenter la densité, se rétrecit à sa base et embrasse par deux petits prolongemens le cartilage annulaire, auquel elle est attachée au moyen d'un ligament. Dans les animaux où l'oricule est droite et fixe, la conque se présente sous la forme d'un cornet coupé obliquement dans sa partie antérieure ; chez ceux où elle est pendante, ce cartilage est plus grand et plus large.

2°. Le cartilage *annulaire* qui se continue avec la conque est attaché autour de l'hiatus auditif, embrasse une partie du conduit auditif, et permet l'inflexion et le redressement de ce canal.

3o. Le cartilage *scutiforme* est une plaque de forme et de grandeur différentes dans les animaux, qui est placée en avant et en dedans de la conque, au milieu des muscles, et est destinée à favoriser l'étendue des mouvemens de l'oricule.

La peau qui tapisse la cavité de l'oricule est garnie de poils plus ou moins longs et nombreux, porte des follicules qui secrètent une humeur épaisse, jaunâtre, amère, qui constitue le *cerumen* de l'oreille, et dont les usages sont de former un enduit propre à éloigner les insectes et à lubréfier la partie.

Par les mouvemens très-variés dont jouit l'oricule, et qui sont opérés par l'action d'une série de muscles (1), cette partie peut non seulement se diriger du côté d'où vient le son, se redresser et se roidir pour mieux

____

(1) Tome I, page 267.

le saisir, mais elle devient le signal, l'expression des passions diverses de l'animal et des sensations qu'il éprouve.

Article II.

Tympan. On comprend sous ce titre, une cavité placée intérieurement entre la partie pétrée et mastoïdienne de la portion tubéreuse, qui sépare l'oricule du labyrinthe, dont la forme et la grandeur sont variables chez tous les quadrupèdes domestiques, qui communique dans l'arrière-bouche par un conduit particulier, qui présente une chaîne d'osselets destinée à transmettre le son de l'oricule au labyrinthe, et qui est tapissée d'une membrane fine, séreuse et perspirable. Dans cette cavité, on distingue, 1°. en dehors, la membrane du tympan ; 2°. en arrière et en devant, les cellules tympaniques ; 3°. en bas et en devant, le conduit guttural ; 4° en haut, quatre osselets articulés l'un à la suite de l'autre, savoir, le marteau, l'enclume, le lenticulaire et l'étrier ; 5°. en dedans et à l'opposé de la membrane du tympan, deux ouvertures, dont l'une est appelée vestibuline et l'autre limacine, qui communiquent avec le labyrinthe, et sont séparées par une éminence.

(a)

(a) La membrane du tympan est une cloison disposée obliquement, qui sépare la cavité tympanique, du conduit auditif ; elle est formée par l'adossement de deux lames, dont l'une externe est une continuité de la membrane du conduit, et l'autre interne provient de la membrane qui tapisse la cavité. Attachée à un cercle osseux, qui est ouvert par un côté, cette cloison est traversée, selon sa longueur, par le manche du marteau, qui la tire du côté du tympan, la rend concave du côté du conduit auditif, et lui fait éprouver un mouvement particulier de trémoussement qui concourt à modifier le son.

(b) Les cellules tympaniques (*mastoïdiennes*) sont des cavités séparées par des cloisons, placées autour du cercle osseux de la membrane du tympan, qui s'étendent plus ou moins, constituent la plus grande partie de la circonférence de la cavité tympanique, et sont beaucoup plus petites dans les monodactyles que dans les autres quadrupèdes. Tous ces compartimens de forme et de grandeur différentes, donnent plus d'étendue à la cavité tympanique, font éprouver à l'air diverses réflexions, et augmentent la densité du son.

(c) Le conduit guttural est un long canal

pyramiforme , essentiellement cartilagineux , qui s'étend, en s'agrandissant , dans la partie supérieure de l'arrière-bouche , va se terminer au côté externe de l'ouverture gutturale de la narine , par une plaque cartilagineuse, arrondie , qui en constitue le pavillon. Le cartilage qui forme ce conduit est attaché à l'apophyse styloïde du temporal , et est ouvert dans toute son étendue par un de ses côtés. La membrane qui tapisse et complette ce même canal, est séreuse, perspirable, forme dans les monodactyles une grande poche , adossée contre celle du côté opposé et nommée gutturale (1).

(d) Le marteau , le premier des osselets, présente, 1°. un manche engagé entre les deux lames de la membrane du tympan et pourvu à sa base d'une petite apophyse ; 2°. un col qui porte aussi une apophyse ; 3°. une tête courbée en-dedans et articulée avec le corps de l'enclume. Dans ce second osselet, l'on distingue le corps qui est contigu à la tête du marteau , et deux branches dont la plus grosse, courbée en dedans , s'articule avec le lenticulaire. Celui-ci, le plus petit de tous les osselets, et qui a la forme d'un grain de sable aplati, unit

____

(1) Voyez page 28.

(451)

l'enclume avec l'étrier, et présente deux branches réunies à leurs extrèmités ; il se continue
d'une part, avec le lenticulaire, et est appliqué
par sa base, sur l'ouverture vestibuline qu'il
bouche exactement.

On distingue trois muscles destinés à mouvoir ces osselets ; deux appartenant au marteau viennent du pourtour de l'origine du
conduit guttural, se dirigent de bas en haut,
et se terminent aux éminences de ce premier
osselet ; l'un va à l'apophyse de son manche,
et l'autre à celle de son col. Le troisième de
ces muscles qui s'attache à l'étrier vient d'une
éminence située en arrière de cet osselet, se
dirige de haut en bas et s'insère à l'étrier,
proche de son articulation avec le lenticulaire.

(e) Les deux ouvertures labyrinthiques,
(fenêtres ovale et ronde) sont séparées l'une
de l'autre, par une éminence oblongue, *pyramidale*, appelée le promontoire, et se distingue en vestibuline et limacine. La première
qui communique dans le vestibule est la plus
grande, a une forme ovale et est bouchée par
la base de l'étrier. La limacine, qui est ronde
et aboutit dans la rampe supérieure du limaçon, est fermée par une membrane extrêmement fine.

Article III.

Le labyrinthe, dernière portion de l'oreille, celle où se fait la perception du son, comprend un vestibule, un limaçon à deux rampes, et trois canaux demi-circulaires.

(a) Le vestibule, cavité arrondie, placée entre le limaçon et les canaux demi-circulaires, forme un centre où aboutissent la rampe vestibuline du limaçon, et les ouvertures de tous les canaux.

(b) Le Limaçon, ainsi nommé à cause des contours qu'il décrit, situé en bas et un peu en dedans du vestibule, comprend deux rampes séparées par une cloison osseuse du côté du noyau, sur lequel ces rampes font deux tours et demi, et complettée en dehors par une membrane très-fine. En se contournant en spirale, ces rampes vont en diminuant, se rapprochent et paroissent même se réunir par leur pointe. Celle qui aboutit par sa base dans le vestibule, et y communique par une ouïerture toujours libre, porte le nom de rampe *vestibuline*; l'autre, dont la base se termine contre la membrane de l'ouverture limacine, est appellée rampe *tympanique*.

(c) Les trois canaux demi-circulaires sont

placés l'un à côté de l'autre, en haut et en dehors du vestibule, à l'opposé du limaçon. Ils décrivent dans l'épaisseur de la portion pétrée du temporal, trois arcs rangés en triangle, et dont les extrémités s'ouvrent dans le vestibule, où ces canaux ne présentent que cinq ouvertures, parce que deux se réunissent pour ne former qu'une même branche.

Ces diverses parties du labyrinthe sont parsemées de filamens pulpeux, fournis par le nerf labyrinthique, contiennent de la sérosité qui les remplit, et sont le lieu où se fait la perception du son.

Phénomènes de l'audition.

Pour exposer avec méthode et précision, ce que cette sensation offre de plus remarquable chez les animaux, nous donnerons une idée succincte de la formation et de la propagation du son ; nous considérerons ensuite la manière dont il est transmis et perçu par l'oreille.

On peut définir le son, un mouvement de vibration communiqué à l'air, qui le transmet à l'oreille qui en est l'organe de perception. C'est un vrai choc imprimé aux molécules de l'air, qui se communique de proche en proche, sans déplacement bien sensible de ces molécules , se propage plus ou moins loin , suivant la force d'impulsion et la densité du fluide qui en est le véhicule.

Le son peut être formé de deux manières , ou par collision , ou par percussion ; dans le premier cas , il est l'effet de l'entrée précipitée de l'air dans un endroit quelconque ; comme cela arrive dans la détonation , dans l'explosion , etc. ; de même , lorsqu'en hiver , ou par des vents forts , l'air s'introduit dans un appartement , à travers les petites ouvertures des portes et des croisées. Le son a lieu par percussion , lorsqu'il est le produit du choc de deux corps , ou des molécules d'un corps dur et élastique , comme une cloche , et en général tous les corps que l'on nomme *sonores*.

Le son se propage en tous sens , et parcourt environ cent soixante-treize toises (trois cent trente-sept mètres) par seconde ; mais sa vitesse éprouve des modifications suivant que la direction et la force du vent lui sont favorables ou contraires. Il se propage beaucoup mieux la nuit que le jour , plus facilement dans les temps calmes , brumeux , que dans les temps pluvieux et humides. Lorsque , dans sa marche, il rencontre une surface qui l'arrête , alors il change de direction et fait un angle de réflexion parfaitement égal à celui de son incidence. Quand il éprouve des réflexions multipliées et rapprochées, il augmente d'intensité, et se propage avec plus de force : c'est aussi par la réflexion, qu'il constitue les échos que l'on distingue en *monophones* et *polyphones*.

L'animal qui veut écouter et prêter l'oreille pour mieux entendre, dirige, redresse ses deux oricules du côté par où vient le son ; s'il en a le temps et la liberté, il tourne la tête et reste dans cette attitude jusqu'à ce qu'il ait bien distingué le son. S'il faut fuir, il couche, redresse plusieurs fois les oreilles avant de se déterminer, et au moment où il prend sa course, il les porte en arrière ; au contraire, s'il s'agit d'attaquer, il s'avance l'oreille dressée et portée en devant.

Dans la situation fixe que l'animal donne à son oricule, l'ouverture de la conque reçoit un grand nombre de rayons sonores qui, frappant sur une surface résistante, sont renvoyés dans le fond de sa cavité, d'où ils sont réfléchis et convergés dans le méat auriculaire, qui les conduit sur la membrane du tympan. L'ébranlement que reçoit cette membrane se communique, d'une part, à l'air contenu dans la cavité tympanique ; tandis que , d'un autre côté , il met en mouvement la chaîne des osselets qui sert de conducteur. Le marteau mis en mouvement , agite la membrane qu'il met à l'unisson , tandis que , par sa tête , il frappe l'enclume qui transmet le son à l'étrier , qui le communique à l'humeur renfermée dans le labyrinthe. Les vibrations , que l'air contenu dans la cavité tympanique reçoit de la part de la membrane du tympan , ou de la chaîne des osselets , se propagent sur la membrane qui clôt l'ouverture limacine , se communiquent , par ce moyen , à l'humeur contenue dans le limaçon , et de-là à la lame spirale qui sépare les deux rampes. De cette manière , toute l'humeur du labyrinthe , frappée par le son , ébranle la pulpe du nerf labyrinthique , y détermine une impression plus ou moins vive , qui persiste plus ou moins long-temps , pour être transmise à l'encéphale qui en perçoit la sensation.

ORDRE CINQUIÈME.

Organes urinaires.

Peu nombreux, situés partie dans la région sous-lombaire, et partie dans la cavité pelvienne, ils sécrètent l'urine, la tiennent accumulée plus ou moins de temps, et la transmettent au-dehors. Les *reins*, les *capsules surrénales*, la *vessie* avec leurs annexes, constituent cet appareil organique.

Les Reins.

CARACTÈRE. Glanduleux, destinés à la sécrétion de l'urine et formés d'un tissu essentiellement vasculaire, ces organes sont au nombre de deux, ne différant entr'eux que par la forme et la situation respective ; ils constituent deux corps aplatis, oblongs, trilatères, d'une couleur rougeâtre, d'une texture ferme, qui sont placés hors du péritoine, dans la région sous-lombaire, l'un à droite et l'autre à gauche, et portent chacun un long canal excréteur qui transmet l'urine dans la vessie.

Division. Toute la surface extérieure du rein, lisse, est entourée d'un tissu lamineux abondant, qui, dans les ruminans et le cochon, contient une grande quantité de graisse. Chaque rein offre deux faces aplaties dont une supérieure et l'autre inférieure, trois bords dont l'interne porte dans son milieu une scissure profonde, par laquelle passent les vaisseaux et les nerfs qui pénètrent le tissu de la partie.

Situés dans la région sous-lombaire, où ils sont fixes dans quelques animaux et plus ou moins flottans chez d'autres, les reins se trouvent, l'un et l'autre, à une distance à-peu-près égale du corps des vertèbres des lombes ; mais le droit, généralement plus triangulaire que le gauche qui est alongé, est toujours placé plus en avant, et son bord antérieur est logé dans une cavité plus ou moins profonde que lui offre le foie, dans les monodactyles et le bœuf.

Structure. Essentiellement formé de vaisseaux soutenus par un tissu lamineux fin et serré, chaque rein est pourvu d'une tunique perspirable, qui, par sa face interne, adhère à la substance de l'organe, au moyen d'un tissu lamineux court, fin et peu résistant ;

tandis que, par sa face externe, elle entretient la vaporisation extérieure de la partie.

Si, pour examiner l'intérieur du rein, on le partage selon son épaisseur en deux portions à-peu-près égales, on voit que sa substance est rougeâtre extérieurement, tandis qu'intérieurement elle est blanchâtre, rayonnée, et l'on aperçoit, proche la scissure du bord interne, une grande cavité oblongue, de figure irrégulière et appelée *bassinet du rein*. Cette cavité qui présente divers prolongemens suivant la forme et le volume de l'organe, sert de réservoir dans lequel est exhalée, déposée l'urine, donne naissance au canal excréteur du rein, que l'on nomme *urethère*, et offre deux parties bien distinctes, savoir, la surface exhalante de l'urine et le prolongement de l'urethère. La première partie, qui constitue la plus grande étendue du bassinet, est tapissée d'une membrane fine, papillaire, qui soutient les vaisseaux qui sécrètent l'urine ; elle est opposée au prolongement de l'urethère, qui se trouve du côté de la scissure, forme dans le bassinet une dilatation infundibuliforme, blanchâtre, ridée, et dont les bords frangés font saillie sur la surface de la cavité.

L'*urethère* qui transmet l'urine dans la vessie, est un long canal membraneux, qui
commence dans le bassinet, par la dilatation
dont nous venons de parler, sort du rein
par la scissure, d'où il se courbe en arrière
pour se porter à la vessie : parvenu à l'entrée
de la cavité pelvienne, il se dirige un peu
obliquement en dedans, pour gagner la partie
postérieure et supérieure de la poche urinaire,
dans laquelle il pénètre, en traversant obliquement ses parois, et s'ouvre proche de son
col. Ce canal qui, dans toute son étendue,
est entouré d'un tissu lamineux abondant et
se trouve adhérant au péritoine jusqu'à sa
partie postérieure, est formé de deux membranes blanchâtres, superposées et unies par
du tissu lamineux. L'externe la plus épaisse, qui
est composée de fibres longitudinales, opère
le resserrement du canal et pousse les urines
vers la vessie. La membrane interne mince,
folliculeuse, ridée selon sa longueur et pourvue, à sa face interne, d'une lame épidermoïde, sécrète l'humeur muqueuse qui enduit les parois du canal, et les préserve de
l'impression douloureuse que pourroit causer
le passage de l'urine.

Les vaisseaux qui appartiennent aux reins

et constituent essentiellement leur substance, sont considérables et ont une disposition particulière. Chaque artère rénale généralement courte, mais très-grosse (1), naît de la partie latérale de l'aorte postérieure, gagne en ligne droite la scissure du rein, où elle se partage en plusieurs gros rameaux, qui s'enfoncent, pénètrent le tissu de l'organe où ils se subdivisent aussitôt en ramuscules, dont les uns vont former les séreux qui sécrètent l'urine et l'exhalent dans le bassinet; tandis que les autres se continuent avec les radicules veineuses. Les deux artères rénales qui paroissent être d'un diamètre égal, diffèrent par leur longueur; la droite est plus longue que la gauche, parce que l'aorte d'où elles émanent, se trouve plus du côté gauche que du côté droit.

Les veines sortent par la scissure du rein, offrent le même mode de ramification que les artères, qu'elles surpassent de beaucoup en grosseur, et se dégorgent dans la veine-cave postérieure par deux branches, dont

(1) Suivant l'opinion de plusieurs anatomistes recommandables, il passe par les artères rénales environ la sixième partie du sang, qui circule dans l'aorte postérieure.

la gauche est plus longue que la droite.

Les lymphatiques, dont quelques-uns s'élèvent de la surface du rein, accompagnent les veines, gagnent les ganglions environnans, d'où ils se rendent dans le réservoir sous-lombaire.

Les nerfs fort nombreux, et parmi lesquels plusieurs traversent les capsules surrénales avant d'arriver au rein, émanent des plexus environnans et établissent les rapports intimes des organes urinaires avec l'estomac, l'intestin, les poumons et la peau.

VARIÉTÉS. Dans le *bœuf*, les reins généralement plus épais et dont le gauche est trifacié, sont partagés en lobules qui ont chacun un bassinet et un canal excréteur. Au lieu de scissure, ils ont une grande cavité oblongue, dans laquelle se trouvent les canaux qui viennent des bassinets, et qui, en se portant en arrière, se réunissent de proche en proche; de manière qu'au sortir de la cavité, ils ne forment plus qu'un seul canal qui gagne la vessie.

Dans le *mouton*, les reins sont ovoïdes, ont la scissure en forme de cavité ronde, sont peu soutenus et presque flottans.

Dans le *chien*, ces organes sont enveloppés par le péritoine et flottent dans l'abdomen.

Chez les *oiseaux*, les reins sont tubé-reux, et les urethères se rendent dans un réservoir appelé *cloaque*, qui fait partie du rectum.

Usages. Les reins sécrètent une liqueur qui est transmise dans la vessie, que l'on nomme urine et dont nous parlerons plus loin.

Les Capsules surrénales.

Elles constituent deux petits corps oblongs, brunâtres, aplatis, minces, qui sont placés l'un à droite et l'autre à gauche, en avant de chaque rein, hors du péritoine, et sont sou-tenus par du tissu lamineux, ainsi que par les vaisseaux et les nerfs qui leur sont pro-pres. La capsule droite, plus longue et située au côté interne du rein du même côté, se prolonge jusque contre le foie; la gauche, plus petite et posée presqu'en travers, s'étend depuis l'extrémité antérieure du rein gauche, en avant de la grande mésentérique.

Ces parties, dont la surface est parsemée de quelques aréoles et dont l'usage est in-connu, ont une texture moins ferme que celle des reins, sont pourvues d'une tunique va-poreuse, portent beaucoup de vaisseaux et de nerfs; mais elles n'offrent, dans leur organisation, aucune disposition qui puisse faire présumer qu'elles servent à une sécrétion particulière.

En partageant une capsule selon son épaisseur, on aperçoit que sa substance, brunâtre extérieurement et jaunâtre intérieurement, est traversée par quelques grosses veines, et présente, vers son milieu, une espèce de cavité longitudinale, dont les parois sont assez rapprochées, qui contient une humeur rouge dans le fœtus, jaune dans l'adulte et plus foncée dans la vieillesse.

Deux ou trois rameaux artériels assez gros pénètrent ces capsules qui ont aussi beaucoup de veines. Leurs nerfs sont nombreux, émanent des plexus environnans ; plusieurs filets de ces nerfs traversent la capsule, pour se porter au rein du même côté. Cette disposition vasculaire et nerveuse indique que ces corps doivent avoir un très-grand rapport avec les reins, et exercer sur eux une influence très-grande.

La Vessie.

Caractère. Réservoir musculo-membraneux dans lequel s'accumule l'urine, situé dans la région pubienne, au-dessous du rectum,

rectum et des organes génitaux contenus dans la cavité pelvienne, qui se prolonge au - dehors par un canal qui donne issue aux urines, et constitue, lorsqu'il est parvenu à un état moyen d'amplitude, une poche oblongue, pyriforme, soutenue de manière à pouvoir se dilater et se resserrer avec liberté.

Division. Ce réservoir auquel l'on distingue une partie moyenne, un fond arrondi et un col, est recouvert, dans sa moitié antérieure, par le péritoine qui lui fournit un grand ligament orbiculaire ; tandis que sa moitié postérieure est entourée d'un tissu lamineux abondant et très-lâche. Sa cavité offre trois ouvertures placées à son extrémité postérieure, dont une se prolonge en arrière dans le col et se continue au-dehors par un canal nommé *urèthre*, qui est très-long dans le mâle, passe dans une gouttière du penis et s'ouvre à son extrémité ; tandis que, chez la femelle où il est fort court, il constitue le méat urinaire qui aboutit dans le vagin en avant du clitoris, et s'y termine de manière à former un prolongement qui recouvre son ouverture.

Susceptible d'acquérir un grand volume et

de revenir sur elle-même, au point de ne plus former de cavité, la vessie est soutenue et disposée de manière qu'elle éprouve un déplacement continuel ; à mesure qu'elle se remplit, elle se porte du côté de l'abdomen, et quand elle se vide, elle revient en arrière dans le fond de la cavité du bassin. Outre le ligament orbiculaire qui la ceint par le milieu, l'on remarque que le péritoine concourt à lui fournir trois autres ligamens, qui se trouvent du côté du fond, dont deux latéraux proviennent des artères ombilicales oblitérées, et l'autre inférieur est un reste de l'uraque. Il faut aussi observer, que le col de cette poche est attaché à la symphyse pubienne par des fibres ligamenteuses, et aux organes génitaux par des fibres charnues qui leur sont communes.

Structure. La vessie n'est essentiellement formée que de deux membranes, dont une charnue et l'autre folliculeuse ; mais elle en présente une troisième dont nous avons déjà parlé, qui est une production du péritoine, et qui ne fait que recouvrir environ sa moitié antérieure.

La membrane charnue, blanchâtre et élastique, est composée de faisceaux musculeux qui, du fond de la vessie où ils paroissent se réunir et se contourner en tourbillons, se portent en spirales vers le col où ils se confondent, se terminent dans un muscle épais qui ceint circulairement ce col, le resserre et s'oppose à l'écoulement successif de l'urine. Ces faisceaux musculeux qui, presque tous, décrivent des lignes spiroïdes, passent les uns sur les autres, ou bien vont à côté les uns des autres, et sont unis par un tissu lamineux élastique et abondant, qui leur permet de s'écarter et de se rapprocher, au point de resserrer entièrement la vessie et de lui laisser acquérir une grande dilatation.

La membrane folliculeuse interne, blanchâtre, molle, et qui, lors du resserrement de la vessie, forme des rides irrégulières, adhère à la membrane charnue par un tissu lamineux abondant, au milieu duquel se ramifient les vaisseaux et les nerfs qui pénètrent cette membrane. Sa face interne qui est parsemée de follicules muqueux, de pores exhalans et inhalans, est continuellement enduite d'un mucus plus ou moins épais, qui la préserve de l'irritation que pourroient causer les urines par leur présence. Cette surface interne papillaire, villeuse, et pourvue d'une lame épidermoïde, exhale une vapeur qui se mêle à l'urine pendant qu'elle en absorbe une partie, et lui fait ainsi éprouver des changemens, d'autant plus remarquables que cette liqueur séjourne davantage dans la vessie.

Les vaisseaux et les nerfs, qui aboutissent à cette poche, sont généralement petits, traversent la membrane charnue, se ramifient derrière la membrane interne et forment un réseau peu considérable, d'où émanent les séreux et les filets nerveux qui se terminent à la face interne du réservoir urinaire.

Usages. La vessie est le réservoir où s'accumule l'urine qui est apportée des reins par les urethères. Cette liqueur arrive successivement et est déposée goutte par goutte dans la poche urinaire où elle est retenue, sans qu'elle puisse s'échapper, ni par le col qui éprouve un resserrement presque continuel, ni par les urethères qui, en faisant un trajet assez considérable entre la membrane charnue et la membrane folliculeuse de la vessie, ne peuvent permettre aucun reflux de fluides. A mesure que l'urine aborde dans la vessie, elle la dilate et s'y accumule jusqu'à ce qu'elle détermine dans ce viscère un sentiment qui

fait naître le besoin de son expulsion. Ce sentiment, qui ne reconnoît pas toujours pour
cause la quantité d'urine, mais qui dépend
plutôt de la nature plus ou moins stimulante
de cette liqueur, ainsi que de l'état de la
partie qui est plus ou moins sensible, devient
bientôt douloureux, et préjudiciable par suite
à la vie de l'animal qui ne peut le satisfaire.

Pour uriner facilement, tous les animaux
sont obligés de s'arrêter, afin de pouvoir
prendre une position qui leur soit conve-
nable, qui leur permette de rassembler un
concours de forces nécessaires pour cette opération. Les monodactyles, les didactyles et
le cochon se campent, ils écartent les membres postérieurs qu'ils mettent dans un état
moyen de flexion, plient le dos en contre-
haut, portent les membres antérieurs un peu
en avant; ils font ensuite une forte inspiration
qu'ils prolongent, jusqu'à ce que les urines
aient pris leur cours libre au-dehors. Dans
cette attitude, les muscles des parois inférieures de l'abdomen, ainsi que le diaphragme,
entrant en contraction, soulèvent la vessie
qu'ils compriment du côté du bassin, pressent les urines contre le col qui est obligé de
céder ; alors l'urine s'écoule au-dehors et

continue à sortir par la contraction seule des parois de la vessie. Le bœuf et le verrat rendent les urines par bonds ; durant cette évacuation, le chien tient une patte de derrière levée (le plus ordinairement la gauche) ; mais il s'accroupit, comme la chienne, jusqu'à huit à dix mois, époque où il commence à lever la patte.

L'*urine* est une liqueur essentiellement aqueuse, d'un goût âcre et salé, d'une odeur forte, piquante, désagréable, et particulière à chaque classe de quadrupèdes domestiques. Cette liqueur, qui contient plus ou moins de mucus et différens sels, devient, par son séjour dans la vessie, opaque, plus odorante, se colore et acquiert un goût plus fort.

Recueillie dans un vase et laissée en repos, elle fournit, 1°. une vapeur odorante qui se condense par le contact des corps froids ; 2°. une pellicule qui se forme à sa surface, devient insensiblement plus consistante, plus épaisse, et peut se renouveler plusieurs fois ; 3°. une matière blanchâtre dans l'urine des didactyles et des monodactyles, qui se précipite dans le fond du vase et constitue le *sédiment* urinaire. A mesure qu'elle donne ces produits, la liqueur se trouble plus ou

moins, se charge quelquefois de flocons blanchâtres, prend une teinte brunâtre, devient
fétide, et finit enfin par se putréfier et se dé-
composer.

L'urine est une des liqueurs animales la
plus composée ; elle est formée d'une grande
quantité d'eau, dans laquelle l'on trouve du
mucus, de l'albumine, différens sels, unis et
combinés dans des proportions très-variables.
D'après les analyses chimiques, les sels qui
prédominent dans les urines du cheval et du
bœuf, sont, 1º. le carbonate de chaux et de
soude ; 2º. le muriate de potasse et de soude ;
3º. le benzoate de soude et d'urée (1).

La sécrétion et la nature de l'urine varient
dans plusieurs circonstances ; ainsi les boissons nitreuses, l'exercice soutenu, en déterminent une sécrétion plus abondante, qui se
trouve aussi augmentée pendant la digestion,
toutes les fois que la perspiration cutanée
est diminuée. Quand cette liqueur séjourne
peu de temps dans la vessie, elle est claire et
constitue l'urine de *crudité* ; au contraire,
lorsqu'elle y demeure long-temps, elle y ac-

______

(1) *Systéme des connoissances chimiques*, par Four-
croy. Tome X, page 181 et suivantes.

G g 4

quiert des qualités particulières que nous avons déjà exposées ; c'est pour cela que l'urine que rendent les animaux , le matin en se levant, est toujours plus épaisse et donne plus de sédiment. Dans certaines inflammations , elle devient très-chargée et contient un excès de substance muqueuse ; tandis que , dans les hydropisies générales , elle est presqu'entièrement aqueuse , a fort peu d'odeur et de saveur.

Les urines sont susceptibles de former des concrétions calculeuses que l'on rencontre , soit dans les reins, dans les urethères, ou dans la vessie. Ces calculs , qui ont pour caractère essentiel d'être pesans , de forme , de couleur, de grandeur et de consistance différentes , de conserver un goût urineux et de donner l'odeur de l'urine , sont principalement formés de carbonate de chaux et sont dissolubles par une liqueur même légèrement acidulée.

Chez les *monodactyles*, les calculs des reins sont très-durs , jaunâtres ou verdâtres , ont une surface tubéreuse , une forme variable , et sont composés de couches superposées. Ceux de la vessie , toujours blanchâtres , forment deux variétés ; 1°. les uns denses ont une surface chagrinée , tuberculée , garnie

d'aréoles et de petites éminences; 2°. les autres peu consistans, molasses, paroissent être
le produit d'un dépôt sédimenteux (1). Dans
le *bœuf*, les calculs vésicaux sont ordinairement petits, arrondis, lisses et polis, ont une
couleur grise, jaunâtre ou verdâtre ; très-
souvent ils sont argentés ou dorés à leur
surface.

(1) J'ai fait connoître ce calcul dans le courant de l'an
1805. Voyez le Rapport sur les travaux de l'École, in-
séré dans le procès-verbal de la distribution des prix
faite en Mai 1806, ainsi que celui de 1807, où il est
question de la dissolution de ce corps avec l'eau vinaigrée.

ORDRE SIXIÈME.

Organes génitaux.

Destinés à la reproduction de l'espèce, offrant chez les individus une conformation et des propriétés différentes, ils déterminent la distinction des sexes *mâle* et *femelle*, sont situés en plus grande partie dans la cavité du bassin, se propagent plus ou moins au-dehors, et ne peuvent exécuter la fonction à laquelle ils sont destinés, que par le concours mutuel des deux individus qui composent l'espèce.

Organes sexuels du mâle.

Ils sécrètent la liqueur séminale, lui impriment les caractères dont elle a besoin pour vivifier le germe qui paroît préexister chez la femelle, et la transmettent dans le lieu où elle devient fécondante. Cet appareil organique comprend, 1º. les parties qui sécrètent l'humeur prolifique et qui sont les *testicules* avec leurs *annexes ;* 2º. celles qui contiennent en réserve le sperme et lui impriment des propriétés, telles sont les *vésicules spermati-*

ques; 3o. enfin , les parties qui transmettent la liqueur dans l'utérus; le *penis* et ses *annexes* forment cette dernière série.

Des Testicules.

Caractère. Destinés à la sécrétion du sperme et essentiellement formés d'un tissu vasculaire, ces organes sont au nombre de deux, situés hors de l'abdomen, sous le bassin, en avant ou en arrière des cuisses, logés dans un prolongement de la peau que l'on nomme *scrotum,* et soutenus du côté de l'abdomen par les vaisseaux qui constituent le *cordon testiculaire.*

Généralement ovoïdes et un peu aplatis sur les côtés, mais plus ou moins gros et diversement alongés suivant les animaux, les deux testicules ne diffèrent entr'eux, que parce que le droit est souvent un peu plus gros et plus pendant que l'autre ; ils sont pourvus de plusieurs membranes superposées et portent un canal excréteur qui transmet le sperme dans la vésicule séminale du même côté.

Division. Chaque testicule a une conformation telle que l'on peut y distinguer deux faces latérales, lisses et perspirables, deux bords dont un supérieur porte l'épididyme.

STRUCTURE. La substance du testicule, ferme, brunâtre dans l'adulte, jaunâtre dans la vieillesse, et dont on exprime une matière plus ou moins épaisse, est formée d'une série de vaisseaux fins, pelotonnés, diversement enlacés et soutenus par un tissu lamineux ferme. Chaque testicule est recouvert de membranes que l'on distingue en enveloppes communes, et en tuniques ou membranes propres.

Les enveloppes communes sont le scrotum et le dartos. La première, fournie par la peau, constitue une bourse composée de deux portions réunies par la ligne médiane qui présente une espèce de couture appelée *raphé;* mince, presqu'entièrement dépourvue de poils, et lubréfiée par une humeur sébacée qui entretient sa souplesse, cette enveloppe cutanée est intimément unie au dartos qui en produit la rétraction. Celui - ci composé de fibres charnues, rougeâtres ou blanchâtres, forme deux poches adossées, séparées par un septum médian ligamenteux, et qui contiennent les testicules auxquels elles adhèrent par un tissu lamineux très-lâche.

Les tuniques propres à chaque testicule sont au nombre de trois ; l'une *musculeuse*, l'autre *péritonéale*, et la dernière *corticale* ou *capsulaire*. La première est une expansion aponévrotique du muscle ilio-testiculaire, qui prend son origine à la face interne de l'angle externe de l'ilium, sort de l'abdomen par l'anneau sus-pubien, enveloppe et contient en masse le cordon testiculaire. Parvenu au testicule, il dégénère en une aponévrose mince, large, qui se répand sur la tunique péritonéale et s'y termine. Ce muscle relève le testicule, comprime son cordon, aide la progression des liqueurs dans les vaisseaux et dans le canal efférent.

La tunique péritonéale est une production du péritoine qui, pour couvrir le testicule et son cordon, se prolonge hors de l'abdomen par l'anneau sus-pubien, forme, en se repliant sur ces parties, une double enveloppe qui offre, dans son intérieur, une cavité alongée, perspirable, et s'étendant depuis l'abdomen jusqu'autour du testicule. Cette gaîne péritonéale (vaginale), qui donne lieu à l'accumulation de l'humeur de l'hydropisie autour du testicule, ainsi qu'aux hernies de l'intestin ou de l'épiploon, entretient l'exhalation extérieure du testicule et du cordon.

La tunique corticale ou albuginée, membrane blanche, compacte et formée d'un tissu fibreux, serré, constitue une capsule qui contient immédiatement la substance testiculaire, y est implantée par des fibres qui la pénètrent, et est recouverte par un des feuillets de la membrane péritonéale avec laquelle elle est intimément unie.

Les *vaisseaux* et les *nerfs*, sont fort nombreux et désignés sous le nom de *testiculaires*. Ils passent, au sortir de l'anneau sus-pubien, dans la duplicature de la membrane péritonéale, qui les fixe et les soutient jusqu'au testicule, et concourent avec le canal efférent à la formation du cordon testiculaire qui soutient l'organe, et l'attache dans l'abdomen.

Les artères, au nombre de deux pour chaque testicule, se distinguent en grande et petite testiculaire. La première, très-flexueuse, naît à angle aigu, de la face inférieure de l'aorte, forme, vers le milieu du cordon, des inflexions qui augmentent jusqu'au testicule, dans lequel cette artère se pelotonne, se ramifie et auquel elle fournit les matériaux du sperme. La petite testiculaire, artère très-grêle, vient de l'iliaque, se dirige vers le testicule en fournissant des divisions collatérales, et occupe le bord postérieur du cordon; tandis que la grande testiculaire règne le long du bord antérieur.

Les veines accompagnent les artères, pénètrent dans l'abdomen par trois rameaux, qui se réunissent en une seule branche qui aboutit dans la veine-cave postérieure, à côté des veines rénales. Celles qui suivent la grande testiculaire, s'entrelacent par divers rameaux avec les flexuosités de cette artère, et concourent à former l'enlacement vasculaire du cordon, que l'on désigne communément sous le nom de *corps pampiniforme*.

Les lymphatiques très-nombreux suivent le trajet des veines, et se rendent dans les ganglions inguinaux ou dans ceux qui sont à l'entrée du bassin.

Les nerfs qui émanent par plusieurs filets, des plexus rénaux et autres, suivent le trajet de la grande artère testiculaire.

L'appareil excréteur de chaque testicule constitue un long conduit qui commence dans l'épaisseur même de l'organe, se propage audehors, remonte le long du cordon, s'enfonce dans le bassin, transmet le sperme dans la vésicule séminale du même côté et comprend trois parties, savoir, le *sinus testiculaire*, l'*épididyme* et le *canal efférent*.

1°. Le *sinus testiculaire* (corps d'hygmore) est un petit canal blanc, oblong, qui est situé dans la substance même du testicule, se trouve à l'extrémité postérieure du bord supérieur , et peut s'apercevoir en partageant l'organe , selon son épaisseur, en deux parties à-peu-près égales. Ce canal qui est le réservoir où est exhalée la liqueur spermatique, à mesure qu'elle est sécrétée , se propage au - dehors par plusieurs petits conduits très-fins qui , en sortant du testicule , se réunissent en un seul.

2°. L'*épididyme* comprend les flexuosités nombreuses que forme le canal excréteur qui naît du sinus précédent par des radicules très-déliés , et qui constitue , le long du bord supérieur du testicule , un corps oblong , molasse , blanchâtre , enveloppé et soutenu par la membrane péritonéale. Ce corps porte à chacune de ses extrémités une appendice , ou partie plus ou moins grosse et plus ou moins prolongée , dont l'antérieure est communément appelé la *tête*, et la postérieure la *queue.*

3°. Le *canal efférent*, qui n'est que la continuité de celui qui forme l'épididyme , remonte le long du bord postérieur du cordon , dans la duplicature du péritoine ; parvenu dans l'abdomen , il se courbe dans la cavité pelvienne, se dirige de dehors en dedans vers le col de la vessie , croise l'urethère , s'enfonce

au-dessus

au-dessus de la grande prostate et se termine, en se réunissant avec le col de la vésicule spermatique du même côté.

En partant de l'épididyme, il offre quelques inflexions qui s'effacent insensiblement ; le long du cordon, il a un diamètre uniforme et à-peu-près égal, mais il grossit un peu en s'approchant de l'abdomen ; dans la cavité du bassin, il augmente tout-à-coup de grosseur qu'il conserve jusqu'à la prostate où il devient mince et petit. Ce canal, dont les parois sont épaisses et la cavité enduite d'un mucus épais et blanchâtre, offre, dans l'intérieur de son renflement pelvien, des cellules nombreuses où paroît séjourner le sperme qui vient du testicule.

Variétés. Dans le *fœtus*, les testicules sont renfermés dans la cavité de l'abdomen, d'où ils ne sortent pour descendre dans le scrotum, que quelque temps après la naissance ; ce qui a lieu plutôt dans le cochon et les didactyles, que chez les autres quadrupèdes.

Les testicules des *monodactyles* sont ovoïdes et pendent en avant du bassin, entre les deux cuisses ; chez les *didactyles* où ils ont la même situation, ils sont plus gros et sont fort alongés de haut en bas.

2.   H h

Dans le *cochon* et le *chien*, ces organes sont ronds et placés en arrière des cuisses; mais dans le dernier ils ne sont point pendans et se trouvent peu détachés des cuisses.

Usages. Ils sécrètent le sperme, humeur blanchâtre, plus ou moins épaisse, d'un goût et d'une odeur particulière, et qui, par son séjour dans les vésicules spermatiques, devient plus épaisse, plus blanche et plus propre à la fécondation.

Les Vésicules spermatiques.

Caractère. Petites poches membraneuses, oblongues, pyramiformes, au nombre de deux, tenant en réserve le sperme, qui sont situées obliquement dans la cavité pelvienne, l'une à droite et l'autre à gauche sous le rectum, et représentent dans leur disposition respective un V, dont les deux branches s'écartant en devant dans la cavité pelvienne, sont attachées par leur extrémité antérieure au péritoine; tandis que, rapprochées et unies par leur extrémité postérieure, elles sont embrassées et soutenues par la plus grande des prostates.

Division. Chaque poche offre, 1°. une partie moyenne la plus grosse, la plus étendue , et qui est entourée d'un tissu lamineux lâche et très-abondant ; 2°. deux extrémités, dont l'antérieure arrondie est attachée au péritoine par des fibres divergentes, rayonnées , et constitue la base ou le fond de la poche ; l'extrémité postérieure mince et prolongée forme le col , qui est maintenu contre celui de l'autre vésicule , et se réunit avec le canal efférent du même côté, d'où résulte un seul canal nommé *éjaculateur,* qui s'ouvre dans le tubercule uréthral.

STRUCTURE. Chaque vésicule est essentiellement formée d'une membrane folliculeuse , molle , blanchâtre , dont la surface externe offre quelques fibres charnues, qui résident, en plus grand nombre, vers le fond de la poche d'où elles s'étendent sur le péritoine ; sa surface interne papillaire et garnie de follicules , est lubréfiée par une humeur muqueuse, blanchâtre , gluante, et est pourvue de pores inhalans qui absorbent une partie du sperme et lui font éprouver des changemens remarquables.

VARIÉTÉS. Chez les *monodactyles ,* outre les deux vésicules que nous venons d'exposer, il en existe une troisième que l'on nomme mitoyenne , qui est un très-petit réservoir en forme de canal alongé. Cette vésicule, qui est située entre les extrémités des canaux efférens et qui s'ouvre dans le tubercule uréthral, en avant des canaux éjaculateurs, contient toujours une liqueur blanche, plus ou moins abondante et analogue au sperme.

Dans le *cochon*, les deux vésicules spermatiques sont bosselées et plus grosses que dans les autres quadrupèdes domestiques.

On ne trouve de vésicules spermatiques, ni dans les didactyles, ni dans le chien ; chez ces animaux, la partie pelvienne du canal efférent ne forme pas un renflement aussi considérable que dans les monodactyles, et n'offre point de cellules intérieures.

Usages. Les vésicules spermatiques retiennent le sperme qu'elles reçoivent par les canaux efférens, qui y est élaboré, rendu plus prolifique, et y acquiert un caractère plus parfait. Durant son séjour dans ces réservoirs, la liqueur spermatique devient plus blanche, plus épaisse, plus filante et plus odorante.

Les Prostates.

Caractère. Corps glandiformes, folliculaires, brunâtres, au nombre de trois, situés dans le fond du bassin , sur la portion pelvienne de l'urèthre dans la cavité duquel ils versent, par plusieurs petites ouvertures, une liqueur muqueuse , diaphane , filante , destinée à lubréfier ses parois et à faciliter ainsi l'éjaculation du sperme.

DIVISION. Les trois prostates sont , une grande qui est impaire et deux petites : la première, située profondément, en avant des petites et au-dessus du col de la vessie , embrasse , soutient , réunit les extrémités des canaux efférens et des vésicules séminales , se prolonge en devant par deux branches qui s'écartent l'une de l'autre , et est entourée d'un tissu lamineux très-abondant.

Les petites prostates qui n'existent pas dans les quadrupèdes dépourvus de vésicules séminales, se trouvent à l'extrémité de la cavité pelvienne, au-dessus de l'arcade iskiale , sont placées l'une à droite et l'autre à gauche, un peu en avant du bulbe de l'urèthre ; elles constituent deux corps ovoïdes , bien moins gros que la grande prostate , qui sont recouverts d'une couche musculeuse, tiennent à l'urèthre dans la cavité duquel ils versent l'humeur qu'ils sécrètent.

STRUCTURE. La substance des prostates est

brunâtre, molle et vésiculaire ; si l'on partage une de ces parties, l'on voit dans son épaisseur des cellules nombreuses qui s'ouvrent dans l'urèthre. Celles de la grande prostate ont leurs orifices au pourtour du tubercule uréthral ; et les cellules des petites prostates forment de chaque côté une rangée de petits mamelons.

Usages. Les prostates sécrètent une humeur muqueuse qui lubréfie l'urèthre, se mêle avec la liqueur spermatique qui est expulsée des vésicules, lui sert de véhicule, en rend l'éjaculation plus facile et plus prompte. A mesure qu'elle est sécrétée, cette humeur s'accumule et reste en dépôt dans les cellules intérieures de ces corps glandiformes, où elle devient muqueuse et plus propre à remplir le but auquel elle est destinée. Elle sort de ces réservoirs, lorsque, pendant l'érection, la sécrétion s'en trouve augmentée, et que les prostates éprouvent une pression qui diminue leur volume.

Le Penis.

Caractère. Organe de copulation, le penis (vulgairement le membre, la verge) est un corps cylindroïde, essentiellement caverneux, attaché à l'arcade iskiale , prolongé en avant sous le bassin et entre les deux cuisses , qui est contenu dans le fourreau , porte l'urèthre et est susceptible d'érection , avec un grand gonflement qui le roidit , le rend propre à l'accouplement et à la transmission du sperme dans l'utérus.

Division. Une partie moyenne et deux extrémités , dont une postérieure et l'autre antérieure.

La *partie moyenne* , entourée d'un tissu lamineux très-abondant qui soutient diverses ramifications veineuses , porte à sa face supérieure une petite scissure longitudinale , dans laquelle passent une artère et des nerfs ; sa face inférieure offre une gouttière profonde , qui se prolonge dans toute sa longueur et loge l'urèthre , sous lequel s'observent deux longs ligamens , qui viennent de la base de la queue , entourent l'anus d'où ils se dirigent sous le penis dans l'extrémité antérieure duquel ils se terminent. Désignés sous le nom de *coccygio-sous-péniens,* ces ligamens retiennent le penis et concourent à le soutenir.

Extrémités. La postérieure qui constitue la base du penis est fixée à l'extrémité du bassin ,

1°. par deux branches qu'elle porte, que l'on nomme *racines*, qui, s'écartant l'une de l'autre, s'implantent à l'arcade iskiale et sont recouvertes par le muscle iskio-sous-pénien (1); 2°. par deux ligamens courts, mais très-forts, qui s'attachent à la réunion des deux iskium (2).

L'extremité antérieure libre et diversement conformée dans les animaux, forme la tête du penis, porte l'extrémité de l'urèthre, et est recouverte par un repli de la membrane interne du fourreau.

Structure. Caverneux intérieurement, le penis présente, à l'extérieur, des parois blanches, épaisses, très-résistantes, qui sont formées de fibres albuginées très-serrées et très-fortes. Cette enveloppe corticale contient un tissu intérieur mol, qui, lorsqu'on le soulève, offre des cellules innombrables, et qui constitue le *corps caverneux* de l'intérieur du penis. Ce tissu caverneux, dans lequel s'accumule le sang lors de l'érection, est composé, 1°. de fibres charnues, rouges

____

(1) Tome I, page 344.

(2) Ces ligamens ne se trouvent pas dans tous les animaux, mais ils sont constans dans les monodactyles.

et longitudinales ; 2°. de brides ligamenteuses, transversales et implantées aux parois du penis ; 3°. de ramifications veineuses, plus ou moins grosses et diversement arrangées. Outre ce tissu caverneux intérieur, l'extrémité antérieure du penis est recouverte d'un autre tissu caverneux qui est très-différent du premier, avec lequel il n'a aucune communication, et n'offre ni brides ligamenteuses, ni fibres charnues. Plus ou moins abondant et fixé, comme en appendice, sur la pointe du penis, ce second corps caverneux, celluleux, est une continuité de l'enveloppe caverneuse de l'urèthre, qui ne se gonfle que quelques instans avant l'éjaculation, et détermine la forme absolue de la tête du penis.

Telle est l'organisation générale du penis qui est formé d'une écorce extérieure albuginée, dans laquelle est contenu un tissu spongieux où s'accumule le sang qui, par sa présence, produit le gonflement, l'alongement de la partie, et à l'extrémité de laquelle se trouve un autre corps caverneux qui donne la forme de la tête et la gonfle.

Les vaisseaux du penis sont très-nombreux, mais les veines sont plus grosses et prédominent sous tous les rapports. Les artères qui aboutissent au corps caverneux intérieur , y pénètrent par les racines et portent le nom de *sous-peniennes ;* celles qui se rendent dans le tissu caverneux de la tête passent dans la scissure de la face supérieure. Les veines , plus grosses et beaucoup plus nombreuses que les artères , s'échappent de toutes parts ; les unes suivent les artères , les autres rampent autour du penis et se rendent dans les grosses veines circonvoisines. Les lymphatiques se rendent, partie dans les ganglions inguinaux, et l'autre partie dans les ganglions pelviens. Les nerfs suivent les artères , et proviennent des plexus pelviens.

VARIÉTÉS. Chez les *monodactyles ,* le penis qui est essentiellement caverneux , acquiert dans l'érection un volume considérable. La tête très-grosse et fongiforme est circonscrite par un bourlet circulaire échancré inférieurement , présente une protubérance qui fait saillie dans le milieu , et au-dessous de celle-ci une cavité spacieuse , du milieu de laquelle s'élève et s'avance l'urèthre ; dans cette cavité et précisément au-dessus du *tube uréthral ,* se trouve une fossette à deux branches terminées en cul-de-sac , dans laquelle se forment quelquefois des concrétions de matière sébacée , qui compriment l'urèthre et empêchent l'urine de sortir.

Dans les *didactyles* et le *cochon*, le penis est grêle, terminé en pointe spiroïde, qui est dépourvue de corps caverneux; et lorsque, durant le relâchement, il est retiré dans son fourreau, sa partie antérieure se replie en spirale.

Le penis du *bœuf*, dont le corps caverneux est plus considérable à la base, vers les racines que dans le reste de son étendue, est essentiellement ligamenteux, formé d'un tissu dense, serré, excessivement résistant.

Le penis du *chien*, qui a une tête arrondie et circonscrite par un petit bourrelet, offre un mode particulier d'organisation. Intérieurement il porte un os long qui occupe environ les deux tiers antérieurs de sa longueur, et qui, par sa face inférieure, concourt à former la gouttière uréthrale. Cet os existe aussi dans le penis du *chat*, mais il est beaucoup plus petit.

Nous avons vu que le penis des différens quadrupèdes présente deux corps caverneux, dont un intérieur et l'autre extérieur qui en formela tête ou extrémité antérieure : celui du carnivore dont il s'agit en porte trois remarquables et parfaitement distincts entr'eux : 1º. le tissu caverneux de l'intérieur du penis est séparé, en deux parties égales, par une cloison ligamenteuse médiane; il n'occupe que le côté des racines, que la portion située en arrière de l'os; 2º. le tissu caverneux de la tête est plus étendu et recouvre environ la moitié de la longueur de l'os; 3º. le corps caverneux particulier au chien et qui a la même texture que celui de la tête, forme une grosse éminence qui embrasse le milieu de l'os penien, et est recouverte antérieurement par le tissu dont nous venons de parler. Cette éminence échancrée inférieurement au passage de l'urèthre et ayant sa base postérieure, est susceptible d'un gonflement considérable qui, augmentant sur-tout dans l'accouplement, force l'animal à rester uni avec sa femelle, jusqu'à ce que ce corps soit assez dégorgé, pour permettre le désaccouplement.

L'Urèthre.

CARACTÈRE. Très-long canal membrano-caverneux, qui se prolonge du col de la vessie, se porte en arrière, se contourne hors du bassin dans la gouttière de la face inférieure

du penis, va s'ouvrir à son extrémité antérieure , et transmet l'urine et le sperme,
au-dehors.

DIVISION. Une portion *pelvienne*, et l'autre
penienne. La première plus dilatée, située
sous le rectum, et embrassée à son origine
par la grande prostate, est recouverte d'une
tunique charnue très-rouge, qui constitue le
muscle iskio-uréthral (1) ; proche du col de
la vessie, sa cavité présente une petite éminence, dans laquelle s'ouvrent les canaux
éjaculateurs et que l'on nomme *tubercule
uréthral* ; l'on y observe aussi les petits mamelons qui portent les orifices folliculaires
des prostates.

La portion penienne de l'urèthre, qui, en
sortant du bassin, décrit un contour sur
l'arcade iskiale, est logée dans la gouttière
uréthrale du penis où elle est maintenue et
recouverte jusqu'à la tête, par un muscle
penniforme, attaché aux bords de la gouttière
et appelé *périnéo-uréthral* (2). C'est à la surface externe de ce muscle que l'on trouve les
deux ligamens coccygio-peniens, qui empêchent que la tête du penis ne se relève trop.

(1) Tome I, page 343.
(2) Tome *id.*, page *id.*

Structure. Essentiellement formé d'une membrane folliculeuse, l'urèthre est enveloppé d'un tissu caverneux qui se prolonge sur la plus grande partie de son étendue. La membrane folliculeuse, blanchâtre et très-élastique, forme des rides longitudinales et porte des follicules qui versent, à sa face interne, une liqueur muqueuse qui la lubréfie, et forme un enduit qui préserve ce canal d'être irrité par l'urine.

La membrane caverneuse, molle, très-élastique et celluleuse, enveloppe l'urèthre depuis l'arcade iskiale jusqu'à la tête, où elle se continue avec le corps caverneux de cette partie. Le tissu de cette seconde membrane prend son origine vers le périné sur le contour de l'urèthre, où il offre une éminence oblongue appelée *bulbe*, se prolonge en devant jusqu'à la tête, dans la substance de laquelle elle se perd.

Les principales artères de l'urèthre gagnent son bulbe et se nomment *bulbeuses* (1) Les veines se rendent dans les grosses branches pelviennes, et de-là dans la veine-cave postérieure. Les lymphatiques suivent les veines ; et les nerfs proviennent des plexus pelviens.

____

(1) Voyez page 235.

Variétés. Dans le *bœuf*, la membrane caverneuse s'étend sur tout le canal, est fort épaisse dans la portion pelvienne de l'urèthre, où elle est recouverte par le muscle iskiouréthral.

Le Prépuce ou le Fourreau.

Il constitue la gaîne qui soutient le penis et le tient renfermé durant le relâchement. Il est formé extérieurement par la peau qui est généralement mince, souple, partagée par une ligne médiane nommée le raphé ; intérieurement le fourreau est tapissé d'une membrane molle, épaisse et folliculeuse, qui se replie du fond de sa cavité sur la partie antérieure du penis qu'elle recouvre et qu'elle fixe au fourreau, de la même manière que la conjonctive lie les paupières avec le bulbe de l'œil.

Entre la peau et la membrane interne de cette partie, se trouve un tissu albuginé, lamineux, très-lâche, très-expansible, au milieu duquel passent quelques artérioles, de grosses ramifications veineuses, divers lymphatiques et quelques nerfs. Ce tissu filamenteux très-élastique, et dans lequel se fait une perspiration très-grande, se prolonge sur la partie postérieure du penis, s'attache entre les deux cuisses, offre du côté de l'abdomen deux grandes brides ligamenteuses implantées aux parois abdominales, en arrière de l'ombilic, et nommées *ligamens suspenseurs* du fourreau. Ces brides qui soutiennent le penis sont essentiellement charnues dans plusieurs animaux, sur - tout chez ceux qui urinent par bonds, comme le verrat et le bœuf; on trouve aussi dans le mulet quelques fibres charnues.

Chez les *monodactyles*, où, durant le relâchement, la partie antérieure du penis ne reste pas toujours cachée, renfermée dans le fourreau, et ressort presque toutes les fois que l'animal urine, le fourreau constitue une éminence considérable, épaisse, capable de se prêter à l'érection du penis. Sa membrane interne diffère peu de la peau, et présente essentiellement la même texture; elle est pourvue d'un grand nombre de gros follicules sébacés qui sécrètent une humeur qui s'épaissit, forme un enduit onctueux, noir et odorant; mais elle est mince, dépourvue de poils, et est très-fine sur le penis auquel elle adhère intimement.

Chez les *didactyles*, le *cochon* et le *chien*,
l'entrée

l'entrée du fourreau porte des poils, qui sont fort longs dans le bœuf et le verrat.

Organes génitaux de la femelle.

Disposés de manière à recevoir le penis du mâle, ils fournissent une substance indispensable à la génération, conservent le germe fécondé, lui procurent l'espace, la température nécessaires à son développement, et expulsent au - dehors le produit de la conception, au bout d'un temps déterminé dans l'ordre de la nature, et dont la longueur varie suivant les différentes espèces d'animaux.

Différentes par leur structure et leurs propriétés, ces parties sont contenues dans la cavité pelvienne, ne paroissent au-dehors que par une ouverture oblongue placée sous l'anus, comprennent la *vulve*, le *clitoris*, le *vagin*, l'*utérus*, les *trompes utérines* et les *ovaires* ; elles se distinguent ordinairement en externes et en internes, mais nous les divisons *en parties essentielles* qui sont l'utérus, les trompes utérines avec les ovaires, et *en parties accessoires* qui servent à la copulation, savoir, la vulve, le clitoris, le vagin. A la considération de ces diverses parties, on doit ajouter l'exposition des *mamelles*, qui, placées au-dehors, fournissent au nouveau-né une substance nutritive, ont avec les organes génitaux les rapports les plus intimes et en sont une dépendance.

L'Utérus.

CARACTÈRE. Réservoir musculo - membraneux, de forme triangulaire, situé en plus grande partie dans la cavité pelvienne, destiné à contenir le produit de la fécondation et à concourir ensuite à son expulsion. Placé entre le rectum et la vessie, soutenu par divers ligamens qui permettent son ampliation et son déplacement, il se prolonge en devant vers la région sous-lombaire, par deux branches l'une de chaque côté, qui portent à leur extrémité la trompe utérine et l'ovaire. La cavité de l'utérus qui est analogue à sa conformation extérieure, communique avec le vagin et les trompes utérines qui s'ouvrent à l'extrémité des branches.

DIVISION. La forme générale de cet organe est telle, que l'on peut y distinguer une partie moyenne que l'on nomme le corps, et deux branches ou cornes.

1°. Le corps de l'utérus, plus ou moins alongé suivant l'espèce d'animal, répond supérieurement à l'intestin et inférieurement au rectum. Il est attaché par un ligament orbiculaire qui résulte du repli que fait le péritoine dans la cavité pelvienne, et par lequel il se répand sur la vessie et l'utérus qu'il soutient. Sa partie moyenne est entourée d'un tissu lamineux lâche et abondant ; son extrémité postérieure rétrécie et appelée *col* de l'utérus, est embrassée par le vagin, dans le fond duquel elle forme une saillie que l'on nomme prolongement vaginal (*fleur épanouie*) ; ce prolongement porte dans son milieu, une très-petite ouverture qui se dilate dans le temps du rut, constitue l'entrée ou l'ouverture vaginale de la cavité utérine. L'extrémité antérieure du corps de l'utérus, que l'on nomme le *fond*, se bifurque latéralement pour former les cornes.

2°. Les branches ou cornes, dont une droite et l'autre gauche, sont courbées de bas en haut et de dedans en dehors, et se terminent par une extrémité arrondie à laquelle sont attachés la trompe utérine et l'ovaire. Chaque corne, depuis l'utérus, va en s'écartant de la corne opposée, et est pourvue d'un grand ligament large qui prend de la force, de l'étendue pendant la gestation, et permet l'ampliation et le déplacement de l'utérus qu'il fixe et maintient d'une manière flottante. Ces ligamens, que l'on nomme *sous-lombaires*, s'étendent depuis la region sous-lombaire, sur toute la longueur des cornes jusque sur le corps de l'utérus où ils se réunissent. Ils sont formés de deux lames ou feuillets, entre lesquels sont soutenus les vaisseaux et les nerfs de l'utérus, des trompes utérines et des ovaires.

STRUCTURE. Trois membranes superposées et différentes entre elles composent la substance de l'utérus dans laquelle on remarque un grand nombre de nerfs et de vaisseaux. La première la plus externe des trois, formée par le péritoine, tapisse tout l'utérus et entretient sa perspiration extérieure. La seconde, qui est charnue, et adhère fortement à la précédente, forme essentiellement cet organe dont elle détermine la contraction et le resserrement. Enfin, la troisième membrane qui constitue ses parois internes, est molle, folliculeuse, blanchâtre, et forme, chez les femelles qui ont déjà porté, des plis divers qui disparoissent dans une nouvelle gestation et redeviennent un peu plus grands, après le part. Cette dernière membrane, dont la face interne est pourvue de follicules muqueux, de pores exhalans et inhalans, sécrète un mucus qui enduit les parois de la cavité utérine, et dont la nature, la quantité, varient suivant les différens états d'orgasme qu'éprouve la partie.

Les vaisseaux et les nerfs portent le nom d'*utérins*, et se ramifient derrière la membrane folliculeuse. Les artères répondent à la petite testiculaire du mâle, et sont suivies par les veines qui se dégorgent dans le tronc pelvi-crural. Les lymphatiques qui, pendant la gestation, deviennent très-gros, se rendent dans les ganglions placés à l'entrée de la cavité pelvienne. Les nerfs sont des filets qui viennent des plexus pelviens.

Variétés. Avant son accroissement complet, l'utérus est petit, blanchâtre, contenu entièrement dans la cavité pelvienne, ne jouit que d'une force vitale très-foible et peut même être extirpé, sans préjudice pour la vie de l'animal (1); mais par suite, ce viscère acquiert une grande énergie, devient centre d'action, et influe d'une manière marquée sur les autres viscères. Alors il jouit d'un orgasme périodique, qui se renouvelle à des époques d'autant plus éloignées que les femelles sont plus grandes, moins irritables, qu'elles sont soumises à des travaux rudes et qu'elles ont une nourriture peu succulente. Cet état qui porte

____

(1) Dans la castration des jeunes truies, l'on coupe ou l'on arrache tout l'utérus avec ses trompes et les ovaires.

la femelle à rechercher le mâle et la rend apte à la génération, dure plus ou moins de temps, produit des changemens remarquables et peut se renouveler artificiellement, en employant tous les moyens qui tendent à exciter la sensibilité générale.

Chez les *didactyles*, l'utérus porte à sa surface interne de gros mamelons appelés *cotylédons*, qui prennent beaucoup de volume durant la gestation.

Dans les *unipares*, le corps de l'utérus, qui renferme constamment les produits de la fécondation, est généralement plus grand que chez les multipares ; mais, dans ceux-ci, les cornes utérines sont fort longues, forment des flexuosités diverses et contiennent les fœtus, qui sont placés en travers, les uns à la suite des autres, et ont une cavité particulière pour chacun.

Usages. L'utérus recèle les produits de la fécondation, et fournit au germe fécondé les alimens, l'espace et la température nécessaires à son développement.

Les Trompes utérines.

On comprend sous ce titre deux petits canaux flexueux, blanchâtres, qui se prolongent de l'extrémité des branches utérines, entre les lames des ligamens sous-lombaires, et vont se terminer à côté des ovaires. Chaque trompe s'ouvre à l'extrémité de la corne, dans laquelle elle forme un mamelon blanc, plus ou moins saillant; en se dirigeant vers l'ovaire, elle va en serpentant et en grossissant insensiblement; proche de ce corps elle devient moins flexueuse, prend plus de volume et se termine par une grande ouverture, au milieu d'un prolongement membraneux qui lui sert de pavillon. Formé de fibres rayonnées qui paroissent charnues et sont éminemment contractiles, ce pavillon a ses bords très-inégalement découpés, se gonfle dans le temps du rut, devient rougeâtre; en se contractant, il fixe l'ouverture de la trompe sur l'ovaire, et y retient la liqueur spermatique qui, de la cavité utérine où elle est lancée par le pénis, paroît enfiler la trompe et parvenir jusqu'à l'ovaire.

Communément désigné sous le nom de trompe *de fallope*, le canal dont il s'agit a une texture qui lui est particulière. Il est formé d'une membrane blanchâtre, qui contient dans sa cavité une liqueur muqueuse plus ou moins consistante et ordinairement blanchâtre.

Les Ovaires.

CARACTÈRE. Corps ovoïdes, blanchâtres, au nombre de deux, dont un à droite et l'autre à gauche, qui sont soutenus à l'extrémité des trompes utérines, entre les lames des ligamens sous - lombaires, et fournissent une substance nécessaire à la conception. D'une texture ferme et recouverts de membranes, ces corps ont beaucoup d'analogie avec les testicules ; ils sont flottans dans l'abdomen, portent un cordon flexueux, vasculaire, et ont pour canal excréteur la trompe utérine.

DIVISION. Chaque ovaire offre deux faces perspirables, et une cavité ou scissure qui regarde le pavillon de la trompe utérine. Au lieu d'être unis et polis, ces corps présentent quelquefois des tubercules arrondis, d'autres fois des hydatides contenant une liqueur jaunâtre qui paroît albumineuse. Durant le rut, les ovaires prennent plus de volume, deviennent rouges, et après la fécondation l'on remarque que l'un d'eux porte des éminences noirâtres, et une dépression dans laquelle l'on distingue une cicatrice.

STRUCTURE. Généralement peu connue, elle paroît essentiellement vasculaire et contient un tissu lamineux dense ; si l'on partage l'un des ovaires, on voit que sa substance ferme, rougeâtre, est formée de fibres rayonnées, et qu'extérieurement elle est pourvue de deux membranes superposées et intimément unies, dont l'externe est formée par le péritoine, et l'interne fibreuse, compacte, constitue une tunique capsulaire.

Les artères et les veines de l'ovaire forment des inflexions semblables à celles que présentent les testiculaires le long du cordon spermatique, mais ces flexuosités sont moins considérables. Les nerfs qui se portent à ces parties émanent des plexus rénaux.

Usages. Nous avons déjà vu que les ovaires fournissent une matière sur la nature de laquelle les sentimens se trouvent partagés, mais qui est indispensable à la fécondation. Les femelles auxquelles l'on extirpe ces corps par la castration, sont impropres à la génération et n'éprouvent plus le *rut*, ou l'orgasme périodique qui survient à toutes les parties de la génération, et excite les femelles à s'accoupler avec les mâles.

La Vulve.

Ouverture oblongue, placée au-dessous de l'anus, de grandeur variable dans les femelles de différente espèce, qui se dilate pendant le rut, à l'approche du part, constitue l'entrée du vagin, et à laquelle l'on distingue deux lèvres latérales et deux commissures, dont une supérieure, l'autre inférieure.

Chaque lèvre est formée extérieurement par la peau qui est garnie de petits poils fins, très-rares, et est enduite d'une humeur sébacée. La face interne tapissée d'une membrane folliculeuse, est lubréfiée d'une liqueur muqueuse, odorante, dont la sécrétion et les qualités augmentent dans le temps du rut. Entre la peau et la membrane interne, s'observe une substance particulière dans laquelle l'on distingue des bandes charnues, du tissu lamineux consistant, beaucoup de vaisseaux, des nerfs, et une espèce de tissu caverneux. Cette texture rend les lèvres susceptibles de tension, de gonflement et d'une sensibilité plus grande ; ces états qui surviennent pendant le rut, à l'approche du part, déterminent une sécrétion abondante, tant à la face externe qu'à la face interne de ces parties.

Les commissures qui constituent la réunion des deux lèvres diffèrent entr'elles, en ce que la supérieure se fait à angle aigu, tandis que l'inférieure est arrondie et porte dans le fond de sa cavité le clitoris. La première est continue au périnée qui est l'espace compris entre l'anus et la vulve ; la commissure inférieure répond à l'arcade pubienne. Le côté interne du bord de chaque lèvre offre des petits mamelons semblables aux points ciliaires, et qui soutiennent les orifices d'autant de follicules qui fournissent une humeur onctueuse.

Le Clitoris.

Petit corps sphéroïde, caverneux, situé dans le fond de la commissure inférieure, qui est attaché à l'arcade du pubis, est recouvert d'une membrane folliculeuse qui se replie par-dessus, et lui forme un pavillon. Doué d'une sensibilité particulière, le clitoris est susceptible d'érection avec gonflement, et paroît être essentiellement le siége du plaisir que ressent la femelle dans l'accouplement.

On peut distinguer au clitoris une partie libre, proéminente, qui porte une fossette terminée en cul-de-sac, et une partie bifurquée qui constitue les racines par lesquelles ce corps est attaché à l'arcade iskiale.

L'intérieur du clitoris présente un corps caverneux, celluleux, qui est divisé en deux parties par une cloison médiane, ligamenteuse, et est semblable au tissu caverneux de la tête du penis ; extérieurement il est formé d'une enveloppe ligamenteuse, blanche et très-dense.

Chez les *monodactyles*, le clitoris est généralement plus gros, et son enveloppe est noirâtre ou marbrée.

Le Vagin.

CARACTÈRE. Grand canal membraneux, dilatable, situé dans le bassin sous le rectum, prolongé depuis la vulve jusqu'au col de l'utérus qu'il embrasse, destiné à contenir le penis, lors de la copulation, et à donner issue au fœtus.

DIVISION. Une partie moyenne entourée d'un tissu lamineux abondant et élastique ; deux extrémités, dont l'antérieure se continue avec le col de l'utérus, et la postérieure se termine à la vulve que l'on peut considérer comme l'ouverture de la cavité vaginale.

Lubréfié par une humeur muqueuse, gluante, le vagin offre dans son fond le prolongement de l'utérus, et proche du clitoris se trouve le méat urinaire dont nous avons parlé à la page 465.

STRUCTURE. Le canal dont il s'agit est formé

de deux membranes, l'une externe charnue, et l'autre interne folliculeuse. La première mince, blanchâtre, diminue, resserre la cavité du vagin, et est composée de faisceaux fibreux qui ont diverses directions, et sont unis par un tissu lamineux, abondant et élastique. La membrane folliculeuse, molle, et qui tient à la précédente par un tissu lamineux, porte, à sa face interne, des follicules muqueux dont la sécrétion augmente dans l'accouplement; elle est aussi pourvue de papilles, de pores exhalans et inhalans.

Variétés. Chez les *monodactyles,* on trouve sur la surface externe de l'entrée du vagin, deux éminences, dont une à droite et l'autre à gauche, qui sont formées d'un tissu caverneux, semblable à celui du bulbe de l'urètrhe.

Usages. Le vagin est le canal destiné à l'accouplement et à l'expulsion des produits qui se forment dans la cavité de l'utérus.

Les Mamelles.

Caractère. Organes glanduleux destinés à la sécrétion du lait, placés au-dehors de la cavité pelvienne, et rangés en nombre régulier de chaque côté, sous le pubis ou bien sous l'abdomen , suivant qu'ils sont plus ou moins nombreux.

Généralement arrondie et d'une forme demi-sphérique , chaque mamelle constitue une partie molasse , flasque , du milieu de laquelle s'élève une protubérance plus ou moins longue et grosse , que l'on nomme *mamelon;* mais à l'approche du part , les organes mammaires acquièrent une grande énergie , prennent du volume , se roidissent , deviennent très-sensibles , sécrètent une grande quantité de lait qui , par son séjour dans les cellules intérieures , gonfle la partie et y subit une élaboration particulière. Cette force vitale une fois développée persiste tout le temps de l'allaitement , et la mamelle ne retombe que peu-à-peu dans son état primitif de relâchement et d'inaction.

Division. On distingue à chaque mamelle un corps et un mamelon. Le corps qui en constitue la plus grande partie , est mol et petit pendant tout le temps où la sécrétion du lait n'est point considérable. La peau qui le recouvre est fine , garnie d'un léger duvet qui disparoît autour du mamelon. Ce dernier qui se prolonge du milieu du corps , se termine par une partie arrondie , ferme , pourvue de papilles, de follicules et d'une ou plusieurs ouvertures qui sont les orifices extérieurs des conduits lactifères. Doué d'une action fibrillaire très-énergique, le bout du mamelon se roidit, prend de la fermeté qui resserre les ouvertures des conduits précédens, et retient le lait dans la mamelle.

Structure. Chaque mamelle a une substance qui lui est propre et qui est séparée de celle qui constitue la mamelle voisine. La peau dont elle est recouverte, est mince et lubréfiée par une humeur sébacée, qui est le produit des follicules qu'elle porte ; par-dessous se trouve une membrane blanchâtre, qui est formée d'un tissu fibreux dense, constitue une capsule particulière à chaque mamelle, adhère fortement à la peau, et tient à la glande par des filamens qui la pénètrent.

Ces deux enveloppes enlevées laissent à découvert la substance mammaire qui est la même dans toutes les mamelles, a une texture molle, blanchâtre, et est essentiellement formée de l'agglomération de lobules jaunâtres, unis par un tissu lamineux abondant et ferme. Ces lobules, composés eux-mêmes de petits grains réunis, fournissent les conduits lactifères qui, en se dirigeant vers la base du mamelon, se réunissent de proche en proche , dégénèrent en une dixaine de grands conduits qui vont se terminer au bout du mamelon par trois à quatre ouvertures , dont une, placée dans le milieu , est toujours plus grande.

Telle est l'organisation générale de la glande mammaire , dont les lobules sécrètent le lait qui s'accumule dans les conduits qui constituent les *sinus* ou *réservoirs lactifères*. Mais il faut remarquer que le tissu lamineux inter-lobulaire contient une quantité plus ou moins grande de graisse; que la substance mammaire est traversée par des filamens blancs , qui tiennent à la capsule et forment des brides résistantes ; qu'au pourtour ou au-dessous de la mamelle , se remarquent quelques ganglions lymphatiques ; qu'enfin l'intérieur de la glande offre des vaisseaux et des nerfs diversement arrangés.

Les *artères mammaires*, qui proviennent de la sus-pubienne ou de la portion inguinale de l'artère crurale , se dirigent sous la mamelle d'où elles se ramifient dans sa substance. Les *veines* très-nombreuses qui, durant l'allaitement , prennent un diamètre considérable , sont de deux ordres ; les unes profondes suivent la direction des artères , et vont

se

se jeter dans la portion pelvi-crurale de la veine-cave postérieure ; les autres superficielles rampent sous la peau et se dégorgent dans la veine cutanée abdominale (1). Les *lymphatiques* se distinguent en profonds et en superficiels, sont gros et fort nombreux, se rendent dans les ganglions qui se trouvent à la base de la mamelle. Les *nerfs mammaires* émanent des plexus rénaux, quelques filets viennent des premiers plexus pelviens ; ils suivent la direction des artères, s'accolent et s'associent avec elles.

Variétés. Les *monodactyles* et la *brebis* n'ont que deux mamelles, qui sont placées sous le pubis, entre les cuisses. Mais l'ânesse porte deux tetins qui se trouvent en arrière des deux mamelles.

Dans la *vache*, les mamelles, au nombre de quatre, sont groupées en une masse qui, durant l'allaitement, prend un volume considérable. Cette masse mammaire, que l'on nomme le *pis*, de laquelle se détachent quatre grands mamelons appelés *trayons*, pend entre les cuisses, sous le pubis, et offre à sa partie postérieure deux tetins, l'un à droite et l'autre à gauche.

---

(1) Voyez page 286.

2.   K k

Chez les *multipares*, les mamelles désignées vulgairement sous le nom de *tetines*,
sont disposées en deux rangées sous l'abdomen, à une égale distance de la ligne médiane, et sont au nombre de huit à dix de
chaque côté, ce qui varie suivant le volume
et la grandeur des animaux.

Usages. Destinées à la sécrétion d'une liqueur blanche que l'on nomme le *lait*, les
mamelles ont des périodes de rémission et
d'activité ; elles éprouvent des intermissions
très-longues, restent dans un état d'inaction
presqu'absolue jusqu'au temps de la gestation,
et sur-tout jusqu'aux approches du part où
elles reprennent de l'énergie. Durant leur
état de repos, elles sont flasques, petites,
peu sensibles, et ne paroissent faire d'autres
élaborations que celles nécessaires à leur entretien. Lorsque l'époque de leur activité renaît, elles rentrent dans la classe des glandes,
sécrètent une liqueur qui, dans les premiers
temps, est séreuse, claire et essentiellement
aqueuse (1), mais qui, par la suite et à mesure que les organes acquièrent de la force,

(1) Cette sérosité, dont la sécrétion précède toujours
celle du lait, constitue le *colostrum*.

devient blanche, consistante, et forme le véritable lait.

Cette fonction des mamelles n'étant que temporaire, persiste un temps plus ou moins long, dont la durée dépend de la succion ou du trayement exercé sur ces glandes, et qui, en produisant l'évacuation du lait accumulé dans les sinus lactifères, excite, entretient l'action organique, et détermine à chaque fois une nouvelle sécrétion de liqueur. Les mamelles dans lesquelles le lait reste stagnant, finissent par n'en plus fournir, et passent de l'état d'activité à celui de repos; cette transmission se fait aussi par le défaut d'action des organes mammaires qui, au bout d'un certain temps, cessent de sécréter et retombent dans leur état d'inaction. Mais, dans le premier cas, ce passage est pénible, donne lieu quelquefois à des accidens plus ou moins graves; tandis que, dans le second cas, il s'effectue naturellement, d'après des lois de l'organisation animale, et cause très-rarement des dérangemens.

Le *lait* est une liqueur blanche, onctueuse, douce au toucher, qui contient une matière sucrée, devient acide et fournit trois parties dont une butyreuse, l'autre caséeuse, et la troisième séreuse. Ces parties constituantes varient dans leur proportion respective, selon les femelles, suivant l'époque de l'allaitement, le genre de nourriture et le tempérament du sujet. Le lait sécrété dans les premiers temps de l'allaitement est visqueux, jaunâtre, mêlé avec le *colostrum*, et n'acquiert les vraies qualités laiteuses qu'au bout de deux à trois jours ; vers la fin de l'allaitement, il devient plus fluide et moins sucré. Nous n'entrerons pas dans de plus longs détails sur cette liqueur, qui a été considérée sous tous ses rapports par MM. *Parmentier* et *Deyeux*.

DERMOLOGIE.

Cette dernière branche de la sarcologie embrasse l'étude, la considération des parties qui se trouvent placées à l'extérieur du corps, recouvrent les autres parties, forment les tégumens communs, et qui, par leur organisation et leurs propriétés, servent à des fonctions fort importantes. Dans cette série peu étendue, l'on comprend la *peau*, les *poils*, la *corne* et le *tissu lamineux*.

ARTICLE PREMIER.

De la Peau.

Elle constitue l'enveloppe commune de tout le corps, forme une expansion membraneuse, épaisse, très-composée, qui, par sa surface interne, tient au tissu lamineux sous-cutané, porte les poils, donne naissance à la corne et entretient une perspiration très-grande, une excrétion continuelle d'humeurs superflues qu'elle rejette au-dehors.

Partagée par la ligne médiane dont la trace est plus ou moins sensible, l'enveloppe cu-

tanée offre diverses ouvertures naturelles ,
par où elle se réfléchit de dehors en dedans
et se continue avec les membranes , qui tapissent les cavités intérieures dans lesquelles
aboutissent ces ouvertures. Elle est généralement mince , fine et très-souple , autour
de ces ouvertures naturelles ; tandis qu'elle
a beaucoup de densité et d'épaisseur dans
les parties où les poils sont plus gros et plus
longs.

La peau tient aux parties qu'elle recouvre
au moyen du tissu lamineux sous-cutané qui ,
suivant sa consistance , sa force , sa quantité
et la nature du fluide qu'il contient , détermine divers degrés d'adhérence dans les différens points du corps , dans les différens
états de la vie , et chez les différens animaux.
Sa surface externe garnie de poils , parsemée de follicules , de papilles , de pores
exhalans et inhalans , porte une pellicule
écailleuse qui la préserve d'une impression
trop vive , de la part des corps extérieurs.
Les follicules cutanés qui sécrètent l'humeur
sébacée propre à la lubréfaction de la peau,
ne sont pas les mêmes par-tout ; ils sont
plus gros et généralement plus nombreux dans
les endroits où l'enveloppe cutanée est très-

mince, où les poils sont rares et fins ; l'humeur que fournissent ces gros follicules est non seulement plus abondante , mais elle a plus de consistance , est plus ou moins odorante , et forme dans quelques parties , comme au fourreau des monodactyles, un enduit épais et abondant.

Essentiellement formée d'un tissu fibreux , dense , serré et sur-tout très-expansible , la peau comprend dans son organisation trois parties superposées ; savoir , le *derme* , le *tissu réticulaire* et l'*épiderme*.

1°. Le derme , que l'on nomme aussi *corps de la peau* et qui en constitue la partie essentielle , interne et la plus épaisse , est composé d'un tissu blanc , serré , continu avec le tissu lamineux sous-cutané , dont les aréoles sont remplies d'une substance gélatineuse , et qui est traversé par un grand nombre de vaisseaux et de nerfs.

2°. Le tissu réticulaire (1) qui se trouve sous l'épiderme , est une expansion essentiellement vasculaire , qui est répandue sur le derme, en est inséparable et en fait partie intégrante. Formée principalement d'un réseau de vaisseaux et de nerfs soutenus par

______

(1) Corps réticulaire, *Malpighi*. Corps muqueux.

un tissu lamineux fin , abondant et très-serré , cette deuxième partie de la peau affecte la même couleur que les poils , porte les bulbes et les follicules cutanés , soutient les pores exhalans et inhalans.

3°. L'épiderme , membrane très-fine , écailleuse , molle , sans force ni résistance , constitue une espèce d'enduit solidifié, une croûte propre à modérer la sensibilité de la peau et à la mettre à l'abri de l'impression trop vive des corps.

Cette pellicule sus-cutanée, qui laisse libres tous les orifices des follicules , ainsi que des vaisseaux absorbans et perspiratoires , paroît être le produit de la solidification des sucs albumineux et glutineux sécrétés à la surface de la peau , est susceptible de se détacher dans plusieurs circonstances , et peut se régénérer même avec beaucoup de facilité.

Quant aux vaisseaux de la peau , ils sont très-nombreux , mais les séreux prédominent dans son tissu. Les filets nerveux émanent des nerfs composés , et sont presque tous fournis par les faisceaux inférieurs des paires rachidiennes.

La peau , considérée dans tous les quadrupèdes domestiques , offre quelques différences assez remarquables et qui dépendent, ou de sa texture, ou de son épaisseur, ou des follicules qu'elle porte et de la couleur qu'elle affecte. Le bœuf est celui dans lequel l'enveloppe cutanée présente le plus d'épaisseur et de force ; dans le cochon, elle est dure, dense, tandis que dans le cheval et le chien, elle offre de la souplesse. La peau du mouton, est très-mince, a peu d'épaisseur, porte, en quelques endroits, des réservoirs où aboutissent divers follicules et dans lesquels l'humeur sébacée s'accumule, devient consistante et plus odorante. Ces cavités folliculaires les plus remarquables sont le canal *biflexe* que l'on trouve entre les deux doigts, et la fosse *lacrymale* qui est sur le chanfrein, en bas de l'angle nasal. On trouve plusieurs autres cavités de ce genre à l'aîne et à l'ars, mais elles sont très-petites et peu apparentes. Quant aux nuances plus ou moins variées qu'affecte la peau de la plupart des animaux domestiques, elles dépendent du tissu réticulaire et établissent un des caractères les plus tranchans, pour distinguer les quadrupèdes de la même race.

La peau fournit, par ses orifices exhalans, une perspiration continuelle plus ou moins abondante et toujours très-utile à la santé des animaux ; elle sécrète aussi une humeur onctueuse, sébacée, qui entretient sa souplesse et sa moiteur ; elle absorbe sans cesse une partie des fluides répandus sur sa surface ; enfin, elle est l'organe du toucher. Tels sont les usages généraux de l'enveloppe cutanée ; nous allons entrer dans quelques considérations sur chacune de ces grandes propriétés.

§. I. La *perspiration cutanée*, que l'on désigne communément sous le nom de *transpiration insensible*, se fait par le moyen des vaisseaux exhalans, consiste à rejeter au-dehors une humeur superflue, à produire dans la masse des fluides une dépuration très-grande, très-salutaire, et devient ainsi une fonction fort importante. L'humeur qui en est le produit, dont la nature et la sécrétion, sont constamment subordonnées à l'état et à l'action de la peau, est essentiellement aqueuse, contient du mucus animal, fournit beaucoup d'acide carbonique, exhale une odeur pénétrante (1) et particulière à chaque classe de quadrupèdes domestiques,

____

(1) Elle est généralement plus forte dans les vieux animaux que dans les jeunes.

et même à chaque animal. Elle s'élève sous forme de vapeur, se répand dans l'air ambiant, y reste plus ou moins suspendue, le charge de ses principes et lui imprime des qualités qui, quelquefois, deviennent préjudiciables à la respiration. Ainsi délayée dans l'air, cette matière de la transpiration y laisse, jusqu'à ce qu'elle soit complettement dissoute, son principe odorant, qui met certains animaux dans le cas de reconnoître la trace de la proie qu'ils appètent ou de l'ennemi qu'il faut fuir. Souvent cette humeur vaporeuse, sécrétée en abondance, se condense sur la peau, s'accumule en gouttelettes et constitue la sueur; en hiver, lorsque l'atmosphère est froide, humide, et que le bœuf ou le cheval font un exercice violent, elle forme, autour du corps, un nuage, une fumée plus ou moins épaisse.

La perspiration cutanée éprouve des variations continuelles qui proviennent, soit des fluides qui touchent la surface de la peau, soit de la part des viscères avec lesquels cet organe a des rapports intimes. Ainsi, l'atmosphère chaude est un stimulant de l'action organique de la peau, augmente la transpiration; tandis que l'air froid déterminant un resserrement, une astriction plus ou moins forte dans le tissu de cet organe, diminue ou supprime la perspiration cutanée. L'atmosphère humide qui se soutient long-temps dans cet état et à laquelle les animaux ne sont pas accoutumés, finit par débiliter la peau et devient cause de diverses affections cachexiques. Mais le passage plus ou moins rapide et gradué d'une atmosphère chaude, dans une atmosphère froide, humide, l'exercice plus ou moins continu et modéré que font les animaux, modifient singulièrement les effets de l'air sur l'organe cutané, et doivent être pris en grande considération, dans les moyens de conserver les animaux en santé.

Parmi les organes intérieurs qui ont des rapports essentiels avec la peau, et qui influent d'une manière particulière sur son état, l'on compte l'estomac, l'intestin, les organes urinaires et les poumons.

1°. Les connexions intimes de l'enveloppe cutanée avec l'estomac et l'intestin sont très-marquées. En général, toutes les fois que ces viscères digestifs exercent une action spéciale, forte et soutenue, ou qu'ils éprouvent une irritation quelconque, les fonctions de l'organe se trouvent considérablement diminuées, et restent suspendues, jusqu'à ce que les forces vitales reviennent de l'intérieur, pour se porter à l'extérieur.

2°. Les organes urinaires qui, de même que la peau, ont pour but de produire une dépuration d'humeurs superflues, se maintiennent avec la peau dans une sorte de balance et se suppléent mutuellement. Ainsi l'on observe que, lorsqu'il y a diminution de perspiration cutanée, la sécrétion urinaire se trouve augmentée en proportion : aussi les animaux qui transpirent peu, ou dans lesquels la transpiration est supprimée, urinent-ils beaucoup et fréquemment.

3°. Les rapports des poumons avec la peau ne sont pas moins remarquables que ceux qu'offrent les reins, l'estomac et l'intestin. La perspiration pulmonaire concourt avec la sécrétion urinaire à suppléer à la diminution ou à la suspension de la transpiration cutanée. L'on observe que les animaux haleteurs, tels que le chien, qui perdent considérablement par la respiration, et que la moindre fatigue excite à haleter, transpirent peu et ne suent jamais; tandis que le cheval qui sue avec facilité, perd bien moins par la perspiration pulmonaire, que le dernier, qui halète en tout temps et qui urine très-fréquemment.

En général, les animaux transpirent plus en été qu'en hiver ; plus quand il fait chaud que quand il fait froid ; davantage lorsqu'ils exercent que lorsqu'ils restent en repos : la perspiration cutanée est aussi plus développée, plus grande dans les jeunes animaux que dans les vieux ; et chez les haleteurs, elle paroît moins considérable, semble être d'autant plus foible que les animaux sont plus sujets à haleter et qu'ils perdent davantage par la respiration.

§. II. La *sécrétion folliculaire* de la peau suit les mêmes lois que la perspiration ; ce sont deux compagnes inséparables qui éprouvent les mêmes changemens ; mais l'humeur sébacée n'est pas la même dans tous les quadrupèdes domestiques. Chez la bête à laine, elle est grasse, jaunâtre, gluante tant qu'elle est liquide, s'interpose entre la laine, ou s'accumule dans les réservoirs folliculaires, et constitue le *suint*. Lorsqu'elle est desséchée, elle s'enlève par écailles ou en poussière et forme la crasse, que l'on obtient avec la brosse ou avec l'étrille.

§. III. L'*absorption cutanée*, que nous avons exposée précédemment, sert à porter dans l'intérieur du corps une partie des fluides qui touchent la surface de la peau, et y introduit quelquefois les germes de maladies plus ou moins funestes.

§. IV. Le *toucher*. Ainsi qu'il a été remarqué dans les articles précédens, la peau est non seulement composée d'un tissu lamineux, parsemé de follicules sébacés, et des orifices des vaisseaux exhalans et absorbans, mais encore elle reçoit un grand nombre de nerfs qui s'y épanouissent, s'y terminent, en formant des réseaux ou des papilles plus ou moins remarquables.

Par cette disposition, la peau est un organe d'une grande sensibilité; elle est susceptible d'éprouver par le contact ou l'application immédiate des différens corps extérieurs, une impression plus ou moins vive. Ce mode de sensibilité, qui fait naître dans l'animal l'idée de la présence d'un corps, et qui, suivant ses degrés, produit plaisir ou douleur, existe dans toute l'étendue de la peau, et on le désigne communément sous le nom de *tact* ou *toucher généralement pris*. Mais, par leur conformation, par les divers mouvemens dont elles sont susceptibles, par la disposition des nerfs qui s'y terminent, les extrémités digitées des membres ont un mode de sensibilité différente des autres parties de la peau; non seulement elles peuvent faire reconnoître à l'animal la présence, le contact, le choc des corps, mais encore elles lui font naître d'une manière plus précise l'idée de la figure, de la solidité, de l'étendue, de la température de ces corps. Cette faculté est plus particulièrement désignée sous le nom de *toucher*. Ainsi, les extrémités digitées des membres sont l'organe spécial et essentiel du toucher : et comme ces parties présentent dans les animaux de grandes différences, le toucher n'a pas chez tous la même étendue, la même finesse.

Dans les *monodactyles*, chacun des membres se termine par un seul doigt, dont la partie qui appuie sur le sol est encroûtée d'une substance cornée, compacte et épaisse. En enlevant cette substance cornée, l'on trouve un tissu nerveux, vasculaire, qui, dans la plus grande partie de son étendue, est disposé en feuillets ou lamines parallèles, et qui, à la surface inférieure du sabot, offre des filamens divers, forme une espèce

de

de duvet fin. Ce tissu très-organisé, qui est le centre de nutrition, de vitalité de la corne, est aussi le foyer de la sensibilité particulière dont est susceptible cette partie digitée (1). Ce n'est donc qu'à travers l'épaisseur de la substance cornée que peut se faire l'impression des corps tactiles. Par conséquent le toucher, chez ces quadrupèdes, est en quelque sorte borné à la perception de la solidité, de la température du sol, à la mensuration des distances, par la facilité que l'animal a de porter ses pieds successivement d'un point à l'autre.

Dans les *didactyles*, chacun des membres se termine par deux doigts qui sont encroûtés d'une substance cornée ; et le toucher est le même que dans la classe précédente.

Dans les *tétradactyles* réguliers ou irréguliers, le toucher acquiert plus de perfection, parce que, dans ces animaux, le pied est divisé en quatre ou cinq doigts qui, quoique courts, sont cependant susceptibles de s'alonger, de s'écarter, de se fléchir de différentes manières, et par conséquent de s'accommoder à la surface des corps, d'en saisir plus exactement la forme, le contour.

____

(1) Voyez le Mémoire sur le pied.

2.   L l

A ces organes du toucher propres aux animaux quadrupèdes, on doit ajouter les lèvres qui leur servent à saisir le contour des objets, à en déterminer la surface. Les poils roides et plus ou moins longs, qui sont implantés à la surface externe des lèvres et forment des sortes de moustaches dans quelques animaux, ajoutent encore à la sensibilité des lèvres, et servent particulièrement à l'animal, pour l'avertir de la proximité des objets. Ainsi, quoique dans nos animaux domestiques, le toucher soit très-différent de celui de l'homme, ils n'en sont point privés, comme l'ont prétendu quelques-uns.

Article II.

Des poils.

Les poils sont des corps filiformes plus ou moins longs, gros et tassés, qui recouvrent toute l'étendue de la peau dans laquelle ils sont implantés par une de leurs extrémités, et qu'ils concourent à garantir de l'impression trop vive des corps extérieurs. Constamment de la même couleur que le tissu réticulaire de la peau, ils constituent des solides dont l'organisation est peu connue, qui sont susceptibles de se régénérer, qui, dans certaine

(53r)

race d'animaux, sont caduques et tombent à
des époques déterminées.

Chaque poil tient par sa racine à un petit
corps arrondi, organisé, que l'on nomme
bulbe, lequel est situé dans l'épaisseur de la
peau, sécrette la matière de nutrition et de
reproduction du poil. On observe que l'extrémité libre des gros poils finit, avec le temps,
par se diviser, et devenir plus ou moins
rameuse.

Considérés dans tous les quadrupèdes domestiques, les poils présentent des différences nombreuses, relatives à leur couleur,
à leur longueur, à leur grosseur et à leur
multiplicité (1). Chez tous les animaux, les
poils qui bordent les paupières, portent le
nom de *cils*; dans les monodactyles et le
bœuf, on appelle *crins*, ceux qui surpassent
de beaucoup, en grosseur et en longueur,
la presque totalité des poils. Dans le mouton, ils constituent la laine, qui est quelquefois mêlée de *jarre* ou gros poils ; dans le cochon, ils portent la dénomination de *soies*,

____

(1) Ces différences importantes pour le commerce et
l'éducation des animaux, font partie du *Cours d'hygiène
vétérinaire*, et ne peuvent être exposés avec tous les détails qu'ils exigent, que dans un Traité particulier.

sont plus durs et beaucoup plus roides que dans tous les autres quadrupèdes.

En général, les animaux qui naissent et sont élevés dans le Nord, ont les poils plus longs et plus gros que ceux du Midi ; et chez les uns et les autres, les poils sont d'autant plus fins et courts que les individus ont un tempérament plus énergique et plus irritable.

Article III.

De la corne.

La corne est un solide dur, moins dense que les os, qui n'est point fragile comme eux, est formé de fibres généralement disposées par lames ou couches superposées, est susceptible de se régénérer, tient à un foyer de nutrition et de reproduction, revêt l'extrémité des doigts, et occupe diverses autres parties du corps où il a différentes formes et divers usages. Ainsi que l'épiderme, la corne paroît être le produit des sucs glutineux sécrétés à la surface de la partie qui lui sert de matrice ; elle peut s'amollir par l'application continuée des substances aqueuses et mucilagineuses, s'assouplit par les corps gras, se dessèche quelquefois, devient cassante, se resserre, se fendille et comprime les parties qu'elle revêt.

Chez les *monodactyles*, les *didactyles* et le *cochon*, elle forme le sabot qui encroûte l'extrémité de chaque doigt ; dans le *chien* et le *chat*, elle constitue les crochets dont sont pourvues les extrémités des doigts de ces quadrupèdes.

A la partie inférieure et interne de la jambe, de même qu'à la partie supérieure et interne du canon postérieur du cheval, se trouve une petite partie cornée, ovalaire, que l'on désigne sous le nom de *châtaigne*, et dont on ignore l'usage.

A la partie interne et moyenne de l'avantbras de l'âne, se remarque une surface noire, dépourvue de poils, un peu plus grande qu'une pièce de 6 livres, qui est formée d'une substance dure, de la nature de la corne, et qui correspond à la châtaigne du cheval.

Dans les *didactyles*, les prolongemens dactyloïdes que l'on nomme *ergots*, sont entourés d'une enveloppe cornée. Presque toute la race bovine porte, à l'extrémité supérieure de la tête, deux prolongemens à base osseuse, mais essentiellement cornés, ordinairement contournés en spirale, que l'on nomme les *cornes*, et qui sont les instrumens les plus puissans de défenses pour ces animaux. Le bouc et la plus grande partie des béliers ont aussi leur tête armée de cornes, mais ils s'en servent avec moins d'avantages que le bœuf.

La corne est un solide fibreux, dont la dureté et l'étendue varient dans les diverses parties qu'elle occupe, ainsi que chez les différens animaux domestiques : en général, elle est peu consistante, souple, et acquiert beaucoup d'étendue dans les animaux du Nord ; tandis que dans ceux du Midi, elle est dure et cassante : celle qui est blanche est aussi moins dense que celle qui est noire.

Si l'on enlève une portion quelconque de corne, on laisse à nu un tissu vasculo-nerveux, rouge, parsemé de filamens qui semblent avoir été arrachés de l'intérieur de la corne où ils se prolongeoient. Cette désunion, qui ne peut se faire qu'en employant un certain degré de force, produit constamment le déchirement des filamens dont nous venons de parler ; tandis que, par la macération quelque temps continuée, ou à la suite de certaines inflammations et autres cas accidentels, la corne se détache d'elle-même et sans déchirement apparent. En considérant ensuite la portion de corne détachée, l'on voit qu'elle n'a ni la même densité, ni la même couleur dans tous ses points. La surface adhérente au tissu réticulaire est ordinairement rougeâtre, poreuse et flexible ; à mesure que les autres points du solide s'éloignent de cette surface, ils offrent plus de densité et deviennent ternes. Si, dans un animal vivant, on coupe la corne par lames successives ; à mesure que l'on approche du foyer de nutrition, l'on trouve moins de dureté dans ce solide qui, proche de sa face interne, paroît humecté et fournit une liqueur qui abreuve et assouplit ses fibres. Toute la corne ainsi enlevée, le moindre contact produit sur la partie dénudée de son enveloppe une impression forte, une douleur excessivement aiguë. Ce fait remarquable indique que si la corne n'est pas sensible, le tissu qui est par-dessous supplée à cette insensibilité, et perçoit les impressions fortes imprimées à la surface extérieure de ce solide.

En se régénérant, la corne n'offre dans le principe de sa formation qu'une substance muqueuse, fluide, qui acquiert peu-à-peu de la consistance, forme une croûte blanche, exubérante, qui prend insensiblement de la dureté, devient roussâtre et finit par acquérir la couleur qui lui est propre. Elle se développe

L l 4

ordinairement à la circonférence du tissu réticulaire qui est à nu, toujours dans les points où la force organique est plus grande, se propage, s'étend insensiblement, et finit par recouvrir toute la partie dénudée. A mesure que la sécrétion gagne et s'avance, la substance cornée acquiert de l'épaisseur, de la densité, et se réunit avec les portions de cornes environnantes. Ce mode de régénération de la corne a fait présumer à quelques-uns, que ce solide étoit fourni par la peau et n'en étoit qu'une continuité. Mais en réfléchissant que c'est toujours du côté de la peau que le tissu réticulaire, qui produit et entretient la corne, conserve plus de force, l'on ne sera plus étonné de voir la sécrétion commencer plutôt par-là et ressortir, pour ainsi dire, des portions de cornes voisines qui n'ont point été enlevées. Des faits incontestables prouvent que la corne, quoique continue à la peau, n'en est cependant pas un prolongement, et qu'elle constitue un ordre de solide essentiellement différent. Si l'on enlève une petite portion de la paroi du sabot du cheval, et que toutes les parties environnantes de la surface dénudée conservent leur intégrité, la régénération cornée se développe dans toute la circonférence, tant en haut que sur les côtés et en bas. Si, en dessolant le même quadrupède, on laisse dans le milieu une portion de corne, la sécrétion émane de cette portion restante, ainsi que des autres bords de la plaie. Si, après avoir extirpé l'un des quartiers du sabot, l'on soulève la peau et que l'on enveloppe ses bords d'une lame de plomb, la corne se forme de même, mais elle ne se réunit pas avec la peau. Si, par diverses circonstances, la reformation de la corne ne provient pas des bords des parties environnantes avec lesquelles ce solide doit faire continuité, dans tous ces cas il y a désunion de la nouvelle corne avec ces parties circonvoisines. Si, par quelques accidens, la corne ne peut pas se régénérer, on ne voit jamais la peau se prolonger pour la remplacer. Cette théorie conforme à l'observation pratique, mais bien différente des idées exposées et reçues anciennement dans nos Écoles, indique les moyens à employer dans toutes les plaies qui nécessitent la régénération parfaite de la corne.

Nous terminerons cet article important par quelques considérations succinctes sur le

mode d'accroissement et de la chute acciden-
telle du solide dont il s'agit. Différente de
presque toutes les autres parties, la corne
ne reconnoît point de bornes dans son accroissement; et elle augmente continuellement, s'alonge toujours par l'extrémité
la plus éloignée de la peau, dans la direction qu'affectent les nerfs et les vaisseaux
qui forment le tissu réticulaire, duquel provient la matière de sa reproduction et de
son entretien. En s'alongeant, elle prend
diverses directions, se déprime de plusieurs
manières, forme des inflexions plus ou moins
considérables, des rugosités, des exubérances
et des dépressions plus ou moins remarquables. C'est essentiellement aux cornes des
didactyles, que ce solide acquiert plus de
longueur et présente plus de variations. Non
seulement l'on remarque que cette substance
cornée accroît davantage chez certains animaux que dans d'autres, mais encore il est
des parties où son augmentation est plus
prompte; comme cela arrive à la corne du
pied du cheval, comparée à celle de la châtaigne de ce monodactyle, etc.

Chez nos quadrupèdes domestiques, ce
solide n'est caduque dans aucune des parties

où il réside ; s'il se détache quelquefois , c'est toujours par des circonstances accidentelles et non d'après une révolution naturelle , comme celle qui survient aux cerfs et fait tomber leur bois. Les causes les plus ordinaires de la chute de la corne , sont , 1°. tout engorgement considérable et persistant du tissu réticulaire qui est par-dessous ; 2°. toute matière purulente ou autre qui se forme ou fuse sous ce solide ; 3°. les chocs ou coups qui écrasent la corne et déterminent des ecchymoses plus ou moins considérables. Toutes les circonstances enfin , qui, de quelque manière qu'elles agissent , détachent la corne de la partie sur laquelle elle est appliquée , deviennent autant de causes de la chute de cette substance qui , une fois désunie , ne peut plus se rattacher , s'enraciner à sa matrice et devient alors corps étranger. Aussi, toutes les fois que la corne n'est désunie que dans une partie de son étendue , le tissu réticulaire reprenant sa force, sécrette une nouvelle substance cornée qui se forme par-dessous , soulève l'ancienne et la pousse au-dehors, comme partie nuisible et étrangère.

La chute des poils peut s'expliquer d'après les mêmes principes ; quand elle est naturelle et presque générale, elle est l'effet d'une inflammation, d'un engorgement des bulbes, ou bien d'une rigidité particulière du solide qui ne peut plus s'entretenir.

Article IV.

Du tissu lamineux.

Nous ne rappelerons pas ici ce que nous avons déjà exposé sur les caractères et les propriétés remarquables de ce tissu (1); nous ne parlerons que de sa disposition générale dans le corps, et sur-tout de ce qu'il présente de particulier sous la peau. Répandu en abondance, mais inégalement, sous l'enveloppe cutanée, le solide dont il s'agit constitue une expansion généralement graisseuse, qui, par la quantité de graisse qu'elle contient quelquefois, donne des formes particulières au corps, produit l'embonpoint, et diminue la sensibilité de la peau, au point quelquefois de l'anéantir (2). Dans les qua-

____

(1) Tome I, page 83. Voyez aussi les articles sur la nutrition, la perspiration et l'absorption.

(2) On a vu plus d'une fois des cochons excessivement gras, se laisser ronger la peau par les souris, sans donner le moindre signe de sensibilité.

drupèdes domestiques, ce tissu sous-cutané est séparé par les muscles du même nom, en deux couches très-différentes : l'externe, celle qui se trouve entre la peau et les muscles précédens, comprend un tissu généralement court, serré, qui unit d'une manière intime ces muscles avec la peau, se prolonge, s'interpose entre les fibres de cette dernière partie et concourt à la former. La seconde couche, qui est inter-musculaire, est formée par un tissu abondant, lâche, qui contient la graisse sous-cutanée, ainsi que l'humeur de l'hydropisie, et communique par divers prolongemens avec le tissu lamineux des viscères, des muscles et autres parties.

Cette séparation du tissu lamineux en deux couches, dont l'une unit la peau avec les muscles sous-cutanés, et l'autre contient la graisse, empêche que l'on puisse reconnoître, dans tous les points indistinctement, l'état d'engrais des animaux. C'est ordinairement aux plis des aînes et de la base de la queue, que l'on touche pour juger de cet état. Ces endroits sont, non seulement dépourvus de muscles sous-cutanés ou n'en ont qu'un prolongement très-mince, mais ils avoisinent la surface de l'abdomen, qui est la région du corps où la graisse sous-cutanée s'accumule plus abondamment.

Les prolongemens divers que forme le tissu lamineux sous-cutané, et au moyen desquels il communique avec celui des autres parties, suivent la direction des vaisseaux et des nerfs qu'ils entourent, et expliquent le transport des humeurs de l'intérieur sous la peau, ou de l'extérieur à l'intérieur.

FIN.

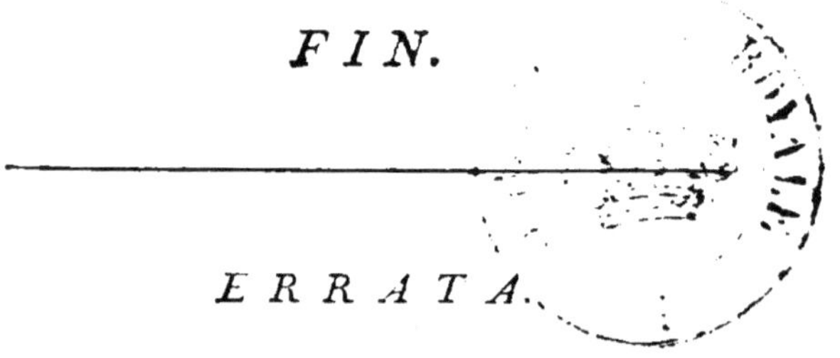

ERRATA.

Page 69, *ligne* 5, tout-à-coup près de la courbure pelvienne : elle, *lisez :* tout-à-coup: près de la courbure pelvienne, elle.

Page 90, *ligne* 3, excréteur du foie quelquefois, *lisez :* excréteur du foie, quelquefois.

Page 105, *ligne* 23, et la rage dans le chien, *lisez :* et la fièvre maligne dans le chien.

Page 145, *ligne* 24, des nerfs de l'œsophage, *lisez :* des nerfs, de l'œsophage.

Page 170, *lignes* 14 et 26. absorbtion, *lisez :* absorption.

Page 268, *ligne* 26, l'oricole, *lisez :* l'oricule.

TABLE DES MATIÈRES

CONTENUES

DANS CE VOLUME.

Fin de la Table des Matières et du Tome II
et dernier.